비주얼
• 그림으로 읽는 수학 개념 대백과 •
수학

일러두기

이 책에서는 독자의 편의를 위해 용어 '자연로그의 밑 (e)'을 교육현장에서 관습적으로 사용되는 '자연상수 (e)'로 표기했으며 , 국내 정서와 맞지 않는 부분은 교정하거나 각주를 달아 표시했다 . 또 개념의 경우 국내의 정의를 바탕으로 수정하되 되도록 원서의 표현을 살려 기재했다 .

비주얼 수학

• 그림으로 읽는 수학 개념 대백과 •

Newton Press 지음

뜨록

머리말

이 책은 수학에 관한 다양한 키워드를 시각 자료를 활용해 알기 쉽게 설명한 책입니다.
수학을 잘하는 사람은 물론, 잘하지 못하는 사람도 즐겁게 읽을 수 있습니다.

이 책에서는 고대의 수부터 일반적인 수, 그리고 상상하기 힘든 크기의 수까지
다양한 수를 소개하고자 합니다.
또 함수나 방정식, 좌표와 같은 수학에서 빼놓을 수 없는 키워드 역시
알기 쉽게 해설했습니다.

'도형' 하면 여러분은 무엇이 떠오르나요?
어쩌면 바로 삼각형, 사각형, 원, 구 등이 떠오를지 모릅니다.
이 책에서는 이런 친숙한 도형은 물론,
위상수학이나 4차원 입체와 같은 색다른 도형도 소개했으니
도형의 매력과 신비로움에 빠져보시기 바랍니다.

세상에는 결과를 예측할 수 없는 일이 많습니다.

그럴 때 도움이 되는 것은 '확률'입니다.

확률은 데이터를 분석하는 '통계'와 더불어,

보험료나 일기예보 등 우리의 일상 여기저기서 활약하고 있습니다.

통계 · 확률을 이해한다면 해프닝에 유연하게 대처할 힌트를 얻을 수 있을 것입니다.

이 책의 마지막 장에는 몇 가지 수학의 난제를 소개했습니다.

인류가 오랜 세월 풀지 못했던 난제와 지금도 풀리지 않은 난제 등

수학자를 매료시키기 충분한 문제를 다루고 있습니다.

수학의 세계를 마음껏 즐겨 보시길 바랍니다!

VISUAL MATHEMATICS **비주얼 수학**

1 수 기초편

2 수 발전편

3 함수와 방정식

4 도형 기초편

5 도형 발전편

6 확률

7 통계

8 수학의 난제

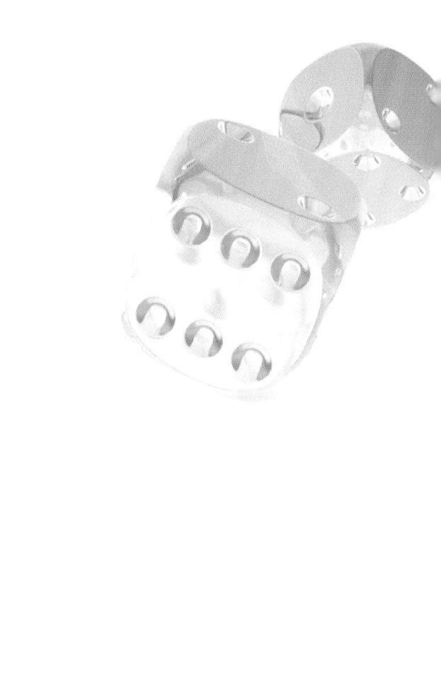

1
수 기초편
Number - basic

고대 문명에서 사용했던 다양한 '숫자'

'수'는 인류가 오랜 세월에 걸쳐 만들어낸 것으로, 물건을 세면서 생겨난 추상적인 개념이다. 고양이 등의 다른 동물도 물건을 세는 건 어느 정도 할 수 있다고 알려져 있으나, 지구상에서 순수하게 '수' 자체를 다룰 수 있는 존재는 인간밖에 없다.

수를 발명한 고대인들은 손가락이나 몸을 이용해 수를 세었을 것으로 추측된다. 10자리 단위로 수를 세는 방법을 '10진법'이라고 하는데, 지금도 우리는 주로 10진법을 사용한다. 이는 인간의 손가락이 열 개이기 때문일 것이다. 만약 인간의 손가락이 여덟 개였다면 8진법을 사용했을지도 모를 일이다.

그 후로 인간은 나무와 뼈에 표시해 수를 보존하는 방법을 배웠다. 수만 년 전의 유적을 통해 그 증거를 확인할 수 있지만, 오늘날 우리가 사용하는 수를 나타내는 기호, 즉 '숫자'라 부를 만한 것은 아니었다.

숫자는 약 4,000년 전의 고대 이집트나 고대 메소포타미아에서 비롯되었다고 여겨진다. 또 고대 마야나 고대 중국 또한 독자적인 숫자를 사용했다고 전해진다.

숫자를 사용했던 주요 고대 문명

시계와 로마 숫자
오늘날의 시계 중에는 로마 숫자로 표기된 시계가 있다. 로마 숫자에는 0을 나타내는 기호가 없어, 10은 X, 50은 L, 100은 C와 같이 표기했다.

숫자를 사용했던 주요 고대 문명

고대 이집트에서는 숫자를 상형문자로 표기하고 '10진법'을 사용했다. 고대 메소포타미아에서는 숫자를 쐐기문자로 표기하고 '60진법'을 사용했다. 고대 마야에서는 점 하나가 1을 의미했으며, 막대기 · 조개 등의 기호로 숫자를 표기하고, '20진법'을 사용했다.

고대 문명의 0 기호와 숫자

현대의 숫자 (아라비아 숫자)	이집트 숫자	그리스 숫자	메소포타미아 숫자 (60진법)	마야 숫자 (20진법)
0	없음	[illegible] 등	[illegible] 등	[illegible]
1	|	α	𒁹	•
2	||	β	𒈫	••
3	|||	γ	𒐈	•••
4	||||	δ	𒐉	••••
5	|||||	ε	𒐊	—
6	||||||	ϛ	𒐋	[illegible]
7	|||||||	ζ	𒐌	[illegible]
8	||||||||	η	𒐍	[illegible]
9	|||||||||	θ	𒐎	[illegible]
10	∩	ι	𒌋	[illegible]
20	∩∩	κ	𒎙	[illegible]
100	[illegible]	ρ	[illegible]	[illegible]

고대 중국 문명

고대 메소포타미아 문명

SECTION 2

fraction

분수와 유리수

'양(量)'을 수로 나타낼 수 있는 '유리수'

수 중에서 '자연수(自然數)'는 그 기원이 가장 오래되었다. 자연수란 '사과 1개, 양 2마리, 벚나무 3그루, …'처럼 사물의 개수를 셀 때 쓰는 수를 말한다.

'2'를 자연수라 부른다고 해서 2라는 말 자체가 자연계에 실재하는 것은 아니다. 자연계에 실재하는 것은 어디까지나 '사과 2개'나 '양 2마리'이다. '사과 2개'와 '양 2마리'를 비교했을 때, 공통점이 무엇인지 생각해 보면 2라는 숫자가 머릿속에 떠오를 것이다.

자연수끼리 더하면 그 답은 반드시 자연수로 산출된다. 또 자연수끼리 곱해도 그 답은 반드시 자연수로 산출된다. 하지만 자연수끼리 나누는 경우에는 답이 자연수가 아닐 수도 있는데, '1 ÷ 3'과 같은 나눗셈을 그 예시로 들 수 있다.

고대 사람들은 '1 ÷ 3의 답'을 '3분의 1'이라 부르고 그것을 수로 취급했다. 이것이 곧 '분수(分數)'의 발명이다.

자연수와 자연수로 이루어진 분수를 가리켜 (양의) '유리수(有理數)'라고 한다. 유리수를 사용하면서 개수뿐만 아니라, 길이, 무게, 부피 등의 양을 수로 나타낼 수 있게 되었다.

2. '피타고라스'와 '유리수'

기원전 6세기경, '피타고라스'는 남이탈리아의 크로톤(Crotona)에서 수백 명의 제자들과 종교 집단처럼 생활했다. 피타고라스와 그의 제자들은 자연수와 자연수의 비(분수), 즉 유리수가 수의 전부라고 믿었다.

피타고라스
(기원전 582?~기원전 497?)

분수와 유리수의 세계(1~3)

1. 고대 이집트의 분수

고대 이집트에서는 '2분의 1'이나 '3분의 1' 등, 분자가 1이 되는 분수(단위분수)를 히에로글리프(상형문자의 일종)로 표시했다. 아래 그림이 그 예시로, 분자가 1이 아닌 분수, 예를 들어 '4분의 3' 등은 '2분의 1 + 4분의 1'처럼 단위분수를 더하는 형태로 나타냈다. 또 분수의 의미로 사용한 별도의 상형문자도 존재했던 것으로 추측된다(오른쪽 페이지 '호루스의 눈' 참조).

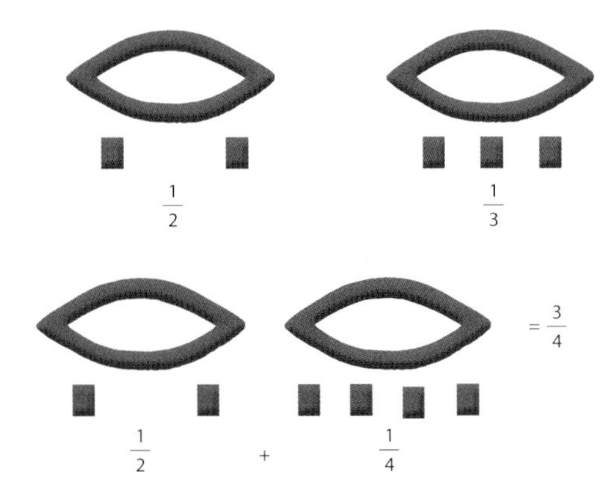

피타고라스 음계

피타고라스는 여러 개의 현이 화음을 이룰 때, 그 현의 길이가 자연수의 비로 이루어져 있다고 주장했다(당대의 음계 기준). 이 주장은 당대에 자연수의 비(유리수)를 중시하는 근거 중 하나로 취급되었다.

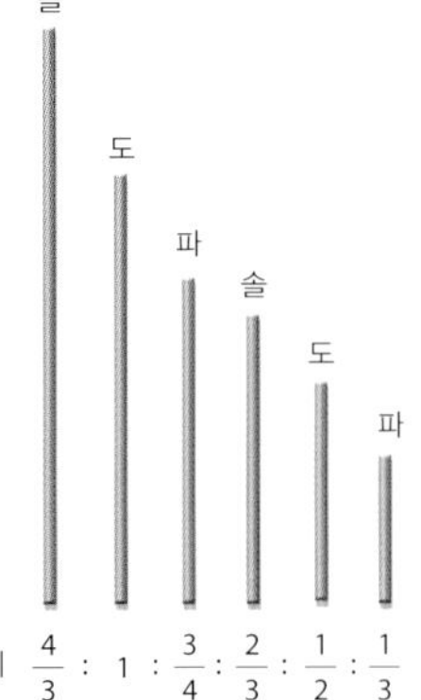

현 길이의 비 $\frac{4}{3} : 1 : \frac{3}{4} : \frac{2}{3} : \frac{1}{2} : \frac{1}{3}$

3. 순환소수의 룰렛

유리수가 갖는 흥미로운 성질을 살펴보자. 유리수인 $\frac{1}{7}$, $\frac{1}{17}$, $\frac{1}{61}$을 소수로 바꾸면 모두 '순환소수'가 된다. $\frac{1}{7}$은 6자리, $\frac{1}{17}$은 16자리, $\frac{1}{61}$은 60 자리가 순환된다(분홍색 글자 참조). 오른쪽 그림부터 앞서 제시한 순환소수를 시계 방향으로 나열했다. 순환소수에서는 이러한 숫자가 무한히 반복된다. 참고로 모든 순환소수가 이런 것은 아니지만, 예로 든 순환소수처럼 마주한 수끼리 더하면 그 답으로 반드시 9가 산출되는 경우가 있다.

$\frac{1}{7}$ = 0.142857142857142857…

분수를 나타내는 '호루스의 눈'

이 그림은 '호루스의 눈' 또는 '우자트'라 부르는 상형문자다. 호루스 신*의 눈을 나타내는 동시에, 상형문자를 구성하는 각 부분이 '2분의 1'이나 '4분의 1' 등의 분수를 나타낸다.

※ 매의 머리를 가진 이집트의 신

$\frac{1}{17}$ = 0.0588235294117647058823529411764705882352 94117647…

시작↓

$\frac{1}{61}$ = 0.016393442622950819672131147540983606557377049180327868852459
016393442622950819672131147540983606557377049180327868852459
016393442622950819672131147540983606557377049180327868852459…

무리수가 더해져 완성된 '보통의 수'

기원전 6세기경, '피타고라스'는 유리수가 수의 전부이며, 유리수로 나타낼 수 없는 것은 없다고 주장했다. 그러나 유리수로는 결코 나타낼 수 없는 양이 발견되었는데, 이를 발견한 사람은 그의 제자 '히파토스'였다.

그 양은 정사각형의 대각선에 숨어 있었다. 피타고라스가 증명한 것으로 알려진 '피타고라스 정리'에 의하면, 정사각형의 한 변의 길이가 1일 때 그 대각선의 길이는 제곱해서 2가 되는 수, 즉 '2의 제곱근($\sqrt{2}$ = 1.414…)'이 되어야 한다. 이 '$\sqrt{2}$'가 바로 유리수가 아닌 수이다.

$\sqrt{2}$와 같이 유리수가 아닌 수를 '무리수(無理數)'라고 한다. 3의 제곱근($\sqrt{3}$ = 1.732…)이나 5의 제곱근($\sqrt{5}$ = 2.236…), 고대 그리스 시대부터 알려진 원주율※(π = 3.141…) 등은 모두 무리수이며, 자연수로 이루어진 분수로 나타낼 수 없다.

고대 그리스인들은 무리수의 발견에 한동안 혼란스러워했다. 그러나 얼마 지나지 않아서 무리수를 수로 받아들였고, 유리수와 무리수가 합쳐진 '실수(實數)' 개념을 발견하게 되었다.

※ 원의 지름에 대한 원둘레의 비

$\sqrt{2}$와 무리수의 세계(1~3)

1. 무한히 계속되는 $\sqrt{2}$ = 1.414…

$\sqrt{2}$를 소수로 바꾸면, 오른쪽의 '1.41421356…'처럼 끝나지 않고 무한히 계속된다. 또 순환소수가 아니기 때문에, 순환되는 부분이 존재하지 않는다. 따라서 $\sqrt{2}$는 유리수가 아니라 무리수다.

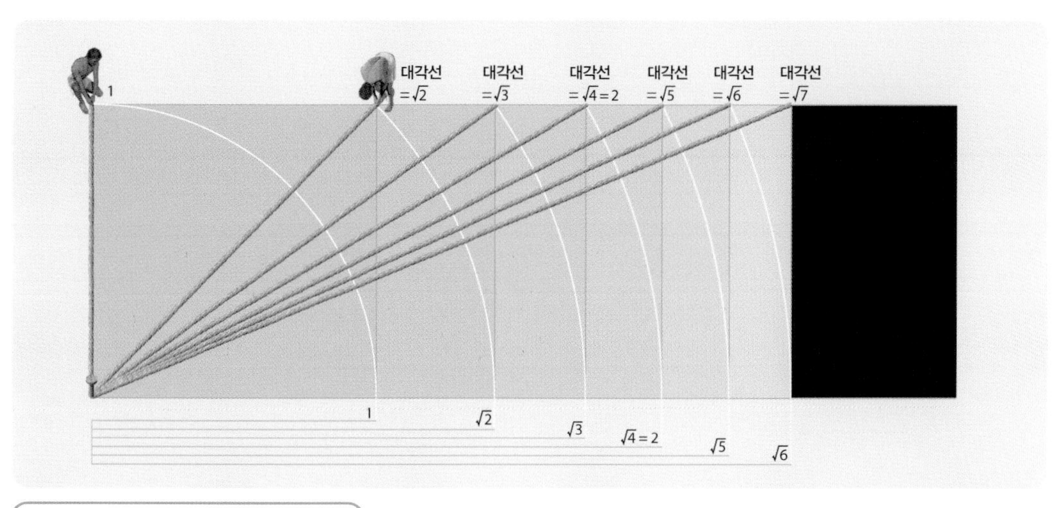

2. 고대인이 제곱근을 나타낸 그림

한 변의 길이가 1인 정사각형을 그리고, 그 대각선의 길이를 구하면 $\sqrt{2}$가 나온다. 밑변이 $\sqrt{2}$, 높이가 1인 직사각형을 그리면 그 대각선의 길이는 $\sqrt{3}$이 된다. 이런 식으로 반복하면 자연수의 제곱근(1, $\sqrt{2}$, $\sqrt{3}$, $\sqrt{4}=2$, $\sqrt{5}$, …)을 차례대로 그릴 수 있다.

'점토판 YBC7289'
미국 예일대학교에 소장된 점토판으로, 정사각형의 한 변은 7~8cm 정도이다. 기원전 20세기경에 만든 것으로 추정된다.

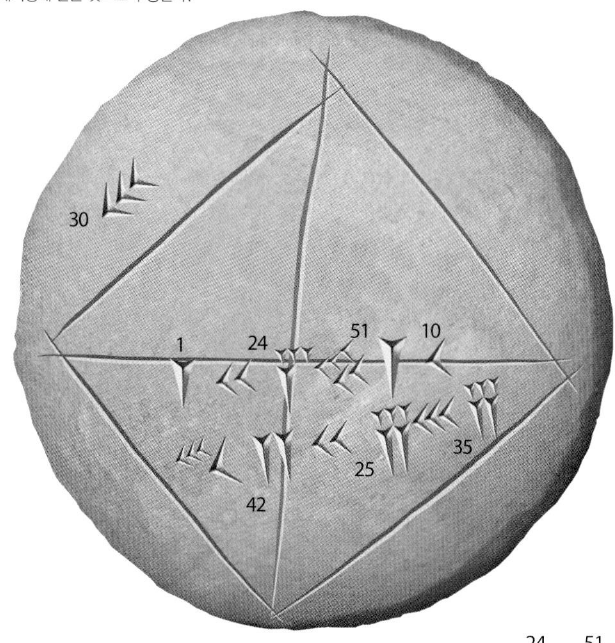

3. 점토판에 새겨진 $\sqrt{2}$

왼쪽 그림은 4000년 전 고대 메소포타미아의 점토판 'YBC7289'를 복원한 것이다. 점토판에는 정사각형과 대각선이 그려져 있는데, 대각선에는 '1 · 24 · 51 · 10'이라는 수가 쐐기문자로 새겨져 있다. 60진법으로 나타낸 이 숫자들을 10진법으로 바꾸면 '1.41421296296…'으로 변환된다(계산 방법은 아래의 식 참조). 이는 소수점 이하 5자리까지 같은, 매우 정확한 $\sqrt{2}$의 근삿값이다. 또 점토판에는 정사각형의 한 변의 길이를 30으로 했을 때의 대각선 길이도 새겨져 있다(42 · 25 · 35로 표기, 10진법으로 바꾸면 42.4263888…).

$$1+\frac{24}{60}+\frac{51}{60^2}+\frac{10}{60^3}=1.41421296296\ldots$$

$$\sqrt{2}=1.41421356237\ldots$$

COLUMN

16세기에 탄생한 '소수 표기법'

$\frac{1}{2}$은 0.5, $\frac{1}{3}$은 0.333 등, 우리는 일상생활에서 분수를 소수(小數)로 당연하다는 듯 바꿔 사용하고 있다. 이 때문에 '분수와 소수는 함께 생겨난 것이 아닐까?' 하는 생각이 들 때도 있다.

그러나 오늘날 사용되는 소수 표기법은 분수에 비하면 그 역사가 매우 짧다. 유럽에서는 16세기부터 사용하기 시작했는데, 아랍이나 중국에서는 그 이전부터 비슷한 표기를 사용하고 있었다. 이는 어디까지나 오늘날과 같은 소수 표기법이 발명되지 않았을 뿐, 그 개념 자체는 존재했다는 걸 의미한다.

유럽에서는 1579년 프랑스의 수학자 '프랑수아 비에트'가 『수학 요람(Canon mathematicus seu ad triangula)』이라는 책에서 소수를 처음 사용했다. 다만 오늘날의 소수 표기법과는 조금 차이가 있는데, 예를 들어 0.5는 '0 | 5'와 같이 표기했다.

시간이 지나서 1585년 네덜란드의 수학자이자 기술자 '시몬 스테빈'이 발표한 『10분의 1에 관하여(De Thiende)』라는 책에서도 소수가 소개되었는데, 스테빈의 소수 표기법 역시 오늘날과는 꽤나 차이가 나서 사용하기 썩 편리하진 않았다.

오늘날의 '0.5'나 '1.234' 같이 소수점을 이용한 표기는 1614년 스코틀랜드의 '존 네이피어'가 로그표를 발표하면서 처음 사용했다. 이후로 그가 만든 이 편리한 표기법은 전 세계로 보급되었다.

이 시기에 유럽에서 소수 표기법이 발명된 건 어쩌면 과학혁명의 전야라는 시대적 배경과 관련돼 있을지 모른다. 실생활에서 사물의 길이나 거리를 측정해야 했기에 분수가 아닌 소수로 표기할 수 있는 표기법이 필요해진 것이 아닐까 싶다.

참고로 소수 표기법은 오늘날까지도 통일돼 있지 않다. 유럽 등지에서는 소수점에 ','(반점)'을, 한국, 영국, 미국, 일본 등지에서는 '.(온점)'을 사용한다.

소수로 바꾸면 불가사의한 패턴이 나타나는 분수

- $\frac{1}{9^2}$ (= $\frac{1}{81}$)을 소수로 바꾸면,

= 0.012345679012345679…

으로 반복된다. 01234567까지는 순서대로 나오지만, 그 뒤로 8을 건너뛰고 9가 나온 다음 다시 0으로 돌아간다.

- $\frac{1}{99^2}$ (= $\frac{1}{9801}$)을 소수로 바꾸면,

= 0.000102030405060708091011121314151617 18…969799000102030405…

로 이어지며, 97 뒤에 98을 건너뛰고 99가 나온 다음, 다시 00으로 돌아가는 걸 반복한다.

- $\frac{101}{99^3}$ (= $\frac{101}{970299}$)을 소수로 바꾸면,

= 0.0001040916253649…

로 계속된다. 그 다음에는 어떤 수가 나올까? 제곱수 '1, 2^2 = 4, 3^2 = 9, 4^2 = 16, …'가 나열된다.

- $\frac{1001}{999^3}$ (= $\frac{1001}{997002999}$)을 소수로 바꾸면,

= 0.000001004009016025036049064081100121144169…

로 계속된다.

- $\frac{1}{9899}$ 을 소수로 바꾸면

= 0.00010102030508132134 55…

그 다음에는 어떤 수가 나올까?

'1, 1, 2, 3, 5, 8, 13, 21, 34, …' 순으로 어떤 수열이 나열되는데, 이를 '피보나치 수열'이라 부른다.

- $\frac{1}{998999}$ 을 소수로 바꾸면,

= 0.000001001002003005008013021034055089144233377…

가 된다.

SECTION 4

zero

0

수많은 수학자를 끊임없이 괴롭혔던 '0'

0에는 어떤 의미로 보면 수학의 합리성을 무너뜨리는 힘이 숨겨져 있다. '$1 \div 0 = a$'를 예로 들어 보자. 그러면 '$1 = a \times 0 = 0$', 즉 '1과 0은 같다'라는 이상한 결과가 도출된다. 이 때문에 현대 수학에서는 0으로 나눗셈을 해서는 안 된다고 여긴다.

기호 0을 사용하는 최대의 이점은 적은 종류의 기호로 큰 수를 나타낼 수 있다는 점이다. 문자로 수를 나타내려면 '일~구'와 더불어 '십, 백, 천, 만, 억, 조, 경, …'과 같이 자리가 늘어날 때마다 새로운 문자가 필요하다. 그러나 0을 사용하면 100,000,000과 같이 적은 기호로도 큰 수를 나타낼 수 있다. 이러한 수의 표현 방법을 '위치 기수법'이라고 한다. 위치 기수법은 마야 문명이나 메소포타미아 문명에서 사용되었는데, 0은 어디까지나 빈자리를 나타내는 기호로 사용했다고 여겨진다.

0을 사칙연산의 대상인 하나의 수로 다룬 문명은 인도가 최초라는 설이 유력하다. 0이 없다면, '$a^0 = 1$'과 같은 계산이나 '$(x - 3)(x + 2) = 0 \rightarrow x = 3, -2$'와 같은 계산도 할 수 없게 된다. 0의 발견은 인류에게 있어 매우 중요한 진전인 셈이다.

인도에서 태어난 수 '0'

인도에서는 '0'을 기호로서뿐만 아니라 계산할 때도 사용했다. 만약 '15 + 23 + 40 = 78'을 손으로 적어 가면서 계산한다면, 1의 자리에서는 '5 + 3 + 0'처럼 0을 더해야 했다. 이로 미루어 보아 0을 수로 간주했다는 사실을 추측할 수 있다.

인도에서는 검은 '점(·)'으로 0을 표시했다. 0을 수로 인식한 문헌 중 가장 오래된 기록은 기원전 550년경에 나온 천문학서 『판차싯단티카(Panchasiddhāntika)』에서 찾아볼 수 있다. 따라서 최소 6세기 중반 무렵부터는 부분적이지만 0을 수로 인식한 것으로 보인다.

비석에 새겨진 마야의 그림 문자 0

아래턱에 손을 댄 옆모습

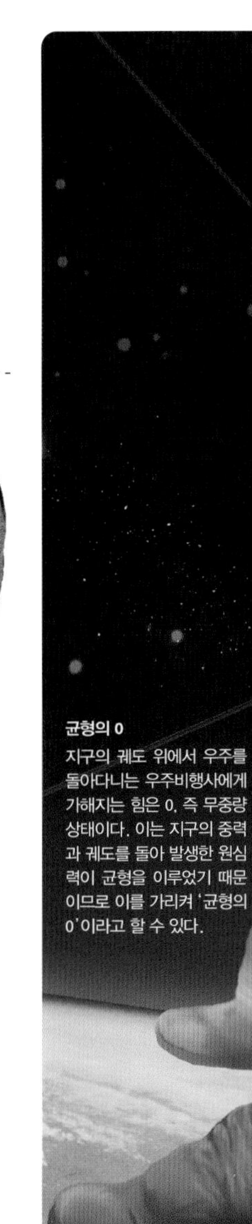

균형의 0

지구의 궤도 위에서 우주를 돌아다니는 우주비행사에게 가해지는 힘은 0, 즉 무중량 상태이다. 이는 지구의 중력과 궤도를 돌아 발생한 원심력이 균형을 이루었기 때문이므로 이를 가리켜 '균형의 0'이라고 할 수 있다.

다양한 의미를 가진 0

아래는 0의 다양한 의미를 이미지화한 그림이다. 이미지화한 0에는 무(無)의 0, 균형의 0, 좌표 원점에 있는 0, 기준치로 삼은 0, 자리에 수가 없음을 나타내는 기호 역할을 하는 0(빈자리의 0), 그리고 수의 0이 있다.

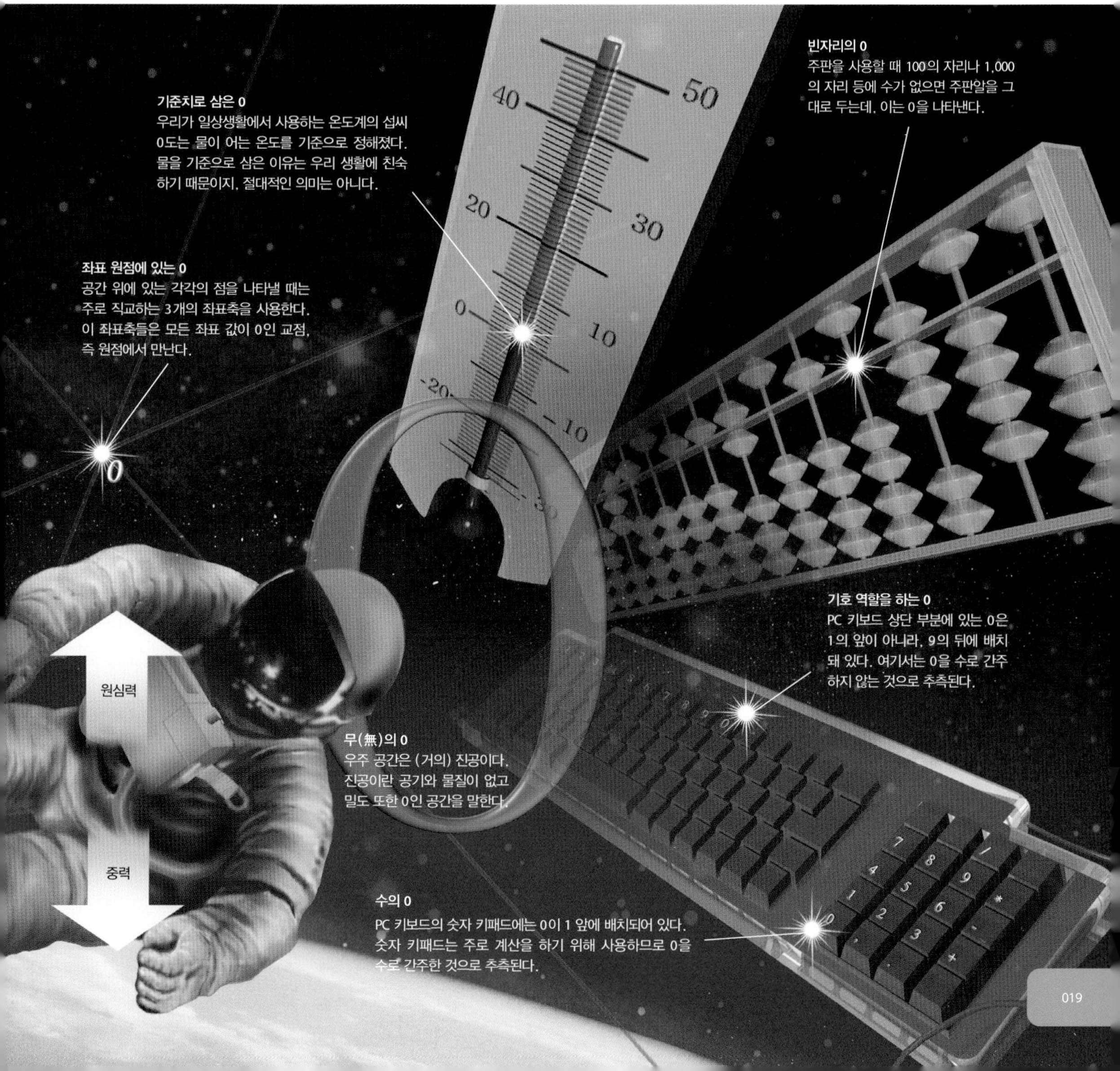

기준치로 삼은 0
우리가 일상생활에서 사용하는 온도계의 섭씨 0도는 물이 어는 온도를 기준으로 정해졌다. 물을 기준으로 삼은 이유는 우리 생활에 친숙하기 때문이지, 절대적인 의미는 아니다.

빈자리의 0
주판을 사용할 때 100의 자리나 1,000의 자리 등에 수가 없으면 주판알을 그대로 두는데, 이는 0을 나타낸다.

좌표 원점에 있는 0
공간 위에 있는 각각의 점을 나타낼 때는 주로 직교하는 3개의 좌표축을 사용한다. 이 좌표축들은 모든 좌표 값이 0인 교점, 즉 원점에서 만난다.

기호 역할을 하는 0
PC 키보드 상단 부분에 있는 0은 1의 앞이 아니라, 9의 뒤에 배치돼 있다. 여기서는 0을 수로 간주하지 않는 것으로 추측된다.

원심력

무(無)의 0
우주 공간은 (거의) 진공이다. 진공이란 공기와 물질이 없고 밀도 또한 0인 공간을 말한다.

중력

수의 0
PC 키보드의 숫자 키패드에는 0이 1 앞에 배치되어 있다. 숫자 키패드는 주로 계산을 하기 위해 사용하므로 0을 수로 간주한 것으로 추측된다.

인류가 쉽게 떠올릴 수 없었던 '음수'

오늘날 우리는 음수(마이너스 수)를 당연하게 사용하지만, 과거에 사람들은 음수를 받아들이기 쉽지 않았던 것으로 보인다.

수는 물건을 세기 위해 생겨났기 때문에 사과 3개는 바로 떠올릴 수 있지만, 사과 마이너스 3개는 떠올리기 어렵다. 이 때문인지 대부분의 고대 문명에서 음수는 수로 취급되지 않았다.

음수를 문제의 답으로 인정하고 수로 도입해 본격적으로 사용한 곳은 0과 마찬가지로 인도였다. 7세기경 인도에서는 빚을 나타낼 때 음수를 사용했던 것으로 보인다.

인도에서 발명된 음수는 0의 개념과 함께 아랍을 거쳐 유럽으로 전해졌다. 덕분에 유럽의 일부 수학자에게 음수의 개념이 알려졌지만 쉽게 인정되지는 않았다.

음수는 수직선을 생각하면 이해하기 쉬워진다. 예를 들어 온도계의 온도가 1℃인 상태에서 5℃가 더 내려가면 -4℃가 된다는 사실을 자연스럽게 떠올릴 수 있을 것이다.

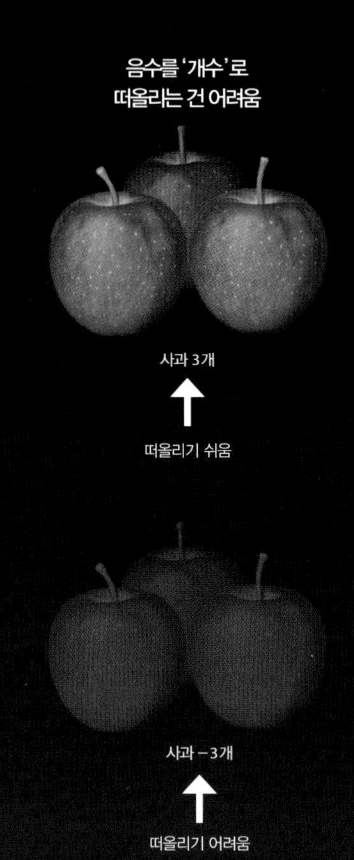

음수를 사용했던 고대 중국 문명

대체로 고대 문명에서 음수는 수로 취급되지 않았으나, 몇 안 되는 예외 중 하나로 중국 문명이 있다. 중국에서는 산목(算木)이라 불리는 막대 모양의 계산 도구를 사용했는데, 붉은 막대기는 정수, 검은 막대기는 음수를 의미했다. 오늘날 사용되는 회계 용어인 '적자(赤字)·흑자(黑字)'와 반대라는 점이 재미있다. 음수의 사용에 선도적인 역할을 했던 중국에서도 계산 중에 사용하는 일은 있어도 문제의 최종적인 답으로서 사용하진 않았던 것으로 보인다.

'수직선'을 떠올리면
음수를 상상하기 쉬워짐

40
50
20
30
0
10
−20
−10
−30

기온 − 6℃

떠올리기 쉬움

온도계처럼 0을 중심으로 양수와 음수가 대칭을 이루는 직선(수직선)을 보면, 음수를 쉽게 떠올릴 수 있음

발견되지 않은 '소수'의 규칙성

'소수(素數)'는 1보다 크고, 1과 자기 자신 이외의 수로는 나눠지지 않는 수로, '수학의 원자'라고도 부른다. 1과 소수 이외의 자연수는 '합성수'라 하며, 모두 소수의 곱셈으로 나타낼 수 있다.

소수는 매우 불규칙하게 나타나 지금도 완전한 규칙성은 밝혀지지 않았다. 소수의 규칙성을 밝혀내는 것은 모든 수학자의 꿈이다.

소수를 찾아낼 수 있는 간단한 방법은 '에라토스테네스의 체'로, 이것은 고대 그리스의 수학자 '에라토스테네스'가 고안했다고 여겨진다. 이 방법은 매우 단순한데, 오늘날까지 소수를 확실하게 찾아내는 데에는 이만한 방법이 없다.

어떤 수를 소수의 곱셈으로 나타내는 걸 '소인수분해'라고 하는데, 다시 말해 그 수를 나눌 수 있는 소수를 찾아가는 작업을 의미한다. 소인수분해는 수가 커질수록 현격히 어려워지는 특징이 있다.

이러한 소인수분해의 어려움을 이용한 기술이 'RSA 암호'※로, 인터넷 쇼핑 등 다양한 곳에서 활용되고 있다. 이렇듯 현대 사회는 소수라는 거대한 기둥이 지탱하고 있다고도 볼 수 있다.

※ 소인수분해의 특징에 기반을 둔 전자서명이 가능한 최초의 알고리즘

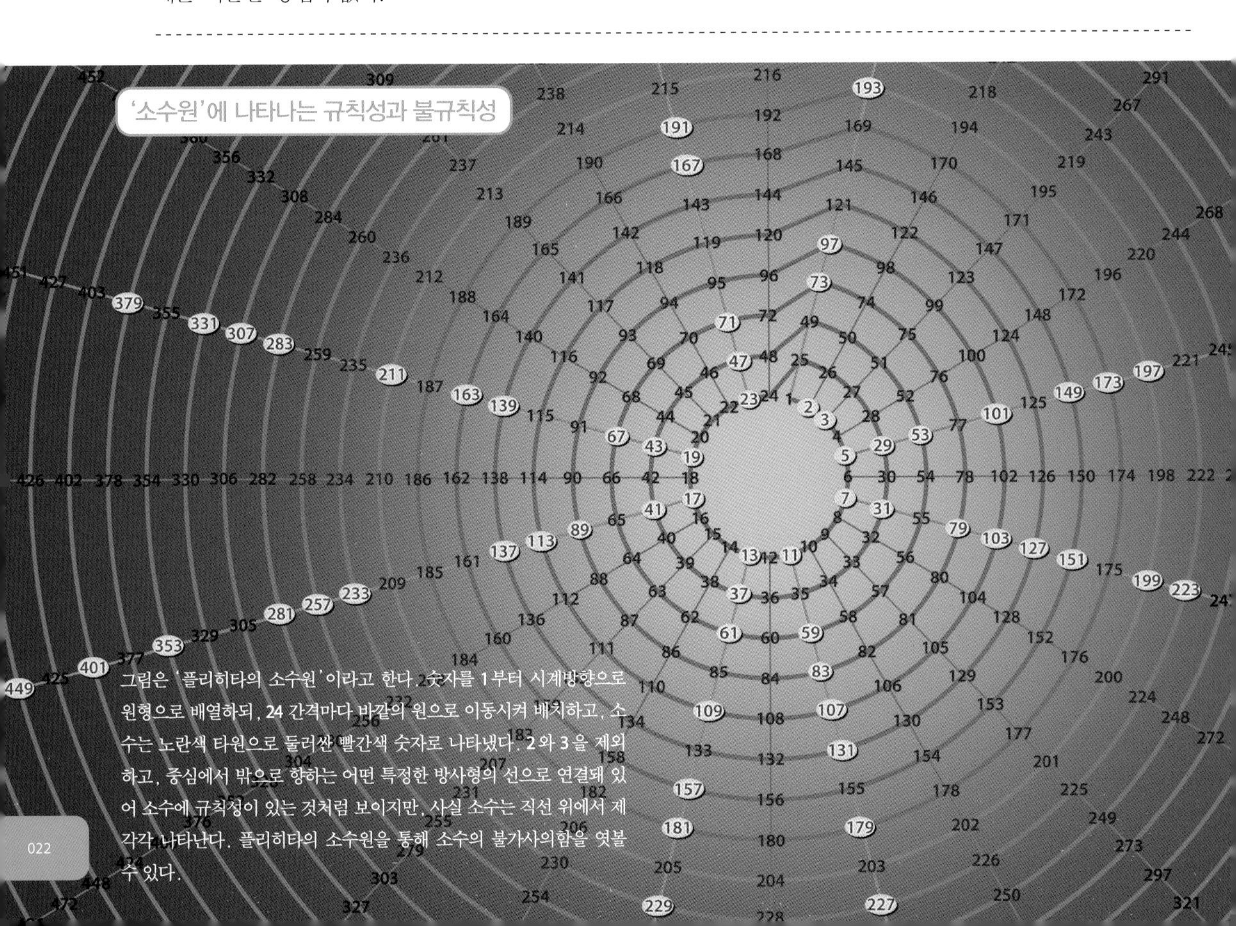

그림은 '플리히타의 소수원'이라고 한다. 숫자를 1부터 시계방향으로 원형으로 배열하되, 24 간격마다 바깥의 원으로 이동시켜 배치하고, 소수는 노란색 타원으로 둘러싼 빨간색 숫자로 나타냈다. 2와 3을 제외하고, 중심에서 밖으로 향하는 어떤 특정한 방사형의 선으로 연결돼 있어 소수에 규칙성이 있는 것처럼 보이지만, 사실 소수는 직선 위에서 제각각 나타난다. 플리히타의 소수원을 통해 소수의 불가사의함을 엿볼 수 있다.

에라토스테네스의 체

에라토스테네스의 체를 이용해
100까지의 범위 내에 있는 소수를 구했다.

1. 먼저 2를 제외하고, 2의 배수의 칸(색이 짙은 부분)을 막는다. 그 밖의 수는 걸러준다.
→ 2의 배수 제거

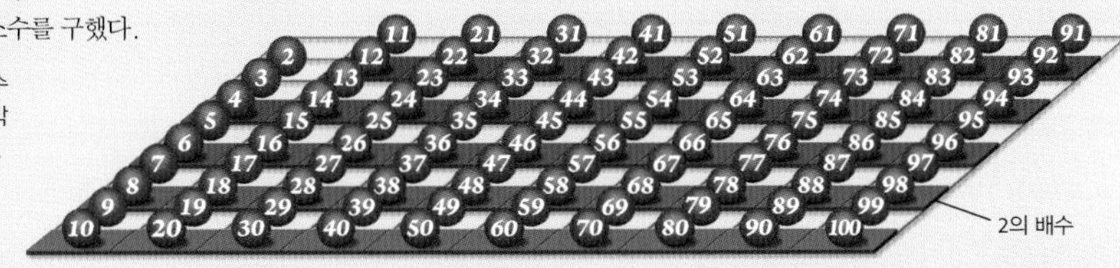

2. 2와 3을 제외하고, 3의 배수의 칸을 막는다. 그 밖의 수는 걸러준다.
→ 3의 배수 제거

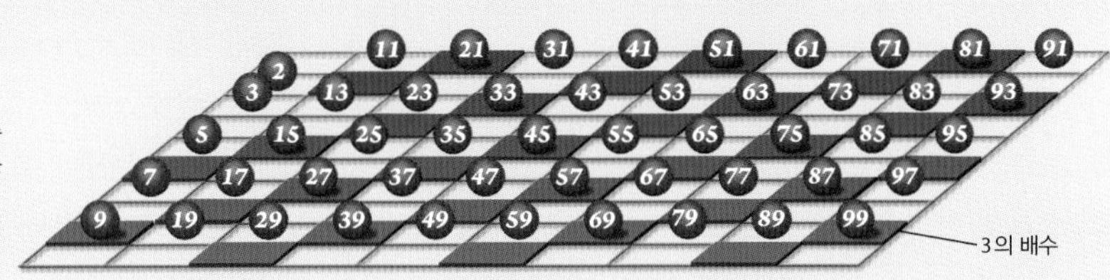

3. 다음으로 3과 5를 제외하고, 5의 배수의 칸을 막는다. 그 밖의 수는 걸러준다.
→ 5의 배수 제거

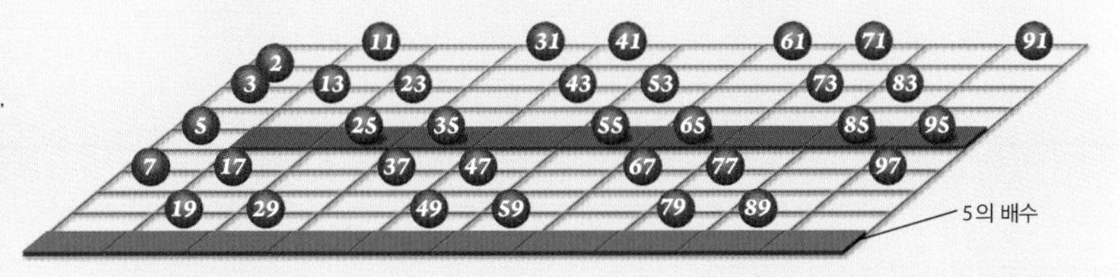

4. 또한 7을 제외하고 7의 배수의 칸을 막는다. 그 밖의 수는 걸러준다.
→ 7의 배수 제거

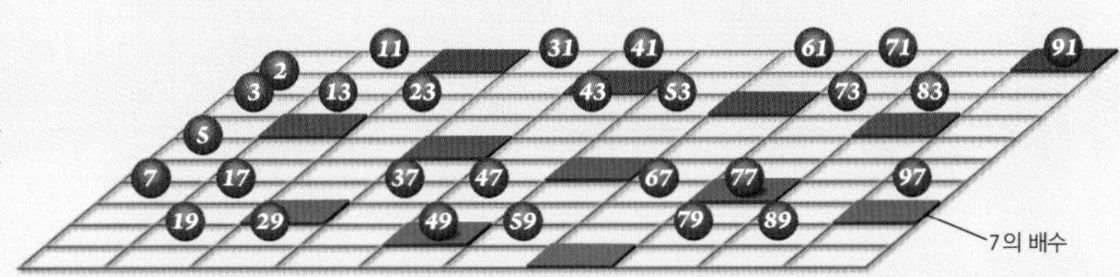

5. 이어서 11을 제외하고 11의 배수의 칸을 막은 뒤, 나머지 수를 걸러줘야 한다. 그러나 이미 11의 배수는 남아 있지 않으며, 11 이후의 수 역시 그 배수가 남아 있지 않다. 이렇듯 어떤 수까지의 소수를 찾을 때는, 그 수의 제곱근을 넘지 않는 수까지 위와 같은 과정을 반복하면 된다.

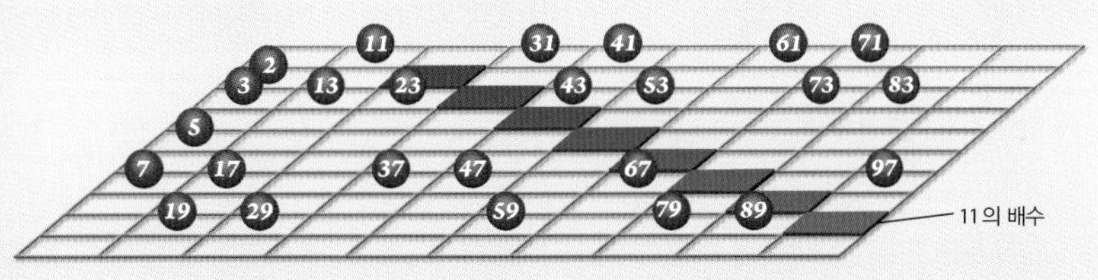

6. 이렇게 해서 마지막에 남은 수가 곧 소수이다.

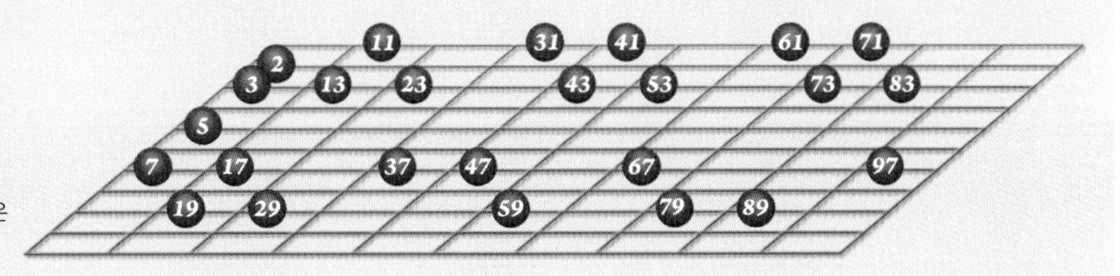

아직 많이 남아 있는 소수의 미해결 문제

현재 알려진 가장 큰 소수는 2,486만 2,048자리의 거대한 수이다. 소수가 무한히 나타나는지는 대략 2,300년 전에 유클리드가 발표한 『원론(Stoicheia)』을 보면 알 수 있다. 이에 따르면 발견된 소수의 뒤에는 반드시 더 큰 소수가 나타나며 소수는 무한히 존재한다.

소수가 언제 나타날지는 예측할 수 없으나, 그 성질을 알 수 있는 실마리가 없는 것은 아니다. 큰 수까지 소수를 계속 찾다 보면, 소수가 나타나는 빈도는 점점 줄어든다. 그 규칙성을 자세히 알 수 있다면, 소수를 찾아내는 공식에 다가갈 수 있을지 모른다.

그 밖에도 소수에 관한 미해결 문제는 아직 많이 남아 있다. 그중 하나가 '쌍둥이 소수'다. 쌍둥이 소수란 11, 13과 같이 두 소수 간의 차가 2인 소수의 쌍을 말한다. 수가 커질수록 소수는 드물게 나타나는데, 아주 큰 수에서도 쌍둥이 소수를 간혹 찾아볼 수 있다. 그러나 쌍둥이 소수 또한 무한히 나타나는지는 아직 밝혀지지 않았다.

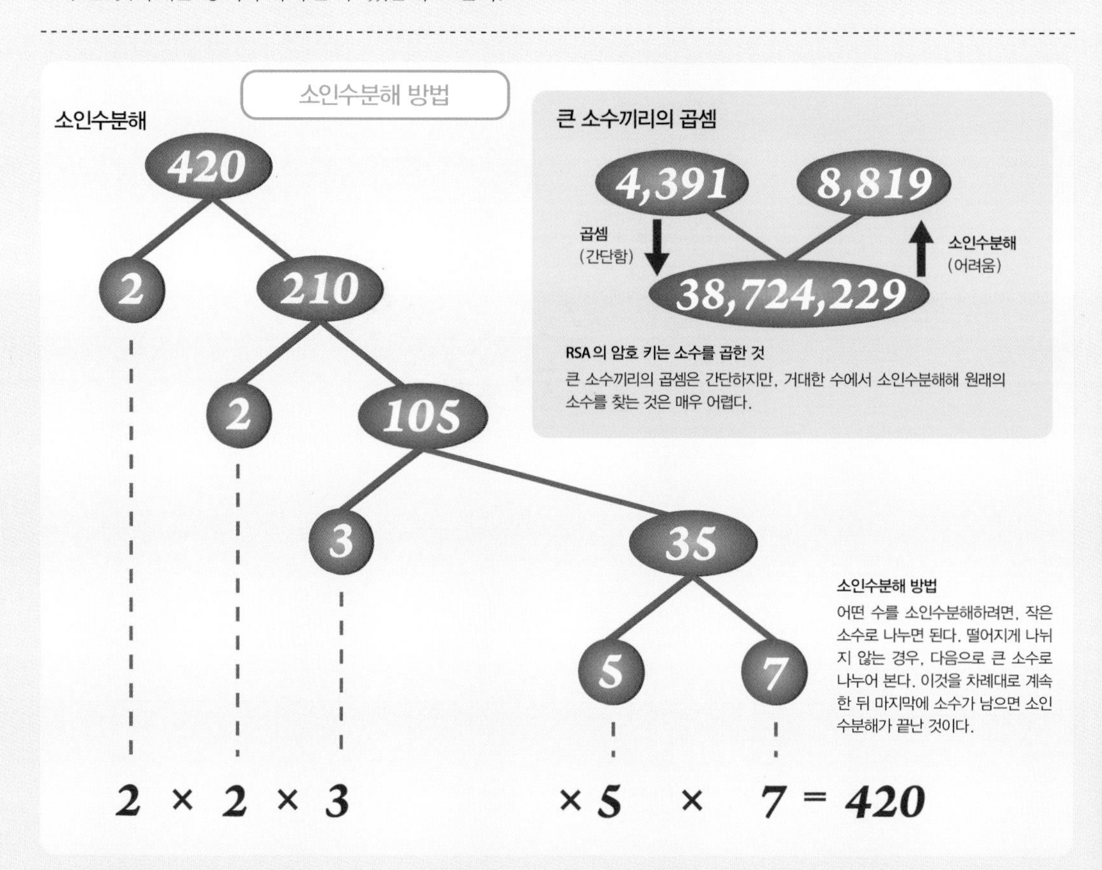

RSA의 암호 키는 소수를 곱한 것
큰 소수끼리의 곱셈은 간단하지만, 거대한 수에서 소인수분해해 원래의 소수를 찾는 것은 매우 어렵다.

소인수분해 방법
어떤 수를 소인수분해하려면, 작은 소수로 나누면 된다. 떨어지게 나뉘지 않는 경우, 다음으로 큰 소수로 나누어 본다. 이것을 차례대로 계속한 뒤 마지막에 소수가 남으면 소인수분해가 끝난 것이다.

유클리드(생몰년 미상)
고대 그리스의 수학자로, 13권으로 이루어진 『원론』을 집필했다. 저서를 통해 소수의 정의와 모든 수가 소수로 나누어 떨어진다는 사실 등을 증명했다.

소수가 무한히 존재하는가에 대한 증명

유클리드는 약 2,300년 전 『원론』에서 다음과 같이 소수가 무한히 존재한다는 걸 증명했다.

〈증명〉

서로 다른 소수 '$q_1, q_2, q_3, \cdots, q_n$'을 사용해, 다음과 같은 수 N을 만들 수 있다.

$$N = q_1 \times q_2 \times q_3 \times \cdots \times q_n + 1$$

N은 '$q_1, q_2, q_3, \cdots, q_n$'의 어떤 소수로도 나누어 떨어지지 않는다. 어떤 소수로 나눠도, '$q_1 \times q_2 \times q_3 \times \cdots \times q_n$'의 각 부분은 나누어 떨어지지만 1이 남기 때문이다(가장 작은 소수는 2).

따라서 N은 '$q_1, q_2, q_3, \cdots, q_n$'과 다른 소수이거나 또는 '$q_1, q_2, q_3, \cdots, q_n$'과 다른 소수로 나누어 떨어져야 한다. 그러므로 '$q_1, q_2, q_3, \cdots, q_n$'이외에 새로운 소수 '$q_{n+1}$'이 등장한다.

이것을 반복하면 새로운 소수 '$q_{n+2}, q_{n+3}, q_{n+4}, \cdots$'가 차례대로 발견된다. 즉 소수는 무한하다는 사실이 증명되는 것이다.

10 11 12 13 14 15 16 17 18 19 20

쌍둥이 소수 쌍둥이 소수

쌍둥이 소수

10006 10007 10008 10009 10010 10011 ?

쌍둥이 소수는 무한할까

위 그림에 빨간색 숫자로 쌍둥이 소수를 나타냈다. 2의 차이가 나는 소수의 쌍을 '쌍둥이 소수'라고 하는데, 수가 커질수록 좀처럼 나타나지 않는다. 2020년 2월 기준으로 알려진 가장 큰 쌍둥이 소수는 38만 8,342자리나 된다. 그러나 앞으로도 더 큰 쌍둥이 소수가 무한히 발견될지 확인된 바는 없다.

'어림수'로 재빠르게 계산하기

수에 강해지는 요령 중 하나는 수를 대략적으로 파악하는 방법을 활용하는 것이다. 예를 들어 '우유 198 원, 피망 128 원, 삼겹살 777 원, 사과 98 원, 고등어 537 원'어치를 장바구니에 담았다고 치자. 합계액을 정확하게 암산하려면 머리가 복잡해진다. 따라서 앞에서부터 두 번째 자릿수를 반올림해 각각 200 원, 100 원, 800 원, 100 원, 500 원으로 가정하자. 이렇게 대략 가정한 수를 '어림수'라고 한다. 어림수를 사용하면 재빠르게 계산할 수 있다.

물론 정확한 수치를 알아야 할 때는 계산기 등을 이용해 정확하게 계산해야 하지만, 일상생활에서는 어림수를 이용해 간단하게 계산하면 대략적인 값을 파악할 수 있다.

또 어림수로 암산하면 정확한 값으로 계산한 결과가 맞는지 '검산'할 수 있다. 입력 실수 등으로 인해 계산이 크게 잘못되지 않았는지 확인하는 데도 도움이 되는 것이다. 수에 강한 사람은 암산에 이러한 어림수를 활용하기도 한다.

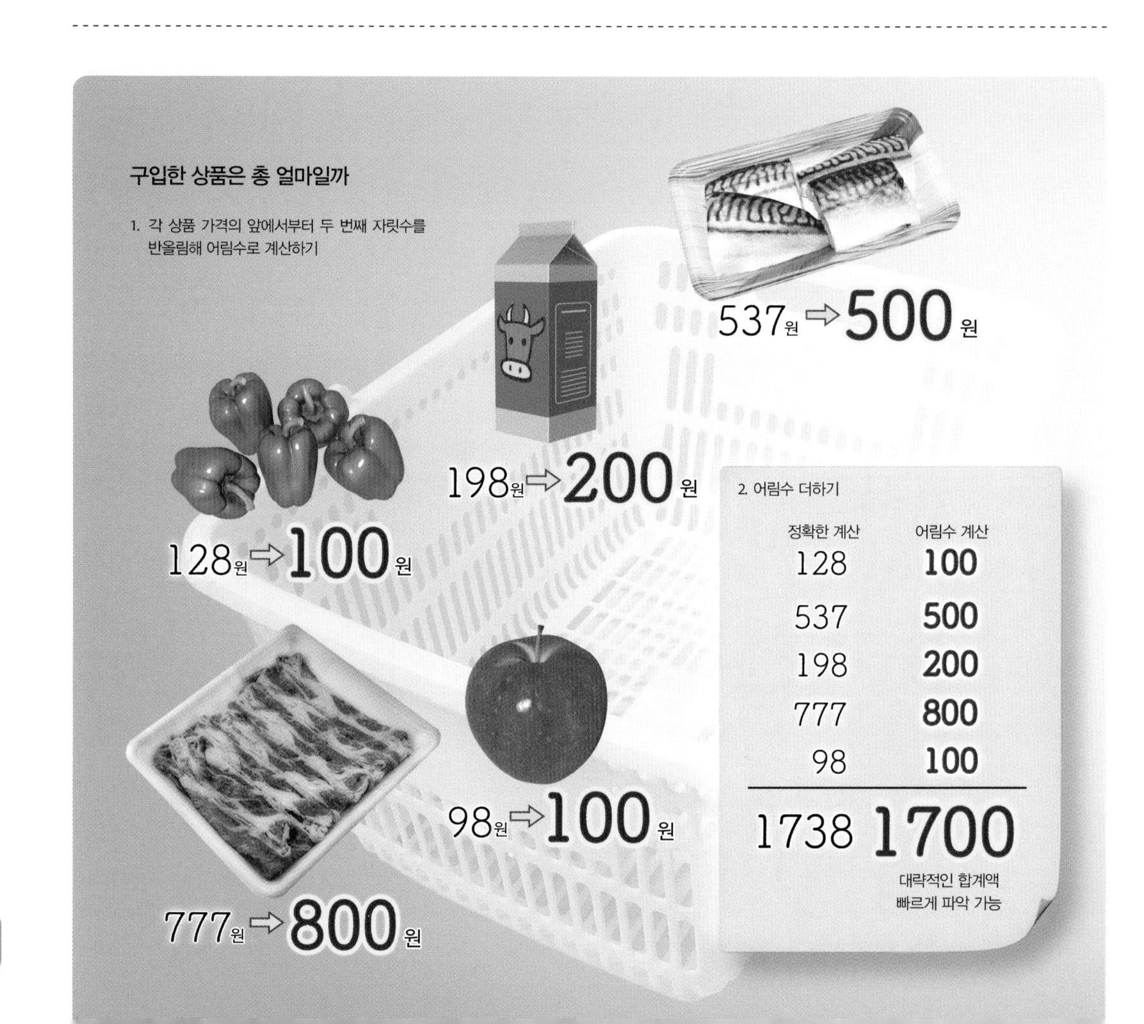

어림수를 사용해 대략적으로 계산하기

왼쪽 페이지 아래 그림은 쇼핑할 때 어림수로 상품의 합계액을 계산한 예시다. 가격의 앞에서부터 두 번째 자릿수를 반올림해 어림수로 가정하면 간단하게 암산할 수 있다. 아래의 그림은 천문학에서 사용하는 '1광년'이 몇 km인지를 어림수로 계산한 예시다.

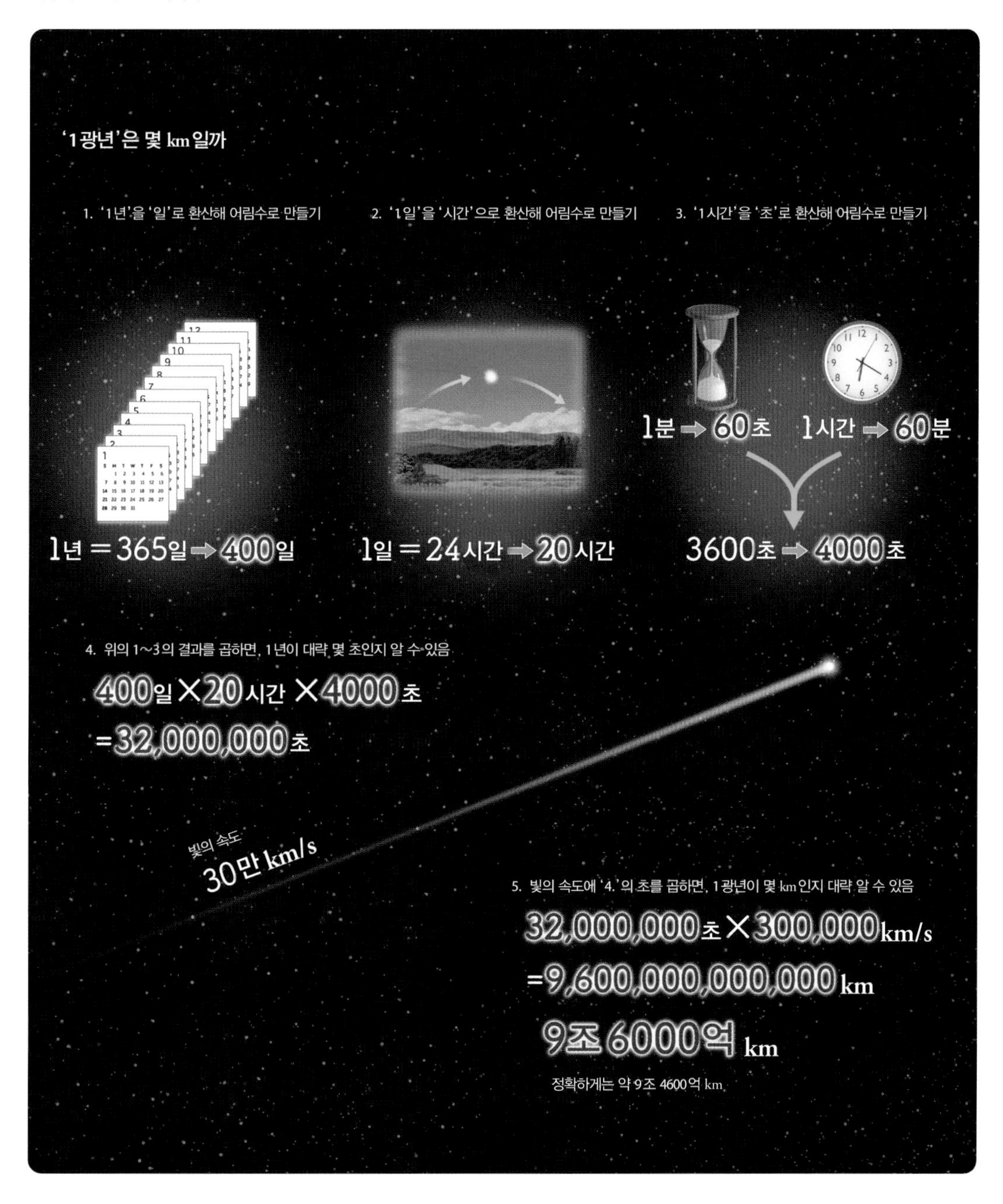

SECTION 9

random

무작위와 난수

무작위로 나열된 수 '난수'

'난수'란 다음 수를 정하는 규칙이 존재하지 않는 수를 말한다. 이 책의 198쪽처럼 0부터 9까지의 숫자가 무작위로 나열된 표를 '난수표'라고 한다. 대표적으로 PC 게임에서 적 캐릭터의 움직임과 같은 부분이 단순해지지 않도록 할 때 난수가 활용된다.

난수를 만드는 장치를 '난수 발생기'라고 한다. 정육면체 주사위는 1부터 6까지의 난수를 만드는 난수 발생기다. 그 밖에도 빙고 게임에 사용하는 추첨기나 도박에 사용하는 룰렛 등을 난수 발생기라고 할 수 있다.

한편 사람에게는 실제로는 무작위인데도 우연히 같은 사건이 반복되면 그것이 무작위가 아니라고 착각하는 경향이 있다. 이 착각을 이용하면 보다 자연스러운 무작위스러움을 연출할 수 있는데, 이는 디지털 음악 플레이어의 '랜덤 재생'이나 PC 게임 등에서 찾아볼 수 있다.

그런데 원주율의 소수점 이하 수는 나열되므로 난수라고 할 수 있을까? 사실 원주율에 나열되는 수를 진정한 의미에서 난수라 할 수 있는지는 아직 수학적으로 밝혀지지 않은 문제다.

주사위, 일상생활에서 가장 쉽게 볼 수 있는 '난수 발생기'

주사위에서 어떤 수가 나올지는 예측할 수 없다. 오른쪽 그림의 주사위에 새겨진 숫자들이 바로 난수다. 난수는 주사위 등의 난수 발생기를 사용해 만드는데, 정이십면체의 각 면에 0부터 9까지의 숫자를 2개씩 할당하면 0부터 9까지의 난수를 만드는 난수 발생기가 된다. 이것을 '난수 주사위'라고 하며, 주사위를 계속 굴려 나오는 숫자로 난수표를 만들 수 있다.

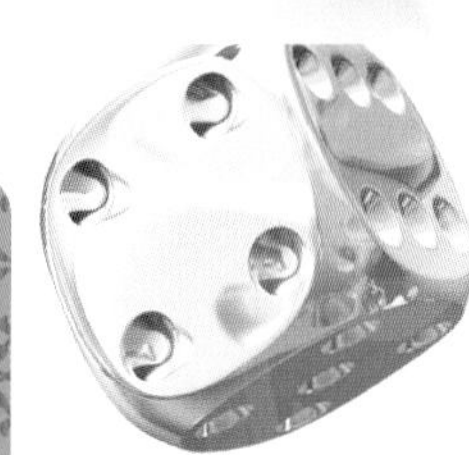

칼럼 COLUMN

원주율에 나열된 숫자는 난수일까

원주율 (π = 3.141592···)의 소수점 이하의 수는 끊임없이 이어지는데, 이 수의 나열에는 어떠한 규칙성도 발견되지 않았다. 원주율의 소수점 이하 5조 자리까지 0~9의 출현 빈도를 조사하니, 가장 많이 나온 수는 '8', 가장 적게 나온 수는 '6'이었다. 그러나 그 차이는 극히 적으며, 0~9의 출현 빈도는 거의 같았다. 그렇다면 원주율에 나열된 수를 난수라고 단언할 수 있을까? 아쉽지만 이것은 수학적으로 증명되지 않은 문제다.

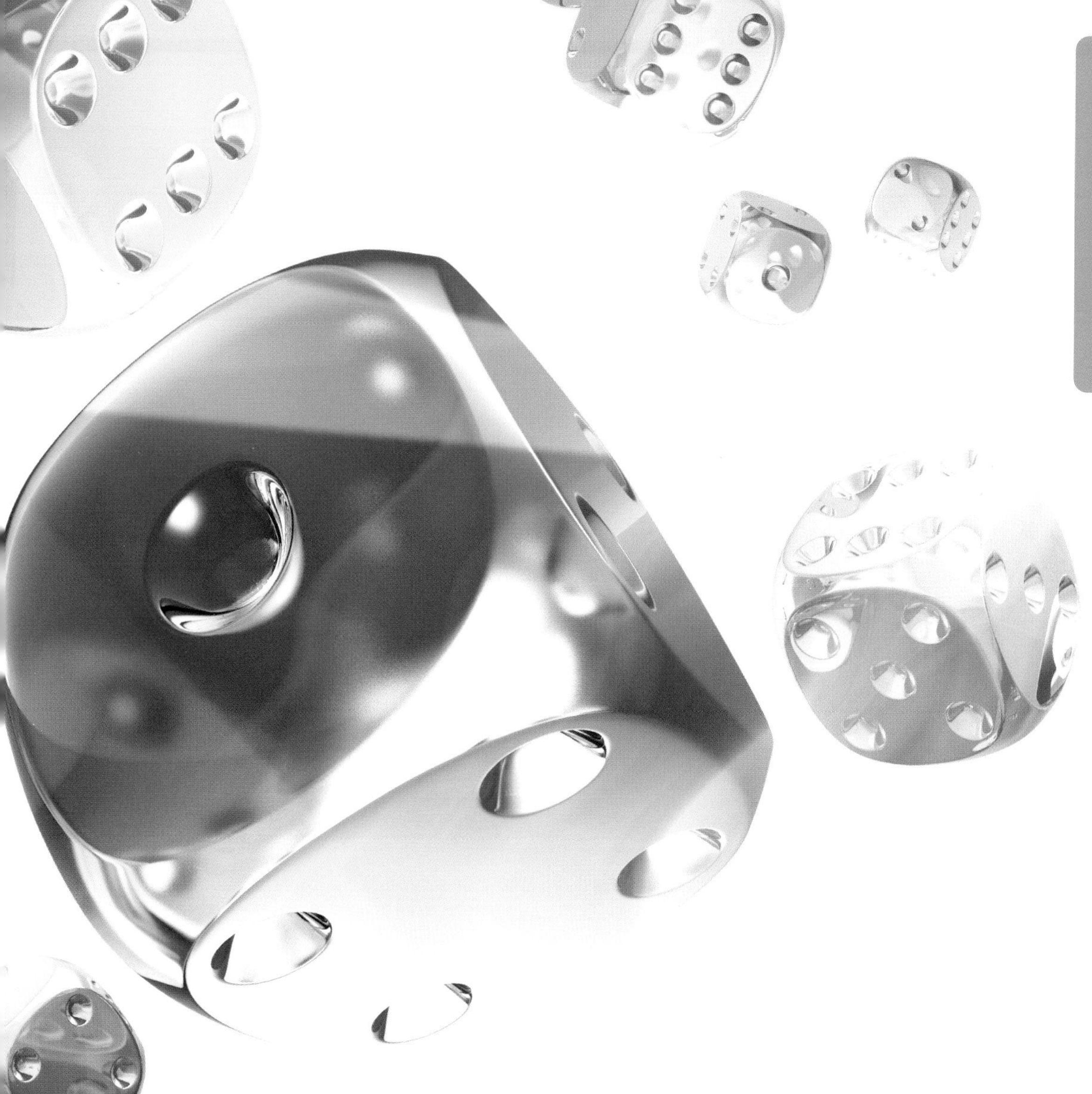

무작위는 어느 쪽일까

아래 두 그림 중 '점의 분포가 무작위적인 것은 어느 쪽일까?' 하고 물으면 많은 사람이 '왼쪽'이라고 대답한다. 그러나 실제로 왼쪽은 점끼리 겹치지 않도록 의도적으로 배치한 것으로, 오른쪽이 무작위적으로 분포된 것이다. 왼쪽 그림처럼 유의미한 패턴을 읽어낼 수 없는 것을 더 무작위적이라고 판단하기 쉽다. 이러한 착각은 심리학에서 자주 연구되며, 인간의 심리 경향을 통해 경제 현상을 설명하는 '행동 경제학' 분야에도 응용되고 있다.

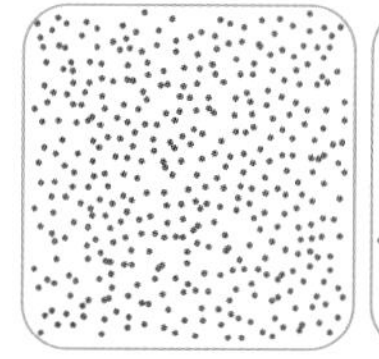

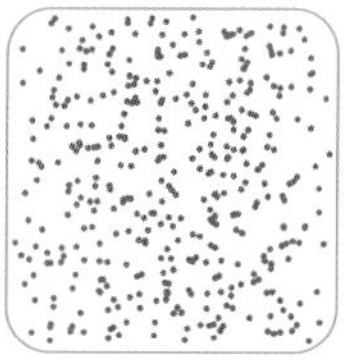

COLUMN

당신도 모르는 사이 사용하는 큰 수

스마트폰이나 디지털카메라 등 최첨단 과학 기술이 적용된 전자기기가 널리 사용되고 있는 현대 사회에서는 무의식적으로 거대한 수를 사용할 때가 있다. 예를 들어 디지털카메라의 해상도(화소 수)를 나타내는 '메가픽셀(mega pixel)'이나 스마트폰 등의 메모리 용량을 나타내는 '기가바이트(GB)'라는 용어를 자주 들었을 것이다.

'메가'나 '기가' 같은 용어를 'SI 접두어'※라고 하는데, 이를 이용하면 큰 수를 간단히 나타낼 수 있다. 예를 들어 메가(M)는 100만을 나타내고 기가(G)는 메가의 1,000배, 즉 10억을 나타낸다. '디지털카메라의 화소 수가 8메가픽셀'이라면 빛을 받는 소자의 수(화소 수)가 800만 개나 있다는 의미다. 이러한 접두어는 자릿수가 세 자리씩 커질 때마다 이름을 붙이는데 기가의 1,000배는 '테라(T)', 테라의 1,000배는 '페타(P)' 등으로 이어진다.

이와 반대로 아주 작은 수를 나타내는 접두어도 있다. '밀리미터(m)'는 1,000분의 1, 밀리미터의 1,000분의 1은 '마이크로(μ)', 마이크로의 1,000분의 1은 '나노(n)' 등으로 이어진다. 디지털 시대인 현대 사회에서 이러한 접두어의 의미를 알아 둔다면, 전자기기의 성능 등을 파악하는 데 도움이 될 수 있다.

거대한 수를 나타내는 다양한 용어들

거대한 수를 나타내는 용어는 접두어 외에도 여러 가지가 있다. 예를 들어 1 뒤에 0이 100개가 붙은 수(10^{100})를 '구골(googol)'이라 하는데, 세계적인 IT 기업 Google의 이름도 이 구골에서 유래되었다. 한편 1 뒤에 0이 구골 개만큼 붙은 수($10^{10^{100}}$)를 '구골플렉스(googolplex)'라고 한다.

참고로 1 뒤에 68개의 0이 붙은 '무량대수'가 유명하며, 불교 화엄경에 등장하는 '불가설불가설전'은 $10^{7 \times 2^{122}}$라는 거대한 수를 말한다.

※ SI 단위 앞에 붙이는 접두어(프랑스어 기반)를 의미하며, SI 단위는 현대 도량형 중 하나인 국제단위계(미터법)를 말함

SI 접두어 목록

기호	읽는법	크기
Y(yotta)	요타	10^{24}
Z(zetta)	제타	10^{21}
E(exa)	엑사	10^{18}
P(peta)	페타	10^{15}
T(tera)	테라	10^{12}
G(giga)	기가	10^{9}
M(mega)	메가	10^{6}
k(kilo)	킬로	10^{3}
m(milli)	밀리미터	10^{-3}
μ(micro)	마이크로	10^{-6}
n(nano)	나노	10^{-9}
p(pico)	피코	10^{-12}
f(femto)	펨토	10^{-15}
a(atto)	아토	10^{-18}
z(zepto)	젭토	10^{-21}
y(yocto)	욕토	10^{-24}

다양한 접두어를 한눈에 볼 수 있게 정리하고, 그 크기는 '지수'로 나타냈다. 이 밖에 자주 사용되는 접두어로는 센티미터(10^{-2}, cm)나 헥토(10^{2}, h) 등이 있다.

전자기기에 자주 등장하는 거대한 수
디지털카메라의 '이미지 센서'에는 빛을 받는 소자가 수백만 개 이상이나 늘어서 있다(위 그림). 스마트폰의 메모리 용량도 매우 커졌다(아래 그림). '메가'나 '기가' 같은 접두어는 이러한 거대한 수를 간단히 나타낼 수 있는 편리한 용어다.
8,000,000 화소
8 메가픽셀
(M pixels)
무수히 늘어서 있는 빛을 받는 소자
내장 메모리
대량의 전자 데이터
64,000,000,000 byte
64 기가바이트
(GB)

2
수 발전편
Number - advanced

온 우주에 있는 소립자를 모은 수보다 큰 '무한'

'무한(無限)'이란 문자 그대로 한계가 없다는 개념이다. 그러나 무한을 떠올리는 건 어려운 일이다.

여기 물 한 컵이 있다. 이 컵에 물분자는 얼마나 포함돼 있을까? 또 지구상에 존재하는 물 분자는 모두 얼마나 될까? 이론적으로 충분한 시간이 있다면 이러한 개수는 언젠가 모두 다 셀 수 있다. 즉 그 수는 거대하지만 유한하다.

무한이란 유한하고 거대한 수와는 비교할 수 없다. 시간과 정성을 들여도 절대 다 셀 수 없는 것이 무한이다. 관측 가능한 범위에서 우주에 흩어져 있는 양자의 수(= 약 10^{79}, 1 뒤에 0이 79개가 붙은 수)조차, 무한 앞에서는 무시할 수 있을 정도로 극히 작은 수에 지나지 않는다.

※ '소립자(素粒子)'란 물질을 이루는 가장 작은 단위의 물질을 말함

무한히 펼쳐진 거울의 세계

거울을 마주 보게 배치하면, 같은 모습을 무한히 반복해 비춘다. 거울로 둘러싸인 정육면체의 방에 들어가면, 그림처럼 무한히 펼쳐진 공간이 나타난다.

셀 수 없는 거대한 수

우리 주위에는 셀 수 없을 만큼 거대한 수가 많다. 그림은 잘 알려진 거대한 수를 나타낸 것이다. 거대한 수 또한 현실적으로 한정된 시간 속에서 다 셀 수는 없다. 우리에게 이러한 수는 사실상 무한에 가깝지만, 유한한 범위에 있는 수이다. 무한은 유한한 수와 비교할 수 없다.

동일한 무한에도 존재하는 '농도'의 차이

수직선(數直線)에 다양한 수를 나열한다고 생각해 보자. 먼저 무한개의 정수를 수직선 위에 둔다. 그러나 이대로 두면 수직선에는 빈틈이 생긴다.

여기에 $\frac{1}{3}$과 같은 유리수를 나열해 보자. 0과 1 사이는 유리수로 빽빽이 채울 수 있다. 무한개의 유리수를 나열하면 수직선을 빈틈없이 채울 수 있다는 생각이 들겠지만, 수직선에는 여전히 빈틈이 남는다.

독일 출신의 수학자 '게오르크 칸토어'는 '농도'라는 척도로 무한의 정도를 비교했다. 자연수와 정수, 유리수 등은 무한의 농도가 모두 동등하다고 보고 그 농도를 '$\aleph_0$(알레프 제로)'로 정했다.

수직선을 완전히 채우려면 $\aleph_0$보다 빼곡한 무한이 필요하다. 그것이 바로 '무리수'의 무한이다. 무리수란 정수로 이루어진 분수로는 나타낼 수 없는 수로, π나 $\sqrt{2}$(= 1.414…)를 그 예시로 들 수 있다. 칸토어는 무리수의 무한한 농도가 $\aleph_0$보다 크다는 사실을 밝히고, 그 농도를 '$\aleph_1$(알레프 원)'으로 정했다. $\aleph_1$의 무한을 통해 수직선을 빈틈없이 채울 수 있다.

빛이 막대기에 부딪힐까

그림처럼 무한히 넓은 평면을 상상해 보자. 평면에는 일정한 간격으로 수직 교차하는 격자무늬가 있으며, 각 교점에는 수직으로 막대기가 서 있다. 평면은 무한히 넓으므로, 막대기의 수도 무한히 있을 것이다.

지금 하나의 교점에서 무작위로 선택한 방향으로 광선을 방출했다고 치자. 이 광선은 어느 쪽 막대기에 부딪힐까? 단, 이때 광선이나 막대기의 굵기는 같은 크기로 무한히 존재한다고 가정한다.

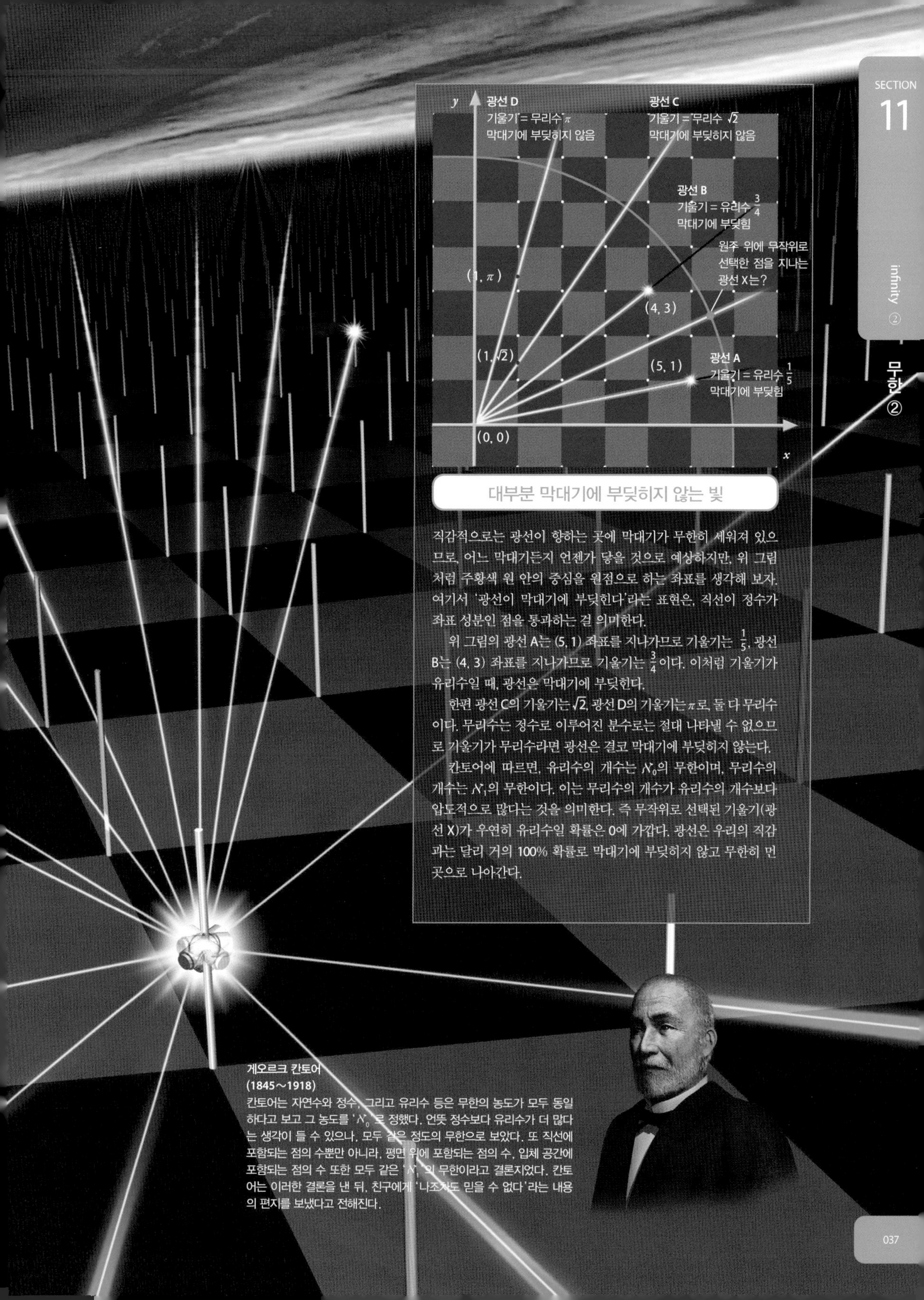

대부분 막대기에 부딪히지 않는 빛

직감적으로는 광선이 향하는 곳에 막대기가 무한히 세워져 있으므로, 어느 막대기든지 언젠가 닿을 것으로 예상하지만, 위 그림처럼 주황색 원 안의 중심을 원점으로 하는 좌표를 생각해 보자. 여기서 '광선이 막대기에 부딪힌다'라는 표현은, 직선이 정수가 좌표 성분인 점을 통과하는 걸 의미한다.

위 그림의 광선 A는 (5, 1) 좌표를 지나가므로 기울기는 $\frac{1}{5}$, 광선 B는 (4, 3) 좌표를 지나가므로 기울기는 $\frac{3}{4}$이다. 이처럼 기울기가 유리수일 때, 광선은 막대기에 부딪힌다.

한편 광선 C의 기울기는 $\sqrt{2}$, 광선 D의 기울기는 π로, 둘 다 무리수이다. 무리수는 정수로 이루어진 분수로는 절대 나타낼 수 없으므로 기울기가 무리수라면 광선은 결코 막대기에 부딪히지 않는다.

칸토어에 따르면, 유리수의 개수는 $\aleph_0$의 무한이며, 무리수의 개수는 $\aleph_1$의 무한이다. 이는 무리수의 개수가 유리수의 개수보다 압도적으로 많다는 것을 의미한다. 즉 무작위로 선택된 기울기(광선 X)가 우연히 유리수일 확률은 0에 가깝다. 광선은 우리의 직감과는 달리 거의 100% 확률로 막대기에 부딪히지 않고 무한히 먼 곳으로 나아간다.

게오르크 칸토어
(1845~1918)
칸토어는 자연수와 정수, 그리고 유리수 등은 무한의 농도가 모두 동일하다고 보고 그 농도를 '$\aleph_0$'로 정했다. 언뜻 정수보다 유리수가 더 많다는 생각이 들 수 있으나, 모두 같은 정도의 무한으로 보았다. 또 직선에 포함되는 점의 수뿐만 아니라, 평면 위에 포함되는 점의 수, 입체 공간에 포함되는 점의 수 또한 모두 같은 '$\aleph_1$'의 무한이라고 결론지었다. 칸토어는 이러한 결론을 낸 뒤, 친구에게 '나조차도 믿을 수 없다'라는 내용의 편지를 보냈다고 전해진다.

진실에 더욱 가까워지기 위한 방법 '극한'

극한이라는 개념을 이해하기 위해 디지털카메라를 떠올려 보자. 디지털 사진의 선명도는 해상도로 나타낸다. 고해상도의 사진은 매우 깔끔하게 보이지만, 그만큼 데이터양도 커진다.

가능한 한 제대로 된 디지털 사진을 촬영하고 싶다고 가정해 보자. 당연히 해상도가 높아야 하지만, 기록할 수 있는 데이터양에는 한계가 있으므로 해상도가 제한돼 확대하면 사진이 깨진다. 실물과 흡사하게 촬영하려면 기록하려는 장치의 데이터양이 무한해야 하지만 그런 일은 불가능하다.

무한에는 항상 이러한 문제가 따라다닌다. 이럴 때 선택지는 크게 두 가지로 나뉜다. 하나는 '근사(近似)'이다. 이는 한계가 있지만 충분히 작다고 생각되는 지점에서 만족하는 걸 의미한다. 디지털카메라 또한 근사의 방식으로 촬영되지만 대개 우리는 충분히 만족한다.

나머지 하나는 '극한(極限)'으로, 무한으로 향할 때 어떤 답에 가까워지는지를 구하고 그것을 답으로 하는 방법이다. 이를 통해 진실에 더욱 가까워질 수 있다. '깊이 연구할수록 그 답에 가까워진다'라는 사실을 논리적으로 증명할 수 있다면, 실제로 무한에는 도달하지 못하더라도 그 극한을 진실의 답으로 인정할 수 있다.

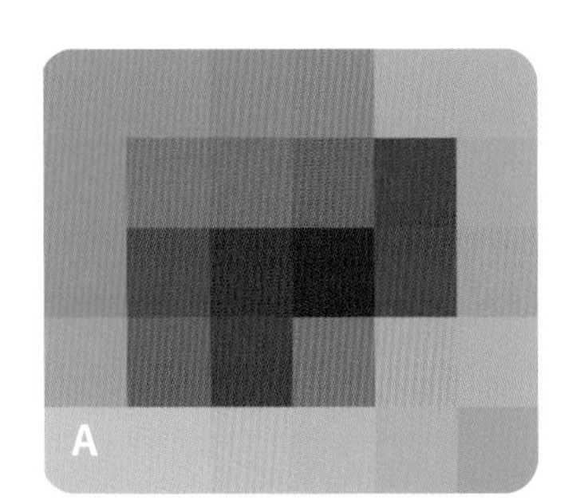

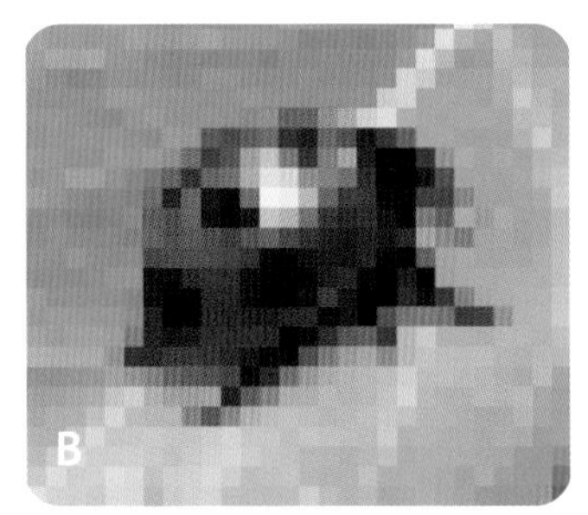

현실 세계는 정말 매끄러울까

현실 속 풍경은 오른쪽 페이지의 무당벌레 그림처럼 잘리거나 깨지는 현상 없이 매끄러운 이미지로 우리 눈에 들어온다. 디지털 카메라로 매끄럽게 촬영하고자 해도 깨짐 현상은 나타나는데, A, B, C와 같이 해상도가 높을수록 현실의 매끄러운 모습에 가까워진다. 해상도를 무한히 높이면 완전히 매끄러운 현실 그대로 촬영할 수 있다. 다만 현실 속 풍경이 정말 매끄러운지는 별개의 문제다.

우리의 눈에는 흐르는 물이 매끄럽게 보이지만, 원자의 수준까지 확대해 보면 도트(점)로 나타난다. 즉 우리가 현실에서 보고 느끼는 매끄러움이란, 셀 수 없이 많은 요소를 무한하다고 간주하기 위해 표현하는 성질이라고 할 수 있다.

디지털카메라 방식과 유사한 넓이 · 부피의 계산

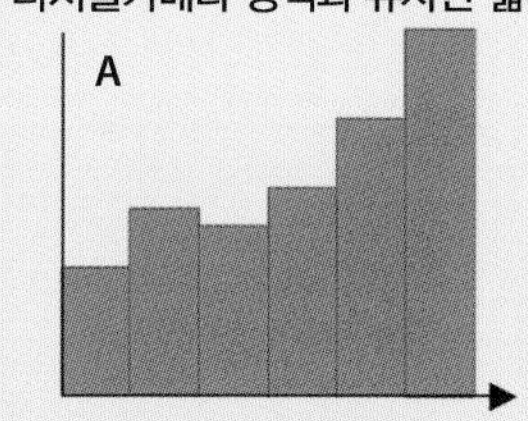

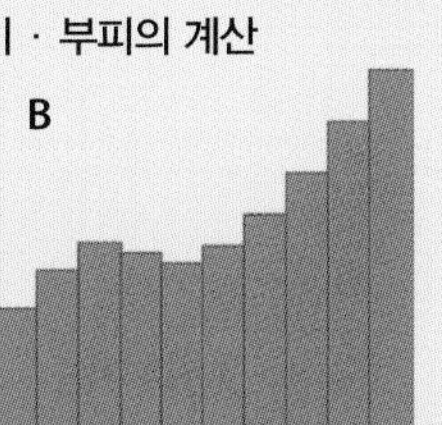

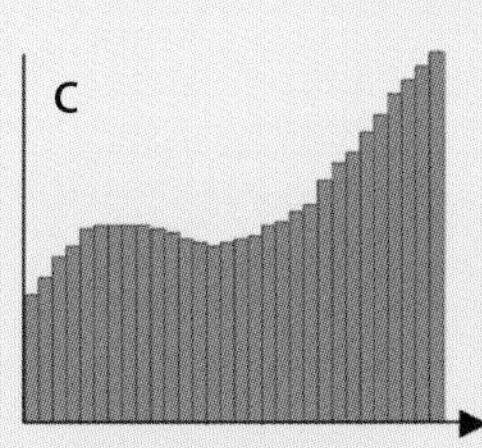

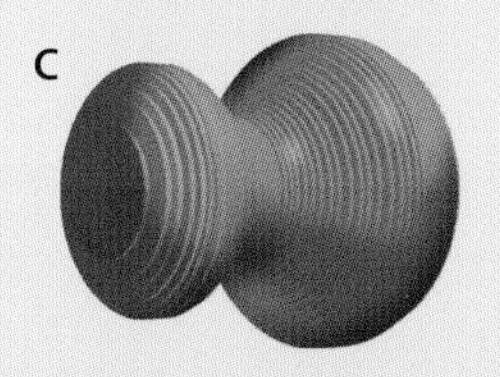

그림의 A, B, C처럼 더욱 세세하게 나눠 계산할수록 울퉁불퉁하지 않은 진짜 값에 가까워진다.

SECTION 13

imaginary number

허수

제곱하면 마이너스가 되는 수 '허수'

실수만으로는 도저히 답을 낼 수 없는 문제가 있다. 예를 들자면 '두 수를 더하면 10이 되고, 곱하면 40이 된다. 두 수는 각각 얼마일까?'와 같은 문제다.

이 문제는 '$25 - x^2 = 40$ 이 성립하는 x의 값을 구하라'로 고칠 수 있다. 식을 변형하면 '$x^2 = -15$'가 된다. 즉 '제곱했을 때 −15가 되는 수를 찾으라'는 것이다. 그러나 실수에는 제곱했을 때 마이너스가 되는 수란 존재하지 않는다. 양수의 제곱과 음수의 제곱 모두 플러스가 되기 때문이다. 따라서 실수에서는 이 문제의 답을 절대 찾을 수 없다. 만약 중학교 수준 정도의 수학이었다면 '정답 없음'을 정답으로 처리했을 것이다.

더해서 10, 곱해서 40이 되는 두 수는 무엇일까? 옛날에는 이 문제에 정답이 없었다. 그러나 이탈리아 밀라노의 의사이자 수학자였던 '지롤라모 카르다노'는 '$5 + \sqrt{-15}$'와 '$5 - \sqrt{-15}$'를 답으로 적었다. 제곱해서 마이너스가 되는 수, 즉 '허수(虛數)'를 이용하면, 답이 없는 문제에도 답을 구할 수 있다는 사실이 카르다노에 의해 밝혀진 것이다.

사각형의 넓이로 생각해보기

한 변의 길이가 5인 정사각형의 넓이는 25이다(①). 둘레의 길이가 이 정사각형과 같고 넓이가 40인 직사각형을 찾게 된다면, 그 가로세로 길이가 곧 카르다노 문제에 대한 답이다. 그러나 둘레의 길이가 같은 사각형 중 그 넓이가 가장 넓은 것은 정사각형이다. 가로 3 × 세로 7인 직사각형의 넓이는 21(②), 가로 8 × 세로 2인 직사각형의 넓이는 16(③)이므로 모두 25보다 작다. 이를 통해 '가로세로 길이의 합계가 10이고 넓이가 25를 넘는 직사각형은 존재하지 않는다'라는 사실을 알 수 있다.

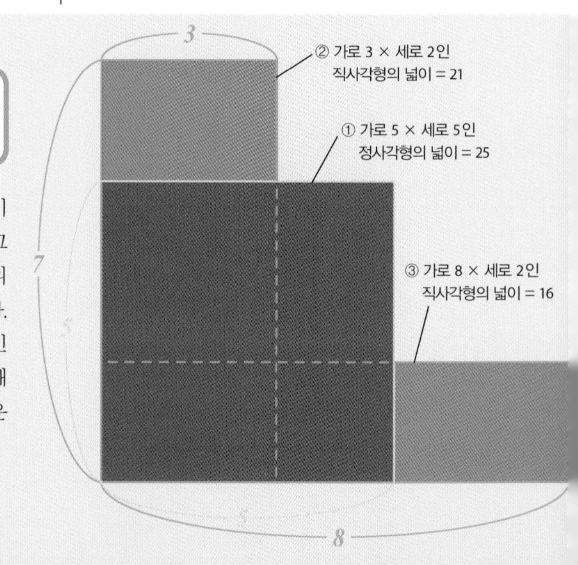

카르다노의 문제

16세기 이탈리아 밀라노의 수학자인 지롤라모 카르다노의 저서 『위대한 술법(Ars Magna)』에 소개된 이 문제는 허수를 사용해야만 답을 낼 수 있는 문제의 대표적인 예시다. 구해야 하는 두 수를 A, B로 두면, 아래의 그림과 같이 2가지의 수식 ($A + B = 10$, $A \times B = 40$)으로 나타낼 수 있다.

= 10

= 40

카르다노의 풀이 방법

문 제

더해서 10, 곱해서 40이 되는 두 수를 구하라.

풀이 방법

'5보다 x만큼 큰 수'와 '5보다 x만큼 작은 수'를 곱했을 때 40이 되는 수를 찾는다. 두 수를 $(5+x)$, $(5-x)$로 뒀을 때,

$$(5+x)\times(5-x)=40$$

주로 중학교 시기에 배우는 인수분해 공식 $(a+b)\times(a-b)=a^2-b^2$으로 왼쪽 변을 변형하면,

$$5^2-x^2=40$$

$5^2=25$이므로 $$25-x^2=40$$

이항하면 $$x^2=-15$$

x는 제곱해서 −15가 되는 수가 되지만, 이러한 수는 존재하지 않는다. 하지만 카르다노는 제곱해서 −15가 되는 수를 '$\sqrt{-15}$'라 언급하며 마치 일반적인 수처럼 취급했다. 그리고 문제의 답으로 '5보다 x만큼 큰 수'와 '5보다 x만큼 작은 수'를 '$5+\sqrt{-15}$'와 '$5-\sqrt{-15}$'로 기록했다.

답

두 수는,

$5+\sqrt{-15}$ 와 $5-\sqrt{-15}$

위대한 술법(Ars Magna)

카르다노가 1545년에 저술한 수학책으로, 3차 방정식 · 4차 방정식의 풀이 방법과 허수를 이용해 풀 수 있는 연습 문제 등이 기록돼 있다.

지롤라모 카르다노
(1501~1576)
16세기에 활동한 이탈리아 밀라노의 의사 · 수학자

실수와 허수의 합으로 이루어진 '복소수'

허수의 개념이 수학자들에게 바로 받아들여진 것은 아니었다. 일반적인 수라면 '개수'나 '수직선'의 이미지로 떠올릴 수 있지만, 허수는 그럴 수 없기 때문이다.

그러자 덴마크의 측량 기사 '카스파르 베셀'은 '그렇다면 수직선 밖, 즉 원점에서 위쪽으로 늘린 화살표로 허수를 나타낼 수 있지 않을까?' 하고 생각했다. 이 아이디어는 대성공이었다. 수평으로 그은 수직선으로 실수를 나타내고, 이와 직각을 이루는 또 하나의 수직선을 그어 허수를 나타내자 두 좌표축을 가진 평면이 완성되었다.

프랑스의 회계사 '장 아르강'과 독일의 수학자 '카를 프리드리히 가우스'도 각자 같은 생각을 했다. 가우스는 이 평면 위의 점으로 나타낼 수 있는 수에 '복소수(複素數)'라는 이름을 붙였다. 복소수는 실수와 허수라는 복수의 요소가 합쳐져 이루어진 새로운 수의 개념이었다.

이렇게 허수는 실재하는 수로 취급되었고, 마침내 세상에 존재할 수 있게 되었다. 더 나아가 허수는 오늘날 물리 현상이나 과학 기술의 계산에 있어 없어서는 안 되는 존재가 되었다.

허수를 그림으로 나타내 보자(1~4)

양수는 물건의 개수나 선의 길이를 표현할 수 있다. 그림으로는 0을 나타내는 점(원점)에서 오른쪽으로 화살표를 그리면 된다(1). 음수를 나타낼 때는 원점에서 양수와 반대 방향으로 화살표를 그리면 된다(2). 그리고 허수를 그림으로 나타내려면 원점에서 위로 향하는 화살표를 그리면 된다(3). 이처럼 실수의 수직선을 가로축으로, 허수의 수직선을 세로축으로 하는 평면을 '복소평면'이라고 한다.

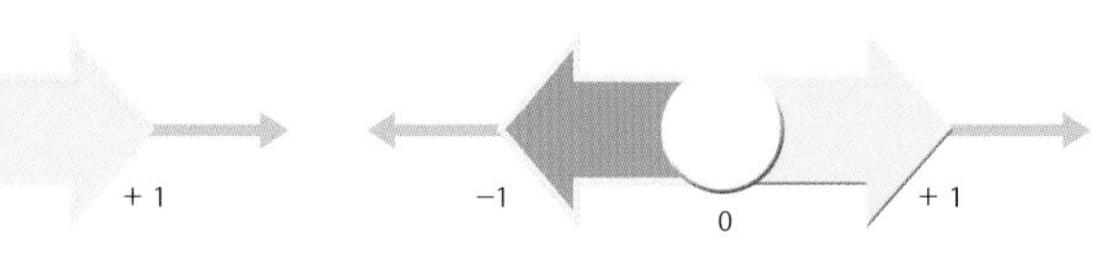

허수 단위 $i = \sqrt{-1}$
($i^2 = -1$)

i

−1
0
+1

1. 양의 실수는 '오른쪽 화살표'
오른쪽으로 적당한 길이의 화살표를 하나 그린다. 이 화살표를 '+1'로 설정하고, 양수의 단위로 정하면 이를 기준으로 양수를 다양한 길이로 그릴 수 있다.

2. 음의 실수는 '왼쪽 화살표'
0을 나타내는 점을 '원점'으로 정한다. +1만큼 원점으로부터 반대 방향으로 화살표(짙은 하늘색)를 그린다. 이 화살표를 '−1'로 설정하고 음수의 단위로 정하면 이를 기준으로 음수를 다양한 길이로 그릴 수 있다. 이렇게 만든 직선을 '수직선'이라고 하며, 이를 통해 모든 실수를 나타낼 수 있다.

3. 허수는 수직선 '밖'
+1이나 −1만큼 원점으로부터 위로 향하는 화살표를 그린다. 이 화살표를 '−1의 제곱근($\sqrt{-1}$)'으로 설정하고, 허수의 단위(i)로 정하면 허수($2i$, $\sqrt{3}i$ 등)를 다양한 길이로 그릴 수 있다.

허수 단위 (i)

'나는 생각한다, 고로 존재한다'는 명언으로 유명한 프랑스의 철학자 '르네 데카르트'는 음수의 제곱근을 'nombre imaginaire(상상의 수)'라고 불렀는데, 이것이 허수(imaginary number)의 어원이 되었다. 한편 '-1의 제곱근', 즉 $\sqrt{-1}$을 기호 i로 정한 사람은 수학자 '레온하르트 오일러'다.

르네 데카르트
(1596~1650)

레온하르트 오일러
(1707~1783)

허수 단위 i를 정한 오일러
1748년 '오일러 공식'을 발견한 스위스 출신 수학자로, '−1의 제곱근', 즉 $\sqrt{-1}$을 기호 i로 정했다. 1738년에 오른쪽 눈이, 1766년에 두 눈이 멀었음에도 한 해 평균 800페이지라는 경이로운 논문 저술 속도는 줄어들지 않았다. 오히려 평생 저술한 내용의 절반 이상이 두 눈을 잃은 후 구술필기로 작성돼 남겨졌다.

복소평면(가우스 평면)

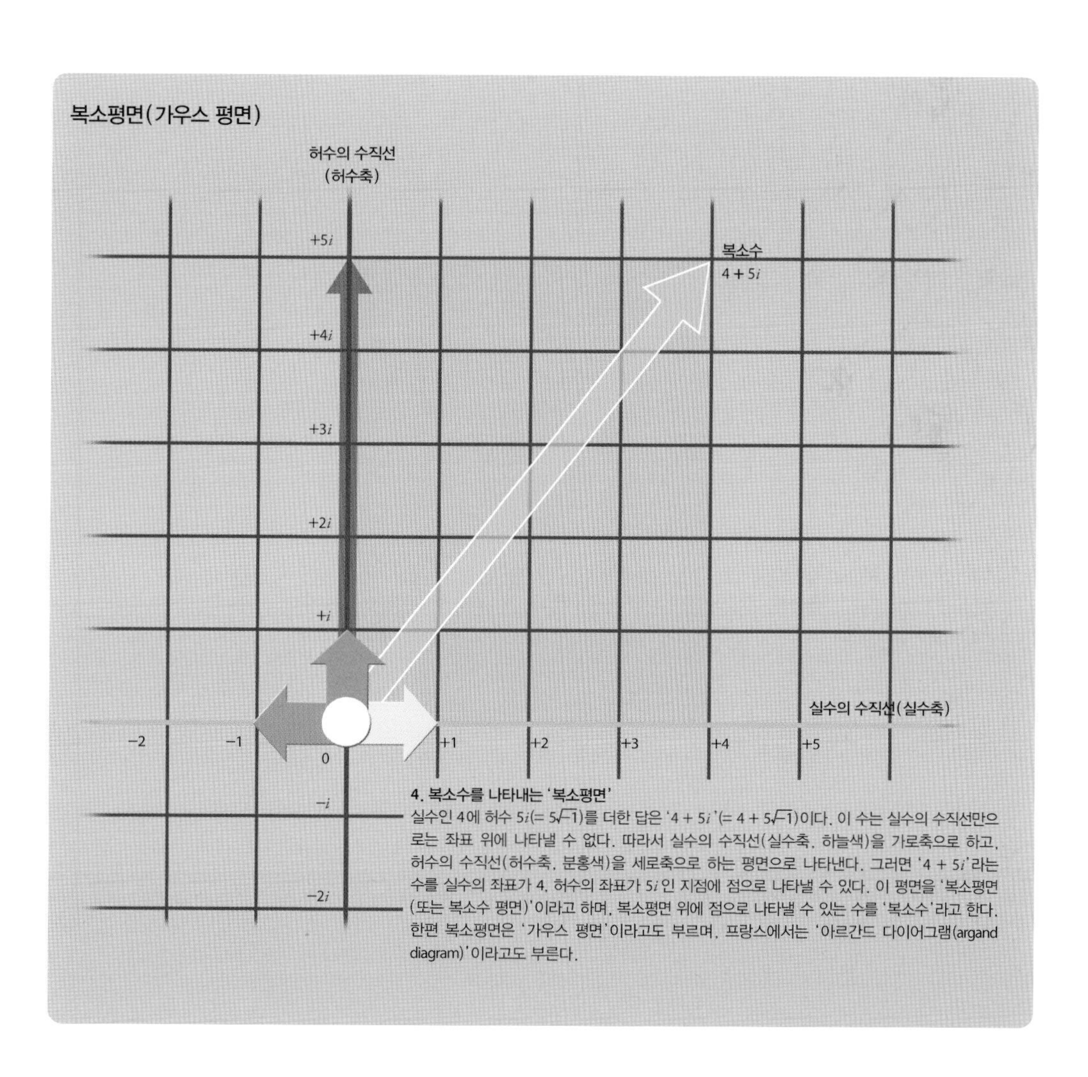

4. 복소수를 나타내는 '복소평면'
실수인 4에 허수 $5i(=5\sqrt{-1})$를 더한 답은 '$4+5i$'($=4+5\sqrt{-1}$)이다. 이 수는 실수의 수직선만으로는 좌표 위에 나타낼 수 없다. 따라서 실수의 수직선(실수축, 하늘색)을 가로축으로 하고, 허수의 수직선(허수축, 분홍색)을 세로축으로 하는 평면으로 나타낸다. 그러면 '$4+5i$'라는 수를 실수의 좌표가 4, 허수의 좌표가 $5i$인 지점에 점으로 나타낼 수 있다. 이 평면을 '복소평면(또는 복소수 평면)'이라고 하며, 복소평면 위에 점으로 나타낼 수 있는 수를 '복소수'라고 한다. 한편 복소평면은 '가우스 평면'이라고도 부르며, 프랑스에서는 '아르간드 다이어그램(argand diagram)'이라고도 부른다.

SECTION 15

index number

지수

큰 수를 간단히 나타내는 방법 '지수'

비교적 매우 큰 수를 천문학적인 수라고 말하는 경우가 있는데, 이는 우주나 천체를 대상으로 하는 천문학 분야에서 매우 큰 수를 많이 다루기 때문이다. 우주의 크기를 예로 들어보자. 관측 가능한 우주의 크기는 약 1,000,000,000,000,000,000,000,000,000m로, 0이 몇 개인지 파악하기 어려울 정도로 많다.

이렇게 큰 수를 간단하게 나타내는 방법을 '지수(指數)'라고 한다. 지수는 '10^3'처럼 숫자 오른쪽 위에 작게 표시한다. 10^3은 '10의 3제곱'으로 읽으며, '10을 3번 곱한 수'를 의미한다. 즉 '$10^3 = 10 \times 10 \times 10 = 1{,}000$'이며, 이에 따라 앞서 말한 우주의 크기도 '10^{27}'으로 나타낼 수 있다. 이처럼 지수를 사용하면 긴 자릿수도 짧고 간단하게 나타낼 수 있다.

지수를 보면 그것이 몇 자릿수의 수인지를 금방 알 수 있다. '지수 + 1'이 그 수의 자릿수가 되므로, 10^{27}은 28 자릿수라는 사실을 알 수 있다. 지수를 사용하면 일반적인 표현 방법으로는 비교하기 어려운 큰 수도 간단히 비교할 수 있고, 자릿수를 잘못 읽는 일도 줄일 수 있다.

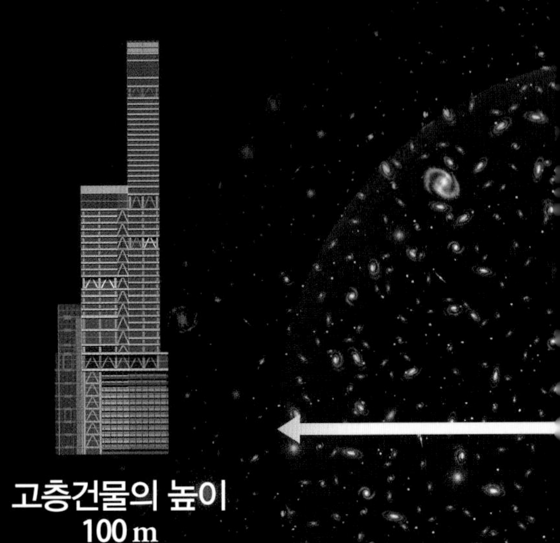

고층건물의 높이
100 m

10^2 m

관측 가능한 우주의 크기
1,000,000,000,000,000,000,000,000,000m

10^{27} m

칼럼 COLUMN

같은 수의 거듭 곱셈 나타내기

'지수'는 '같은 수를 거듭해 곱한 횟수'를 의미하며, '거듭해 곱해지는 수'는 '밑'이라고 부른다. 밑은 꼭 10이 아니라 '$2^3 = 2 \times 2 \times 2$'처럼 어떤 수로 나타내도 상관없다. 이처럼 지수를 사용하면 같은 수를 거듭해 곱한 횟수를 간단히 나타낼 수 있다.

지수에는 음수도 넣을 수 있다. 지수가 음수라는 건 무슨 뜻일까? 이는 작은 수도 나타낼 수 있다는 의미다. 예를 들어 수소 원자의 크기는 0.0000000001m이다. 이를 지수로 나타내면 10^{-10}으로 쓸 수 있으며, 이는 $\frac{1}{10^{10}}$을 의미한다.

간단히 나타낼 수 있는 매우 큰 수와 매우 작은 수

'관측 가능한 우주의 크기'나 '원자의 반지름' 등 다양한 사물의 크기를 어림수를 이용해 지수로 나타냈다. 일반적인 표현 방법으로는 숫자가 많아 파악하기 어려운 수라고 하더라도 지수를 사용하면 짧고 알기 쉽게 나타낼 수 있다.

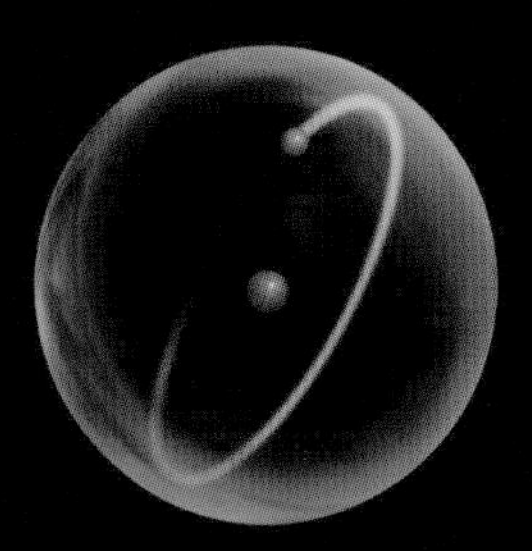

원자의 반지름
0.0000000001 m

10^{-10} m

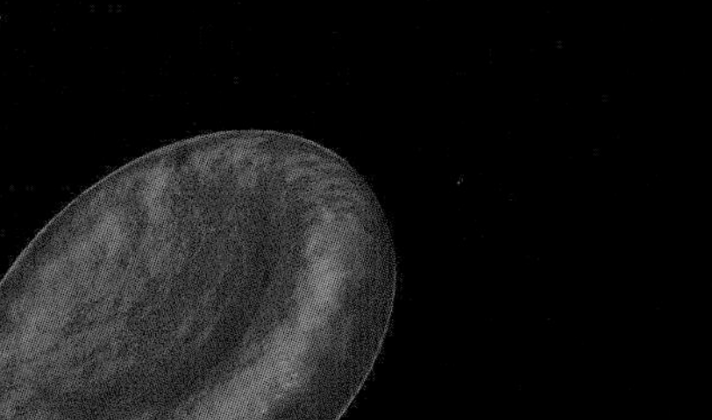

적혈구의 크기
0.00001 m

10^{-5} m

DNA의 너비
0.000000001 m

10^{-9} m

사람의 키
1 m

10^{0} m

지구의 지름
10,000,000 m

10^{7} m

거듭하는 수가 많아질수록 급격하게 커지는 값

곱셈을 거듭하는 것(또는 그렇게 해서 얻을 수 있는 수)을 '거듭제곱'이라고 한다. 거듭제곱으로 얻을 수 있는 수는 거듭하는 횟수가 그다지 많지 않은 것처럼 보여도 상상 이상으로 큰 수를 만든다.

예를 들어 A4 용지의 두께는 0.1mm 정도다. A4 용지를 반으로 잘라 포개면 그 두께는 원래의 2배인 0.2mm가 된다.

그렇다면 2장을 포개 두께가 2배가 된 A4 용지를 다시 반으로 잘라 포개고, 또다시 반으로 잘라 포개고 하는 식으로 이를 거듭하면 어떻게 될까? 포개기를 거듭한 A4 용지는 '0.1mm → 0.2mm → 0.4mm → 0.8mm → 1.6mm…'처럼 그 두께가 갑절로 증가해, 10번째에는 100mm(10cm)가 된다.

또다시 잘라 포개다 보면 23번째에는 남산서울타워의 해발고도(약 480m)를 넘어 약 840m에 이르고, 42번째에는 그 높이가 44만 km나 돼 무려 지구와 달 사이의 거리(약 38만 km)를 넘게 된다. 이처럼 곱셈을 거듭하는 횟수가 많아질수록 산출되는 결괏값은 급격하게 커진다.

예상보다 수가 더 커지는 거듭제곱

그림은 A4 용지를 반으로 잘라 포개는 일을 42번 거듭했을 때 포갠 용지의 두께가 지구와 달 사이의 거리보다 길다는 것을 나타낸 이미지다. 실제로는 포갤수록 용지의 면적이 극히 작아지는데 일부러 과장해서 그렸다.

42번째
약 44만 km

41번째
약 22만 km

지구와 달 사이의 거리
약 38만 km

A4 용지를 반으로 잘라 포개고, 포갠 종이를 다시 반으로 잘라 포개면, 이 A4 용지의 두께는 '2배, 4배, 8배, 16배, …'처럼 갑절로 증가한다. 다만 A4 용지(한 변 30cm 정도)를 반으로 잘라 포개는 일을 42번 반복하면 용지의 크기(가로와 세로 길이)는 분자 크기(100nm 정도)만큼 작아진다.

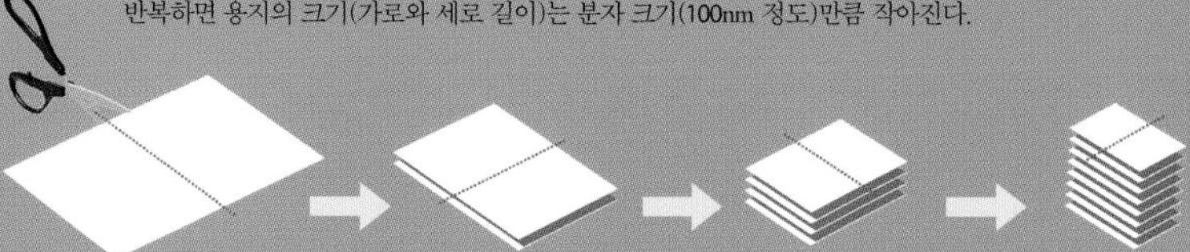

SECTION 17

logarithm

로그

곱셈을 반복한 횟수 '로그'

어떤 정해진 수를 거듭 곱해 다른 수를 얻는 경우, 거듭 곱한 횟수를 가리켜 '로그(logarithm)'라고 한다. 예를 들어 2를 몇 번 거듭 곱한 수가 8이 될 때, 로그는 3이다($8 = 2^3$).

로그는 'log'라는 문자를 사용해 표현한다. 위의 경우는 '$\log_2 8$'이라고 쓴다($8 = 2^3$이므로, $\log_2 8 = 3$).

예시의 2와 같이 log의 오른쪽 아래에 있는 작은 수는 거듭 곱한 수로, '밑'이라고 부르며, 예시의 8과 같이 끝에 있는 수는 거듭 곱해 나온 수로, '진수'라고 부른다.

덧붙여 '$\log_{10}1000$'처럼 밑의 수가 꼭 2일 필요는 없다. '$\log_{10}1000$'은 10을 거듭 곱해 1,000이 될 때, 즉 밑이 10, 진수가 1,000일 때 곱셈을 거듭한 횟수를 묻는 것으로, 이 경우 값은 3이다. 한편 이처럼 밑이 10인 로그는 별도로 '상용로그'라고 부른다.

밤하늘에 빛나는 별의 밝기를 나타내는 '겉보기등급, 절대등급'이나 지진의 규모를 나타내는 '리히터 규모', 산성·알칼리성의 지표인 'pH(피에이치, 페하)', 소리의 크기를 나타내는 '데시벨'처럼 로그는 우리 주변 여기저기서 다양하게 활용되고 있다.

로그

로그란 어떤 수를 거듭 곱해 다른 수를 얻을 때, 거듭 곱한 횟수를 말한다. 쉽게 말해 '몇 제곱을 하면 될까?'라고 묻는 것이다.

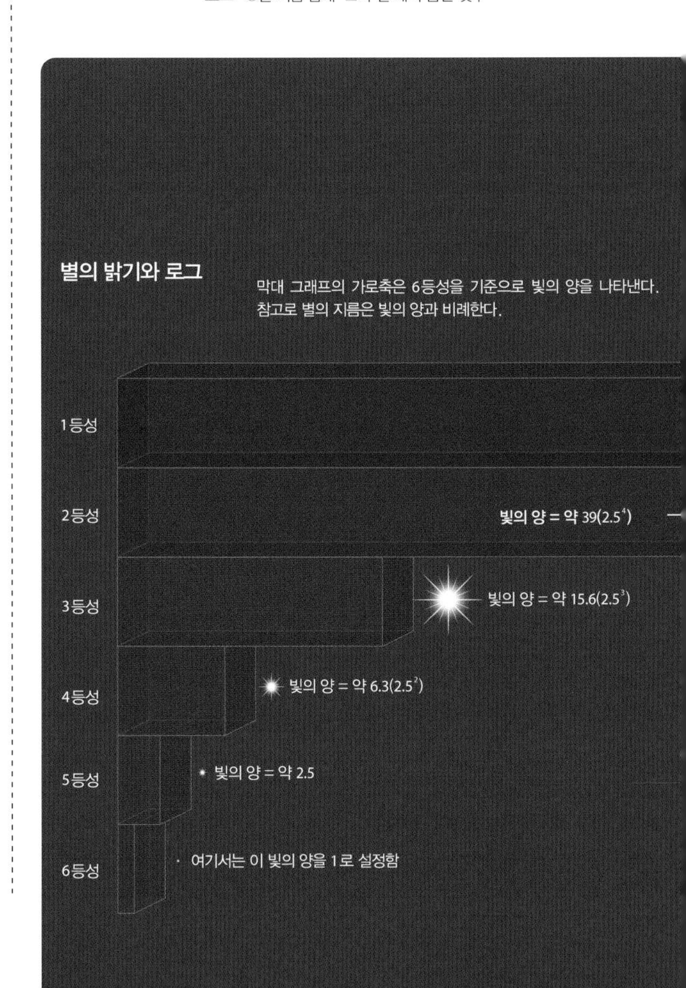

마치 동전의 앞뒷면과 같은 로그와 지수 (○, □, △의 관계가 동일함)

$$\log_{\bigcirc}\square = \triangle \leftrightarrow \bigcirc^{\triangle} = \square$$

○을 거듭 곱해 □가 될 때의 곱한 횟수(△)

○을 △제곱했을 때의 수(□)

로그와 지수 관계의 예시

$$\log_2 8 = 3 \leftrightarrow 2^3 = 8$$

$$\log_2 32 = 5 \leftrightarrow 2^5 = 32$$

$$\log_2 536870912 = 29 \leftrightarrow 2^{29} = 536870912$$

$$\log_{10} 1000 = 3 \leftrightarrow 10^3 = 1000$$

$$\log_3 81 = 4 \leftrightarrow 3^4 = 81$$

별의 밝기와 로그

1등성부터 6등성까지의 빛의 양 차이를 나타낸 그림이다. 6등성의 빛의 양을 1로 설정하면 5등성, 4등성으로 등급이 올라감에 따라 빛의 양은 2.5배씩 증가한다. 별의 등급은 기준이 되는 별과 빛의 양 차이가 '2.5의 몇 제곱인가'에 의해 정해진다. 이 '몇 제곱인가(몇 번 거듭 곱했는가)'라는 것이 바로 로그의 개념이다.

빛의 양 = 약 100(2.5^5)

칼럼 COLUMN

로그로 나타내는 지진의 리히터 규모

지진의 규모를 나타내는 단위인 '리히터 규모'에도 로그가 관련돼 있다. 지진이 일어날 때 추정한 방출된 에너지의 양이 곧 리히터 규모 값의 기준이 된다.※ 지진 에너지를 E, 리히터 규모의 값을 M이라고 하면, E와 M은 '$\log_{10}E = 4.8 + 1.5M$'이라는 로그를 사용한 관계식을 만족한다. 이처럼 지진 에너지의 크기를 로그 표기로 변환한 것이 M(리히터 규모 단위)이다.

이 식을 지수 표기로 변환하면 '$E = 10^{4.8+1.5M}$'이 된다. 이 식에서 $10^{1.5M}$에만 집중해보자. M의 값이 2만큼 커지면, E의 값은 '$10^{1.5M} = 10^{1.5\times2} = 10^3$'처럼 배로 커진다는 것을 알 수 있다. 10^3은 1,000이다. 즉 M의 값이 2가 커지면, 지진 에너지는 1,000배가 된다.

※ '리히터 규모'는 에너지 자체의 절대적 수치, '진도'는 건물의 파손, 인간의 체감 정도 등의 상대적 수치를 의미함

COLUMN

'로그표'를 보면 알 수 있는 로그 값

처음으로 로그를 고안해 세상에 발표한 사람은 스코틀랜드의 수학자 '존 네이피어'다. 1614년 네이피어는 라틴어로 쓴 논문 『경이로운 로그 법칙의 서술(Mirifici Logarithmorum Canonis Descriptio)』을 발표하면서 오늘날 로그의 원형인 '네이피어 로그'를 세상에 알렸다.

존 네이피어가 활동하던 대항해시대 때는 천체를 관측해 배의 위치를 계산했으나, 직각삼각형의 변의 길이와 각의 관계를 나타내는 삼각함수의 곱셈공식을 사용해야 했기 때문에 복잡했다. 네이피어가 로그를 고안한 이유는 이러한 배경 속에서 로그의 성질을 이용해 복잡한 곱셈을 덧셈으로 변환해 쉽게 계산하기 위해서였다. 네이피어는 20년에 걸쳐 다양한 각도에 따른 삼각함수의 값을 각각의 로그로 나타내 표로 작성했다.

당시의 네이피어 로그는 밑이 0.9999999인 로그에 가까워 사용하기 어려웠다. 그래서 네이피어와 영국의 수학자 '헨리 브리그스'는 보다 더 사용하기 쉬운 밑이 10인 로그표를 만들기로 약속했으나, 1617년 네이피어가 사망하고 말았다. 그럼에도 불구하고 계속 밑이 10인 로그를 계산했던 브리그스는 1624년, 10만까지의 수를 나타낸 로그표를 발표했다.

이렇게 만들어진 밑이 10인 로그를 '상용로그'라고 한다. 상용로그의 등장으로 천문학 분야의 계산이 매우 수월해졌고, 브리그스의 상용로그표는 수정을 거듭하며 20세기까지 전 세계가 사용하는 로그표로 자리매김되었다.

밑이 10인 상용로그표

오른쪽 페이지의 로그표 왼쪽 끝의 숫자는 로그를 알고 싶은 수의 소수점 첫째 자리를 의미하며, 표 상단의 숫자는 소수점 둘째 자리를 의미한다. 예를 들어 '$\log_{10}4.83$'의 답은 4.8의 행과 3의 열이 교차하는 '0.6839' 값이다.

로그(logarithm)는 '신의 수'라는 뜻으로, 네이피어가 그리스어 logos(신의 말씀)와 arithmos(수)를 합쳐 만든 단어

수	0	1	2	3	4	5	6	7	8	9
1.0	0.0000	0.0043	0.0086	0.0128	0.0170	0.0212	0.0253	0.0294	0.0334	0.0374
1.1	0.0414	0.0453	0.0492	0.0531	0.0569	0.0607	0.0645	0.0682	0.0719	0.0755
1.2	0.0792	0.0828	0.0864	0.0899	0.0934	0.0969	0.1004	0.1038	0.1072	0.1106
1.3	0.1139	0.1173	0.1206	0.1239	0.1271	0.1303	0.1335	0.1367	0.1399	0.1430
1.4	0.1461	0.1492	0.1523	0.1553	0.1584	0.1614	0.1644	0.1673	0.1703	0.1732
1.5	0.1761	0.1790	0.1818	0.1847	0.1875	0.1903	0.1931	0.1959	0.1987	0.2014
1.6	0.2041	0.2068	0.2095	0.2122	0.2148	0.2175	0.2201	0.2227	0.2253	0.2279
1.7	0.2304	0.2330	0.2355	0.2380	0.2405	0.2430	0.2455	0.2480	0.2504	0.2529
1.8	0.2553	0.2577	0.2601	0.2625	0.2648	0.2672	0.2695	0.2718	0.2742	0.2765
1.9	0.2788	0.2810	0.2833	0.2856	0.2878	0.2900	0.2923	0.2945	0.2967	0.2989
2.0	0.3010	0.3032	0.3054	0.3075	0.3096	0.3118	0.3139	0.3160	0.3181	0.3201
2.1	0.3222	0.3243	0.3263	0.3284	0.3304	0.3324	0.3345	0.3365	0.3385	0.3404
2.2	0.3424	0.3444	0.3464	0.3483	0.3502	0.3522	0.3541	0.3560	0.3579	0.3598
2.3	0.3617	0.3636	0.3655	0.3674	0.3692	0.3711	0.3729	0.3747	0.3766	0.3784
2.4	0.3802	0.3820	0.3838	0.3856	0.3874	0.3892	0.3909	0.3927	0.3945	0.3962
2.5	0.3979	0.3997	0.4014	0.4031	0.4048	0.4065	0.4082	0.4099	0.4116	0.4133
2.6	0.4150	0.4166	0.4183	0.4200	0.4216	0.4232	0.4249	0.4265	0.4281	0.4298
2.7	0.4314	0.4330	0.4346	0.4362	0.4378	0.4393	0.4409	0.4425	0.4440	0.4456
2.8	0.4472	0.4487	0.4502	0.4518	0.4533	0.4548	0.4564	0.4579	0.4594	0.4609
2.9	0.4624	0.4639	0.4654	0.4669	0.4683	0.4698	0.4713	0.4728	0.4742	0.4757
3.0	0.4771	0.4786	0.4800	0.4814	0.4829	0.4843	0.4857	0.4871	0.4886	0.4900
3.1	0.4914	0.4928	0.4942	0.4955	0.4969	0.4983	0.4997	0.5011	0.5024	0.5038
3.2	0.5051	0.5065	0.5079	0.5092	0.5105	0.5119	0.5132	0.5145	0.5159	0.5172
3.3	0.5185	0.5198	0.5211	0.5224	0.5237	0.5250	0.5263	0.5276	0.5289	0.5302
3.4	0.5315	0.5328	0.5340	0.5353	0.5366	0.5378	0.5391	0.5403	0.5416	0.5428
3.5	0.5441	0.5453	0.5465	0.5478	0.5490	0.5502	0.5514	0.5527	0.5539	0.5551
3.6	0.5563	0.5575	0.5587	0.5599	0.5611	0.5623	0.5635	0.5647	0.5658	0.5670
3.7	0.5682	0.5694	0.5705	0.5717	0.5729	0.5740	0.5752	0.5763	0.5775	0.5786
3.8	0.5798	0.5809	0.5821	0.5832	0.5843	0.5855	0.5866	0.5877	0.5888	0.5899
3.9	0.5911	0.5922	0.5933	0.5944	0.5955	0.5966	0.5977	0.5988	0.5999	0.6010
4.0	0.6021	0.6031	0.6042	0.6053	0.6064	0.6075	0.6085	0.6096	0.6107	0.6117
4.1	0.6128	0.6138	0.6149	0.6160	0.6170	0.6180	0.6191	0.6201	0.6212	0.6222
4.2	0.6232	0.6243	0.6253	0.6263	0.6274	0.6284	0.6294	0.6304	0.6314	0.6325
4.3	0.6335	0.6345	0.6355	0.6365	0.6375	0.6385	0.6395	0.6405	0.6415	0.6425
4.4	0.6435	0.6444	0.6454	0.6464	0.6474	0.6484	0.6493	0.6503	0.6513	0.6522
4.5	0.6532	0.6542	0.6551	0.6561	0.6571	0.6580	0.6590	0.6599	0.6609	0.6618
4.6	0.6628	0.6637	0.6646	0.6656	0.6665	0.6675	0.6684	0.6693	0.6702	0.6712
4.7	0.6721	0.6730	0.6739	0.6749	0.6758	0.6767	0.6776	0.6785	0.6794	0.6803
4.8	0.6812	0.6821	0.6830	0.6839	0.6848	0.6857	0.6866	0.6875	0.6884	0.6893
4.9	0.6902	0.6911	0.6920	0.6928	0.6937	0.6946	0.6955	0.6964	0.6972	0.6981
5.0	0.6990	0.6998	0.7007	0.7016	0.7024	0.7033	0.7042	0.7050	0.7059	0.7067
5.1	0.7076	0.7084	0.7093	0.7101	0.7110	0.7118	0.7126	0.7135	0.7143	0.7152
5.2	0.7160	0.7168	0.7177	0.7185	0.7193	0.7202	0.7210	0.7218	0.7226	0.7235
5.3	0.7243	0.7251	0.7259	0.7267	0.7275	0.7284	0.7292	0.7300	0.7308	0.7316
5.4	0.7324	0.7332	0.7340	0.7348	0.7356	0.7364	0.7372	0.7380	0.7388	0.7396
5.5	0.7404	0.7412	0.7419	0.7427	0.7435	0.7443	0.7451	0.7459	0.7466	0.7474
5.6	0.7482	0.7490	0.7497	0.7505	0.7513	0.7520	0.7528	0.7536	0.7543	0.7551
5.7	0.7559	0.7566	0.7574	0.7582	0.7589	0.7597	0.7604	0.7612	0.7619	0.7627
5.8	0.7634	0.7642	0.7649	0.7657	0.7664	0.7672	0.7679	0.7686	0.7694	0.7701
5.9	0.7709	0.7716	0.7723	0.7731	0.7738	0.7745	0.7752	0.7760	0.7767	0.7774
6.0	0.7782	0.7789	0.7796	0.7803	0.7810	0.7818	0.7825	0.7832	0.7839	0.7846
6.1	0.7853	0.7860	0.7868	0.7875	0.7882	0.7889	0.7896	0.7903	0.7910	0.7917
6.2	0.7924	0.7931	0.7938	0.7945	0.7952	0.7959	0.7966	0.7973	0.7980	0.7987
6.3	0.7993	0.8000	0.8007	0.8014	0.8021	0.8028	0.8035	0.8041	0.8048	0.8055
6.4	0.8062	0.8069	0.8075	0.8082	0.8089	0.8096	0.8102	0.8109	0.8116	0.8122
6.5	0.8129	0.8136	0.8142	0.8149	0.8156	0.8162	0.8169	0.8176	0.8182	0.8189
6.6	0.8195	0.8202	0.8209	0.8215	0.8222	0.8228	0.8235	0.8241	0.8248	0.8254
6.7	0.8261	0.8267	0.8274	0.8280	0.8287	0.8293	0.8299	0.8306	0.8312	0.8319
6.8	0.8325	0.8331	0.8338	0.8344	0.8351	0.8357	0.8363	0.8370	0.8376	0.8382
6.9	0.8388	0.8395	0.8401	0.8407	0.8414	0.8420	0.8426	0.8432	0.8439	0.8445
7.0	0.8451	0.8457	0.8463	0.8470	0.8476	0.8482	0.8488	0.8494	0.8500	0.8506
7.1	0.8513	0.8519	0.8525	0.8531	0.8537	0.8543	0.8549	0.8555	0.8561	0.8567
7.2	0.8573	0.8579	0.8585	0.8591	0.8597	0.8603	0.8609	0.8615	0.8621	0.8627
7.3	0.8633	0.8639	0.8645	0.8651	0.8657	0.8663	0.8669	0.8675	0.8681	0.8686
7.4	0.8692	0.8698	0.8704	0.8710	0.8716	0.8722	0.8727	0.8733	0.8739	0.8745
7.5	0.8751	0.8756	0.8762	0.8768	0.8774	0.8779	0.8785	0.8791	0.8797	0.8802
7.6	0.8808	0.8814	0.8820	0.8825	0.8831	0.8837	0.8842	0.8848	0.8854	0.8859
7.7	0.8865	0.8871	0.8876	0.8882	0.8887	0.8893	0.8899	0.8904	0.8910	0.8915
7.8	0.8921	0.8927	0.8932	0.8938	0.8943	0.8949	0.8954	0.8960	0.8965	0.8971
7.9	0.8976	0.8982	0.8987	0.8993	0.8998	0.9004	0.9009	0.9015	0.9020	0.9025
8.0	0.9031	0.9036	0.9042	0.9047	0.9053	0.9058	0.9063	0.9069	0.9074	0.9079
8.1	0.9085	0.9090	0.9096	0.9101	0.9106	0.9112	0.9117	0.9122	0.9128	0.9133
8.2	0.9138	0.9143	0.9149	0.9154	0.9159	0.9165	0.9170	0.9175	0.9180	0.9186
8.3	0.9191	0.9196	0.9201	0.9206	0.9212	0.9217	0.9222	0.9227	0.9232	0.9238
8.4	0.9243	0.9248	0.9253	0.9258	0.9263	0.9269	0.9274	0.9279	0.9284	0.9289
8.5	0.9294	0.9299	0.9304	0.9309	0.9315	0.9320	0.9325	0.9330	0.9335	0.9340
8.6	0.9345	0.9350	0.9355	0.9360	0.9365	0.9370	0.9375	0.9380	0.9385	0.9390
8.7	0.9395	0.9400	0.9405	0.9410	0.9415	0.9420	0.9425	0.9430	0.9435	0.9440
8.8	0.9445	0.9450	0.9455	0.9460	0.9465	0.9469	0.9474	0.9479	0.9484	0.9489
8.9	0.9494	0.9499	0.9504	0.9509	0.9513	0.9518	0.9523	0.9528	0.9533	0.9538
9.0	0.9542	0.9547	0.9552	0.9557	0.9562	0.9566	0.9571	0.9576	0.9581	0.9586
9.1	0.9590	0.9595	0.9600	0.9605	0.9609	0.9614	0.9619	0.9624	0.9628	0.9633
9.2	0.9638	0.9643	0.9647	0.9652	0.9657	0.9661	0.9666	0.9671	0.9675	0.9680
9.3	0.9685	0.9689	0.9694	0.9699	0.9703	0.9708	0.9713	0.9717	0.9722	0.9727
9.4	0.9731	0.9736	0.9741	0.9745	0.9750	0.9754	0.9759	0.9763	0.9768	0.9773
9.5	0.9777	0.9782	0.9786	0.9791	0.9795	0.9800	0.9805	0.9809	0.9814	0.9818
9.6	0.9823	0.9827	0.9832	0.9836	0.9841	0.9845	0.9850	0.9854	0.9859	0.9863
9.7	0.9868	0.9872	0.9877	0.9881	0.9886	0.9890	0.9894	0.9899	0.9903	0.9908
9.8	0.9912	0.9917	0.9921	0.9926	0.9930	0.9934	0.9939	0.9943	0.9948	0.9952
9.9	0.9956	0.9961	0.9965	0.9969	0.9974	0.9978	0.9983	0.9987	0.9991	0.9996

대략적인 근삿값을 추정하는 '페르미 추정'

'우리가 사는 우리 은하에는 항성이 몇 개나 존재할까?'라는 질문에 당신은 무어라 대답할 것인가. 이처럼 언뜻 터무니없는 문제라도 이미 알고 있는 수를 사용하거나, 간단한 가설을 세우고 추론하면 대략적인 답에 다다를 수 있다. 이러한 방식으로 수를 추정하는 능력이 뛰어났던 사람으로는 미국의 물리학자 '엔리코 페르미'가 있다.

페르미는 학생들에게 '시카고에는 총 몇 명의 피아노 조율사가 있을까?'라는 문제를 출제한 일화로 유명하다. 이처럼 바로 답을 구할 수 없는 문제의 수를 추정하는 방법을 '페르미 추정'이라고 한다.

페르미 추정은 어디까지나 '몇 자릿수인지' 등으로 대략적인 수를 추정할 뿐, 정확한 답을 알기 위한 방법은 아니다. 그러나 이 방법을 통해 수를 추정하면 사물의 규모나 개요를 파악하는 데 매우 큰 도움이 된다.

바로 답을 구할 수 없는 문제

다음은 페르미 추정 문제로, 총 세 가지의 예시를 들었다. 페르미 추정을 활용하는 방법은 그 문제가 어떤 요소로 구성되어 있는지를 생각하고 가정을 세우는 것이다. 여기에서 제시한 각각의 문제에 페르미 추정을 활용하는 데 도움이 될만한 힌트와 모범답안을 제시했으니 도전해 보자.

Q 우리 은하에는 항성이 몇 개나 있을까?

〈힌트〉

· 은하의 부피에 은하 내 항성의 밀도를 곱하면 항성의 총 개수를 추정할 수 있다.
· 태양과 이웃한 항성까지의 거리는 4.2광년이다. 은하 내 항성의 밀도는 어느 정도로 추정하면 될까?

〈모범 답안〉

1. 은하의 반지름을 5만 광년, 두께를 1,000광년이라고 하면, 은하의 부피는 $3.14 \times 5\text{만} \times 5\text{만} \times 1000 \fallingdotseq 8 \times 10^{12} ly^3$(세제곱 광년) 정도이다.
2. 태양과 이웃한 항성까지의 거리는 4.2광년이므로, 항성 사이의 우주 공간을 한 변이 4ly인 정육면체(부피 $64ly^3$)로 가정하고, 그 안에 항성이 1개 있다고 가정한다.
3. 따라서 은하에 있는 항성의 수는 $8 \times 10^{12} \div 64 \fallingdotseq 1.3 \times 10^{11}$개, 즉 1,300억 개 정도이다.

우주를 관측한 데이터에 근거한 연구를 보면, 우리 은하에 존재하는 항성의 수는 2,000억 개 정도로 추정된다. 위의 추정치와 연구에 따른 추정치의 오차가 2배가 넘지 않으므로, 비교적 적절한 추정이었다고 할 수 있다.

Q 사람의 몸을 구성하는 세포 수는 총 몇 개일까?

〈힌트〉

· 사람의 부피를 세포 1개의 부피로 나누면, 세포의 총 개수를 추정할 수 있다.

· 사람의 체중을 대략 70kg으로 정하고, 그 밀도를 물과 같은 $1cm^3$당 1g으로 정한다면, 부피는 얼마나 될까?

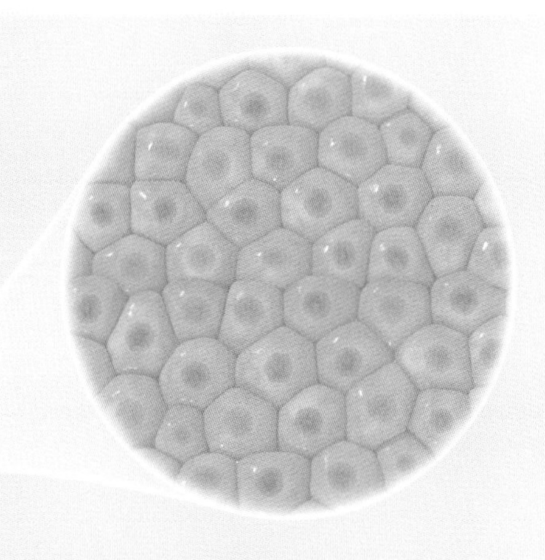

〈모범 답안〉

1. 체중은 70kg, 밀도는 $1cm^3$당 1g이라면, 사람 몸의 부피는 $70,000cm^3$ 정도이다.
2. 세포의 지름을 0.001cm라고 가정하면, 세포 1개의 부피는 $10^{-9}cm^3$ 정도이다.
3. 사람을 구성하는 세포 수는 사람 몸의 부피를 세포 1개의 부피로 나눈, $70000 \div 10^{-9} = 7 \times 10^{13}$개, 즉 70조 개 정도로 산출된다.

최근 연구에 따르면 사람 세포의 개수는 총 37조 개로 추측된다.
위의 추정치는 자릿수가 같으므로 비교적 적절한 추정이었다고 할 수 있다.

Q 일본 도쿄도에는 몇 개의 전봇대가 있을까?

〈힌트〉

· 전봇대는 $1km^3$에 평균적으로 몇 개 정도 있을까?

· 일본 도쿄도의 면적은 어느 정도 크기일까?

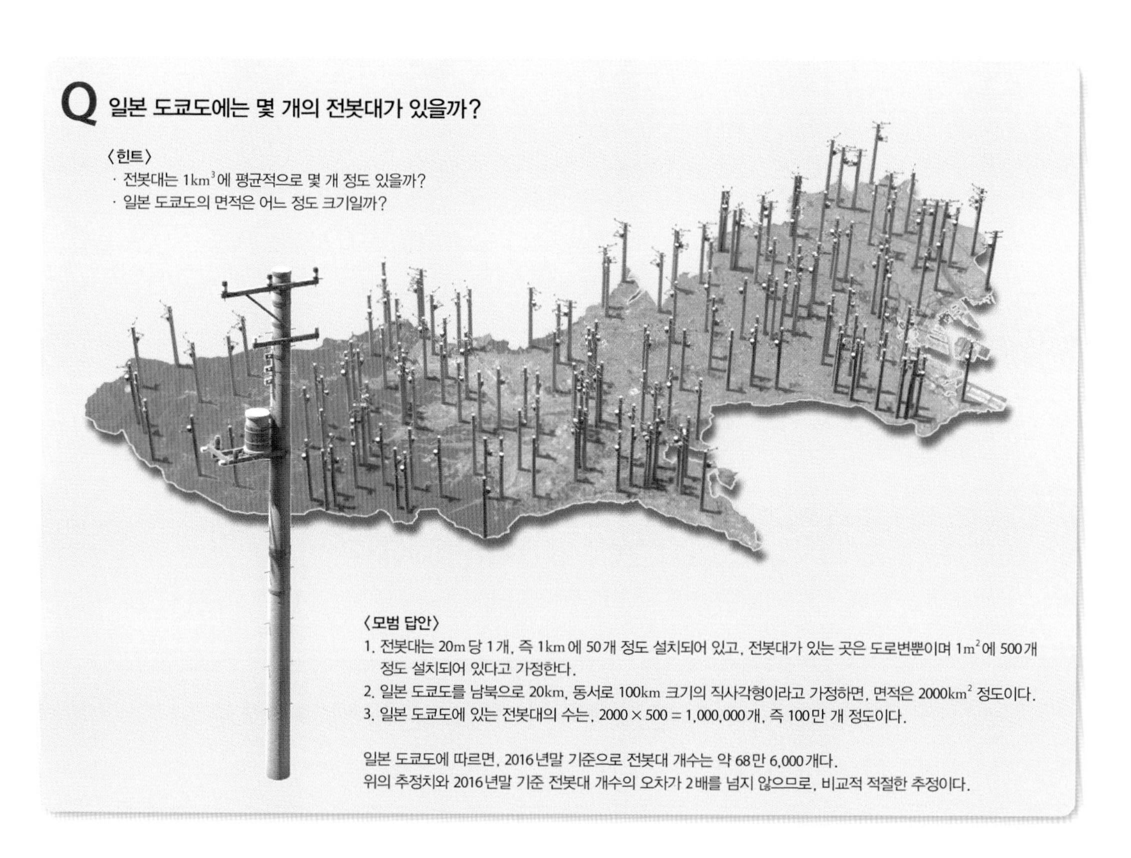

〈모범 답안〉

1. 전봇대는 20m당 1개, 즉 1km에 50개 정도 설치되어 있고, 전봇대가 있는 곳은 도로변뿐이며 $1m^2$에 500개 정도 설치되어 있다고 가정한다.
2. 일본 도쿄도를 남북으로 20km, 동서로 100km 크기의 직사각형이라고 가정하면, 면적은 $2000km^2$ 정도이다.
3. 일본 도쿄도에 있는 전봇대의 수는, $2000 \times 500 = 1,000,000$개, 즉 100만 개 정도이다.

일본 도쿄도에 따르면, 2016년말 기준으로 전봇대 개수는 약 68만 6,000개다.
위의 추정치와 2016년말 기준 전봇대 개수의 오차가 2배를 넘지 않으므로, 비교적 적절한 추정이다.

COLUMN

무한히 이어지는 경이로운 '분수'

어떠한 분수가 다른 분수의 분모인 것을 '번분수'라고 한다. 분모에 분수가 최소 하나 이상 들어가는 중첩 구조로 되어 있으면 번분수라고 할 수 있는데, 그중에는 분모에 분수가 무한히 나타나는 '연분수'도 있다. 무한히 계속되는 연분수 중에서도 같은 수로만 나타나는 연분수는 특히 아름답게 느껴진다.

예를 들어 $\sqrt{2}$를 소수로 나타내면 '1.41421356…'으로 규칙성이 보이지 않는 숫자가 무한히 계속된다. 그러나 연분수로 나타내면, 1과 2라는 매우 단순한 정수만으로도 나타낼 수 있다.

흔히 가장 아름다운 비율이라 일컬어지는 '황금비'는 '$a : b = b : a + b$'인 비율을 말하며, 그 값은 '1 : 1.618…'이다. 이 '1.618…'을 '황금수(ϕ, phi)'※라고 하는데, 황금수 또한 무한히 계속되는 연분수 형태로 나타낼 수 있다. 황금수를 연분수로 나타냈을 때 나타나는 숫자는 오직 1뿐이다. 디자인 분야에서 아름다움의 상징으로 여겨지는 황금비에 이렇게 수학 분야의 아름다움 또한 숨겨져 있다고 할 수 있다.

원주율(π)이나 자연상수(e)를 연분수로 나타낼 수 있을까

$\sqrt{2}$나 황금수처럼 똑같은 구조로 무한히 반복되는 연분수를 '순환 연분수'라고 한다.

그 밖에도 무한히 계속되는 연분수로 나타낼 수 있는 수는 무수히 많다. 예를 들어 '원주율(π)'이나 자연로그의 밑인 '자연상수(e)'※와 같은 특별한 수도 연분수로 나타낼 수 있다.

원주율이나 자연상수 모두 소수점 이하의 값이 순환하지 않고 무한히 계속되는 수(무리수)이다. 그러나 연분수로 나타냈을 때는 매우 아름다운 규칙성이 나타난다는 사실을 한 눈에 알 수 있다. 또 이 아름다운 규칙성을 다른 측면에서 보면 연분수의 심오함도 느낄 수 있을 것이다.

무한히 계속되는 연분수와 유한한 연분수

원주율이나 자연상수는 물론, $\sqrt{2}$ 등의 무리수에서는 연분수가 무한히 계속된다. 반면 원래 정수의 분수로 나타낼 수 있는 수(유리수)를 연분수로 나타내면 반드시 유한한 연분수가 된다.

연분수는 형태를 떠나 그 사용법 또한 흥미롭다. 예를 들어 무리수의 연분수(무한히 계속되는 연분수)는 분모에 분수를 추가하다가 도중에 멈추고 계산하면 근삿값을 얻을 수 있다.

※ 우리나라에서는 비교적 흔하게 사용되지 않는 표현
※ 발견자의 이름에 따라 '네이피어 수', '오일러 수'라고도 부름

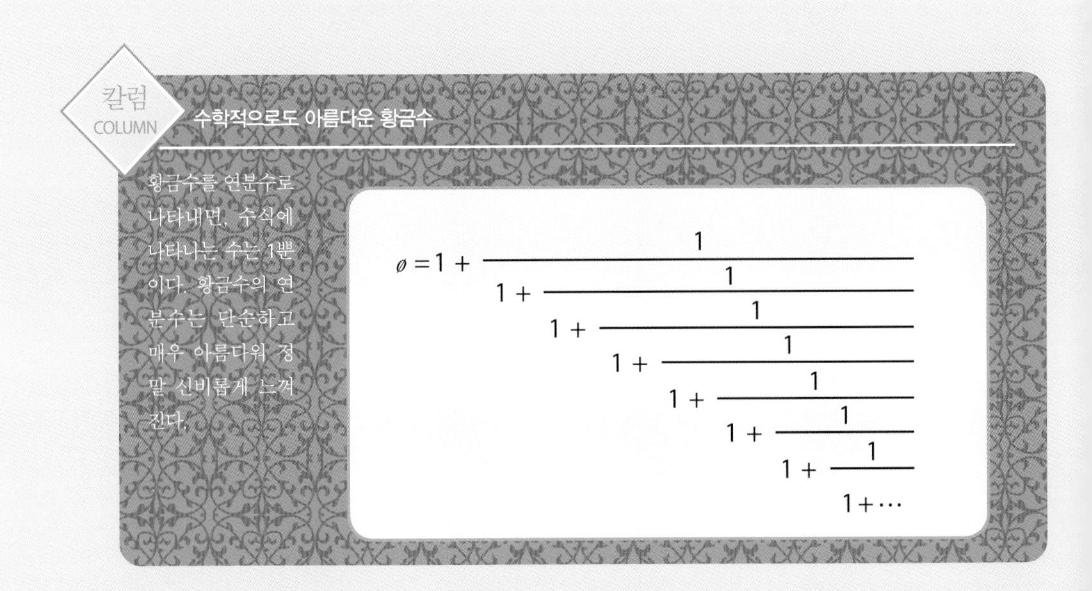

$$\phi = 1 + \cfrac{1}{1 + \cfrac{1}{1 + \cfrac{1}{1 + \cfrac{1}{1 + \cfrac{1}{1 + \cfrac{1}{1 + \cfrac{1}{1+\cdots}}}}}}}$$

$$\sqrt{2} = 1 + \cfrac{1}{2 + \cfrac{1}{2 + \cfrac{1}{2 + \cfrac{1}{2 + \cfrac{1}{2 + \cfrac{1}{2 + \cfrac{1}{2 + \cfrac{1}{2 + \cfrac{1}{2 + \cfrac{1}{2 + \cdots}}}}}}}}}}$$

무한히 계속되는 연분수

여기서는 $\sqrt{2}$를 연분수로 나타냈다. $\sqrt{2}$나 황금수 또한 본래 정수의 분수로는 나타낼 수 없는 수(무리수)임에도 불구하고, 무한히 계속되는 연분수를 이용하면 신기하게도 매우 단순한 수로 나타낼 수 있다.

특수한 수의 연분수에 숨겨져 있는 아름다운 질서

아름답다고 느낄만한 연분수는 많다. 예를 들어 원주율이나 자연상수 모두 무한히 계속되는 연분수로 나타낼 수 있다. 이러한 수를 연분수로 변환해 보면 그 규칙성이 보인다. 원주율을 연분수로 나타내면 분모에는 홀수가, 분자에는 자연수의 제곱이 차례대로 나타난다. 한편 자연상수를 연분수로 나타내면 두 번째 분모부터 두 번의 간격을 두고 짝수가 나타난다.

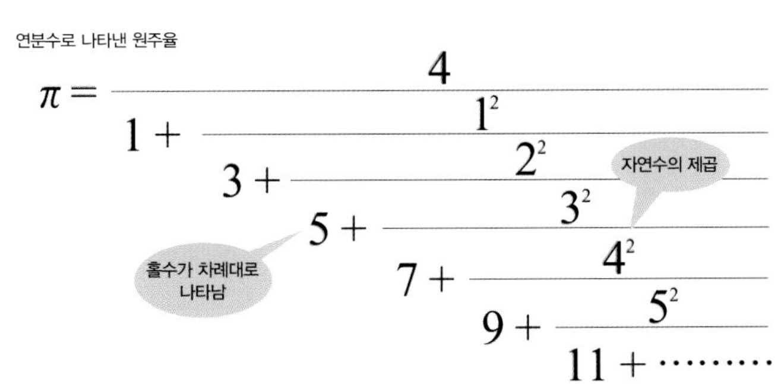

$$\pi = \cfrac{4}{1 + \cfrac{1^2}{3 + \cfrac{2^2}{5 + \cfrac{3^2}{7 + \cfrac{4^2}{9 + \cfrac{5^2}{11 + \cdots\cdots\cdots}}}}}}$$

연분수로 나타낸 자연상수

$$e = 2 + \cfrac{1}{1 + \cfrac{1}{2 + \cfrac{1}{1 + \cfrac{1}{1 + \cfrac{1}{4 + \cfrac{1}{1 + \cfrac{1}{1 + \cfrac{1}{6 + \cfrac{1}{1 + \cfrac{1}{1 + \cfrac{1}{8 + \cdots\cdots\cdots}}}}}}}}}}}$$

두 번의 간격을 두고 짝수가 차례대로 나타남

다양한 '단위'로 표현되는 자연계의 양

'100m 달리기', '쌀 1kg' 등 우리는 일상생활 속에서 다양한 단위를 사용한다. 만약 단위가 없다면 그 숫자가 무엇을 의미하는지 알 수 없어 매우 불편했을 것이다.

예전에는 지역마다 각자 다른 단위를 사용했는데, 18세기에 이르러 단위를 통일하려는 움직임이 일어났다. 오늘날에는 길이의 단위 '미터(m)', 질량의 단위 '킬로그램(kg)', 시간의 단위 '초(s)', 전류의 단위 '암페어(A)', 온도의 단위 '켈빈(K)', 물질량의 단위 '몰(mol)', 광도의 단위 '칸델라(cd)' 7가지가 세계 공통 기본단위로 정해졌다.

한편 넓이, 속도, 힘 등에 사용되는 다양한 단위는 어떤 물리량과 7개의 기본단위의 조합으로 만들어지는데 이것을 '유도단위'라고 한다.

그 밖에도 지진의 규모를 나타내는 '리히터 규모(M)'나 정보량의 '비트(bit)' 등 우리는 다양한 단위를 사용하며 살아가고 있다.

길이(미터 : m)

최초의 1m 기준은 지구의 자오선(경선) 길이로, 북극에서 적도까지의 자오선 길이 1,000만분의 1을 1m로 정했다. 그리고 1889년에 이르러 백금과 이리듐 합금으로 만들어진 기구, '국제 미터 원기(international standard meter)'가 길이의 기준으로 사용되었다.

오늘날에는 '광속'을 기준으로 한다. 광속은 빛의 파장, 광원의 운동, 빛이 나아가는 방향에 영향을 받지 않고, 시간이 지나도 변하지 않는 성질을 지닌다. 이 때문에 1m는 '빛이 진공 속에서 299,792,458분의 1초 만에 이동한 거리'로 정의되었다.

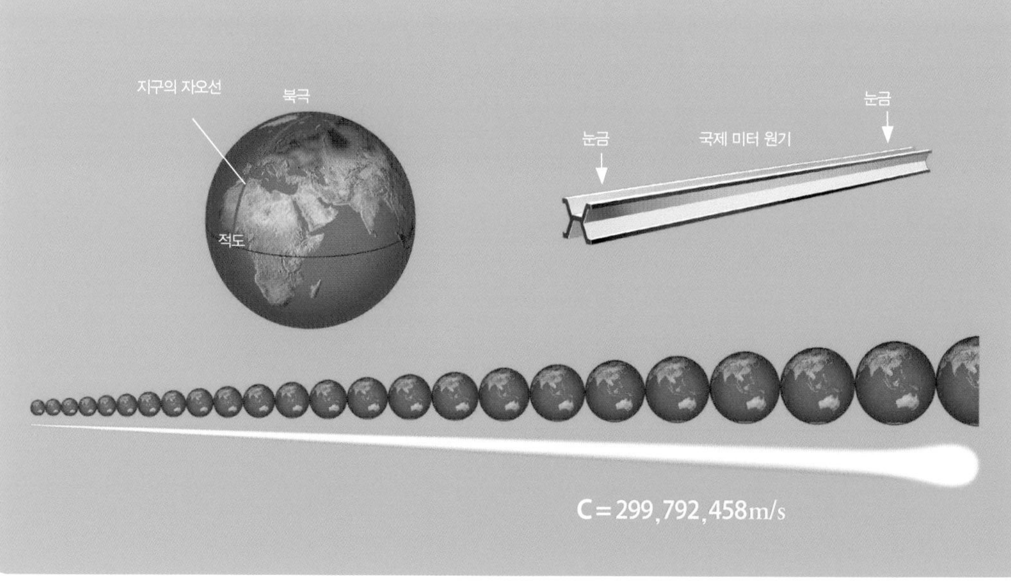

질량(킬로그램 : kg)

'질량'은 쉽게 말해 물체의 움직이기 어려움을 나타내는 양※이다. 예를 들어 자전거의 바구니에 짐을 싣고 달릴 때, 질량 1kg의 짐을 실은 자전거보다 5kg의 짐을 실은 자전거가 나아가기 힘들다(움직이기 어려움). 움직이기 어렵다는 것을 정확하게 표현하면 사물이 가속하기 어렵다는 말이다.

질량 1kg은 백금 · 이리듐으로 만든 추, '국제 킬로그램 원기(international prototype of the kilogram)'의 질량으로 정의되었다. 그러다 2019년 5월 '플랑크 상수(Planck constant)'를 사용하는 것으로 재정의되었다.

※ 저자의 상대성 이론적 정의

질량이란 '물건의 움직이기 어려움'

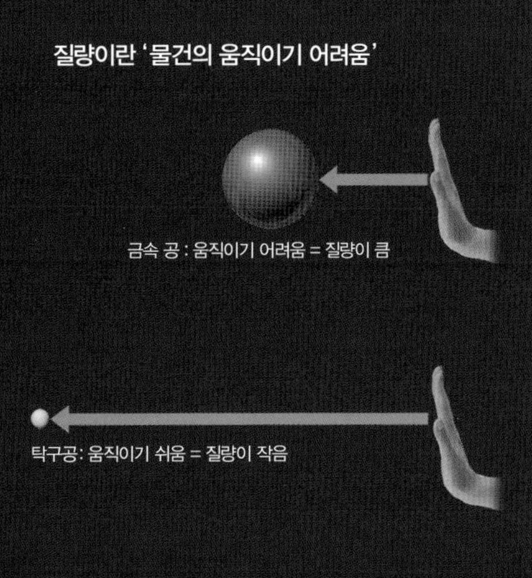

질량은 물건의 움직이기 어려움(정확히는 가속하기 어려움)을 나타내는 양이다. 그림은 무중력 공간에서 금속 공과 탁구공을 같은 힘으로 같은 시간동안 밀어 낸 모습을 가정해 그렸다. 움직이기 어려운 금속 공의 질량이 더 크다.

시간(초 : s)

오늘날 1초의 정의에 사용되는 기준은 세슘 133 원자다. 본래 원자는 특정한 주파수※의 전자파만 흡수해 에너지 상태를 높이는 성질을 지닌다.

세슘 133 원자는 주파수 91억 9,263만 1,770Hz인 '마이크로파'를 흡수하면 높은 에너지 상태가 된다. 지금은 마이크로파를 흡수한 세슘 133 원자가 91억 9,263만 1,770번 진동하는 데 걸리는 시간을 1초로 정의한다. 이 원리를 이용해 정확한 시각을 표시하는 것이 바로 원자시계다.

※ 1초당 파동의 진동 횟수로, 단위는 '헤르츠(Hz)'

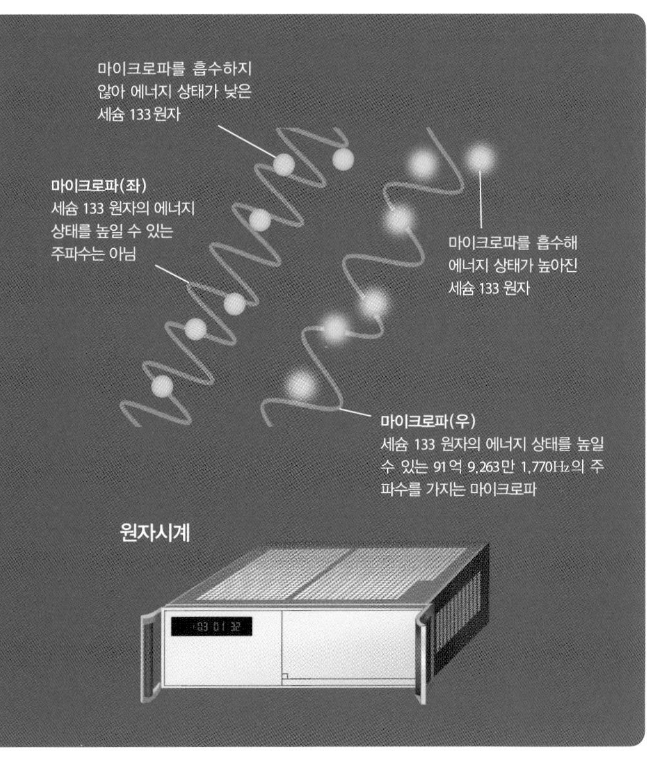

3
함수와 방정식
Function and Equation

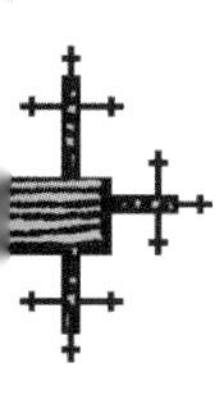

값이 변하지 않는 상수 'a', 변하는 변수 'x'

'$y = ax + 5b$'와 같이, 수학의 문자식에 자주 등장하는 'x와 y', 'a와 b' 등의 문자는 각각 특정한 수를 주로 표현한다.

'x'나 'y'처럼 알파벳 순서 끝부분에 있는 문자는 주로 '변수'를 나타내기 위해 사용할 때가 많다. 변수란 시간이나 조건에 따라 변화하는, 고정되지 않은 수를 말한다.

예를 들어 마트에서 판매하는 달걀 10개들이 1팩의 가격을 x라고 치자. 달걀의 가격은 그날 시세에 따라 100원이 되기도 하고, 특가로 80원이 되기도 하는 등 그 값이 변하므로 x는 변수이다. 달걀 1개의 가격이 y일 때 1팩에는 10개씩 들어가 있으므로 '$y = \frac{x}{10}$'로 나타낼 수 있다. 이때 y값도 변수 x에 따라 변화하므로 변수이다.

한편 'a'나 'b' 등 알파벳 순서 첫 부분에 있는 문자는 어떤 정해진 수인 '상수'를 나타낼 때 많이 사용된다.

예를 들어 어떤 마트에서는 유료 비닐봉지 값이 항상 a원이라고 치자. 1팩에 x원인 달걀 3팩(y)을 샀을 때의 합계 금액은 '$y = 3x + a$'라고 표현할 수 있다. 달걀 값(x)은 그날그날 바뀌는 변수지만, 비닐봉지의 가격(a)은 항상 일정(예를 들면 6원)하므로 상수이다.

변수(變數)

시간이나 조건에 따라 변화하는 수를 말한다. 변수를 나타내는 문자로는 알파벳 순서 끝부분에 있는 'x, y, z'를 주로 사용한다. 그 밖에 변수가 시간일 때는 't'(시간 time의 이니셜)를, 속도일 때는 'v'(속도 velocity의 이니셜)를 사용한다.

칼럼 COLUMN

데카르트가 보급한 표기법

변수를 x나 y로 나타내고, 상수를 a나 b로 나타내는 표기법은 프랑스의 철학자이자 수학자였던 '르네 데카르트'가 사용하기 시작했다고 전해진다. 이 표기법은 이후 전 세계로 퍼져 일반적인 표기법으로 자리매김되었다. 참고로 이 표기법에 따르지 않는다고 해도 수학적으로 문제가 있는 것은 아니다.

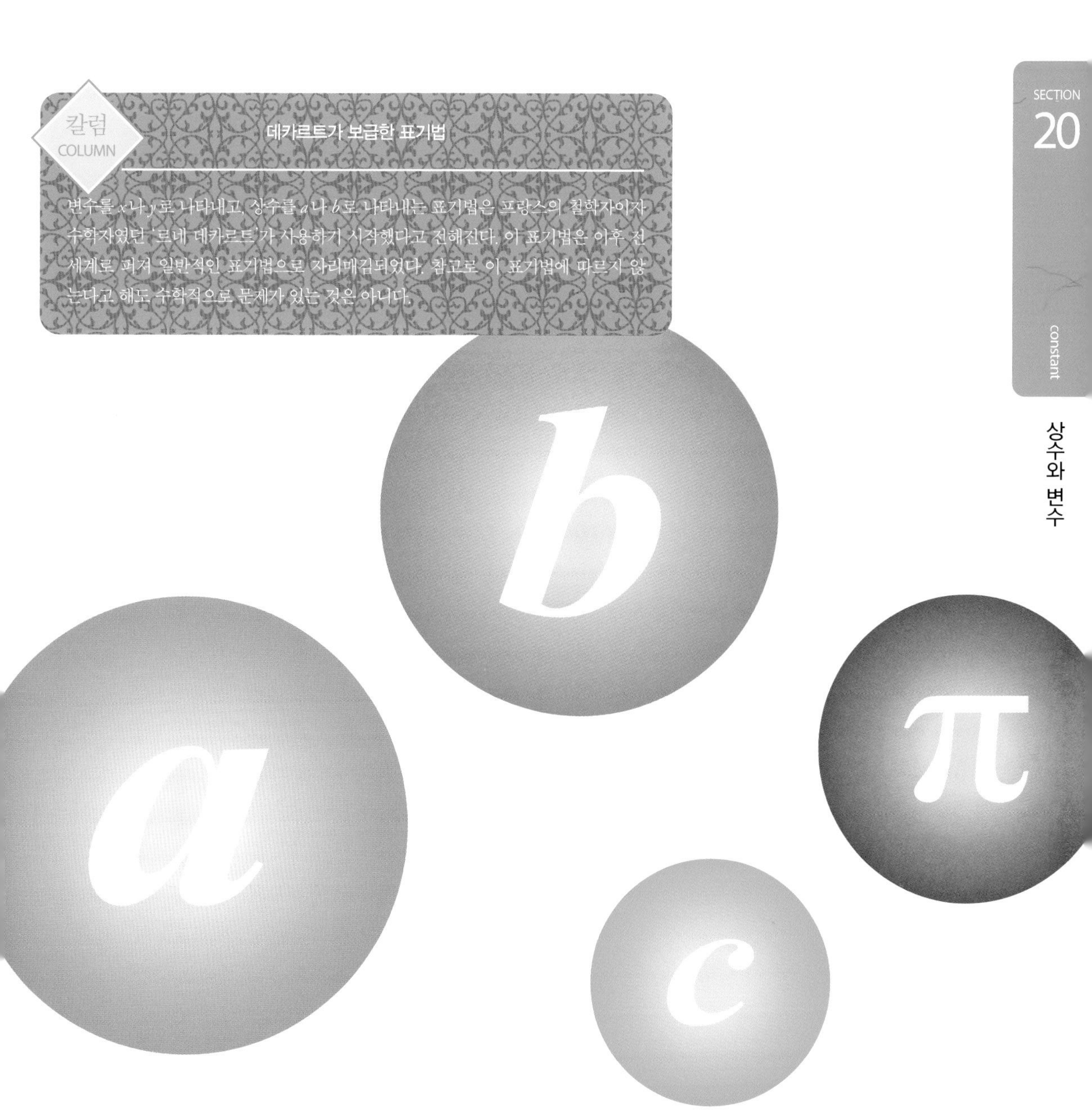

상수(常數)

시간이나 조건에 따라 변하지 않는 어떤 정해진 수를 말한다. 알파벳의 첫 부분에 있는 문자 'a, b, c' 등을 주로 사용한다. 그 밖에 원주율(π)이나 자연상수(e) 등 특별한 문자를 사용하는 상수도 있다.

덧붙여 자연상수는 '2.718281…'처럼 소수점 이하가 순환하지 않고 무한히 계속되는 무리수이다. '레온하르트 오일러'가 정의한 수※로, 'e'는 오일러(euler)의 이니셜에서 따왔다. 자연현상이나 실험 결과, 경제활동 등에서 볼 수 있는 변화를 수학으로 분석할 때 매우 중요한 역할을 담당하는 상수이다.

※ 오늘날 관점으로는 네이피어가 발견하고, 오일러가 증명했다는 설이 유력함

어떤 수를 정하면, 다른 하나의 수도 함께 정해지는 '함수'

A 마트에서는 비닐봉지 값이 늘 20원이라고 치자. 달걀 1팩의 가격은 날마다 달라지는 변수이므로 x로 잡았다. 그러면 A 마트에서 달걀 3팩을 구입했을 때의 합계액 y는 '$y = 3x + 20$'으로 나타낼 수 있다.

어느 날 달걀 1팩의 값이 팩당 100원($x = 100$)이었다고 치자. 그러면 합계액은 '$y = 3x + 20 = 320$(원)'이 된다. 즉 달걀 1팩의 값 x가 정해지면, 합계액인 y의 값 또한 자동으로 정해진다.

이처럼 두 변수가 있을 때 한쪽의 변수 값이 정해지면 다른 한쪽의 변수 값도 정해지는 대응 관계를 '함수'라고 한다. 앞서 예시로 든 '$y = 3x + 20$'에서 변수 값 x가 정해지면, 다른 변수 값인 y도 함께 정해지므로 'y는 x의 함수'라고 표현한다.

함수는 어떤 수를 넣으면 그 안에서 계산한 다음 계산한 결과를 되돌려 주는 이상한 통에 비유할 수 있다(오른쪽 페이지 그림).

함수는 영어로 'function'으로, 기능과 작용이라는 의미를 지닌다. 함수를 가리켜 function이라고 부르기 시작한 사람은 '아이작 뉴턴'과 더불어 미적분의 창시자로 인정받는 '고트프리트 라이프니츠'다.

칼럼 COLUMN

'함수'와 '방정식'은 뭐가 다를까

함수와 혼동하기 쉬운 용어로 '방정식(方程式)'이 있다. 함수나 방정식 모두 x, y가 등장하고, 좌우가 '=(등호)'로 연결되어 있지만, 함수와 방정식은 서로 다르다.

함수는 두 변수(x와 y)의 대응 관계를 말한다. 앞서 예시로 든 마트에 파는 달걀 1팩의 합계액을 구하는 식 '$y = 3x + 2$'는 함수다.

한편 방정식이란 어떤 조건에서 미지의 수(x)를 구하기 위해서 주어진 식이다. 마트에서 파는 달걀을 예로 들면, 달걀 3팩을 구입했을 때의 합계액(y)과 비닐봉지의 합이 302원일 때, 달걀값(x)을 구하기 위한 식은 '$320 = 3x + 20$'으로 나타낼 수 있다. 바로 이 식이 방정식이다. '$x = 100$'처럼 계산을 통해 x값을 구하는 것을 '방정식을 푼다'라고 표현한다.

칼럼 COLUMN

그래프로 나타내면 보이는 함수의 '모습'

문자식으로 표현된 함수는 추상적이라 언뜻 두 수가 어떤 대응 관계에 있는지 떠올리기란 쉽지 않다. 예를 들어 '$y = 3^x - 2x^2$'이라는 함수에서 x값이 증가하면 y값은 어떻게 변화하는지, 식으로만 봐서는 좀처럼 떠올릴 수 없다.

이런 추상적인 함수의 성질을 알기 쉽게 나타낼 수 있는 편리한 도구가 바로 '좌표'다. x축과 y축으로 이루어진 좌표평면 위에 함수의 그래프를 나타내면 x, y가 어떠한 대응 관계에 있는지 한눈에 알 수 있다.

좌표평면 위에 함수(수식)를 그래프(도형)로 나타내 도형으로 수식을 풀거나, 반대로 도형을 수식으로 나타내 수식으로 도형을 푸는 학문을 '해석기하학'이라고 한다. 해석기하학의 창시자는 '데카르트'와 '피에르 드 페르마'로 알려져 있다.

y가 x의 함수일 때, 이를 '$y = f(x)$'로 나타낸다. $f(x)$는 '에프엑스'라 읽는데, 여기서 f는 'function'의 이니셜이다. 이때 $f(x)$의 x는 일반적인 함수식의 미지수를 의미하므로, 구체적인 내용을 나타낼 때는 x자리에 'x, $x^5 + 4x^2 - 90$, x^{100}' 등을 넣는다. 예를 들어 '$x = 1$'일 때 y의 값은 '$y = f(1)$'로 나타낸다.

'함수'의 이미지

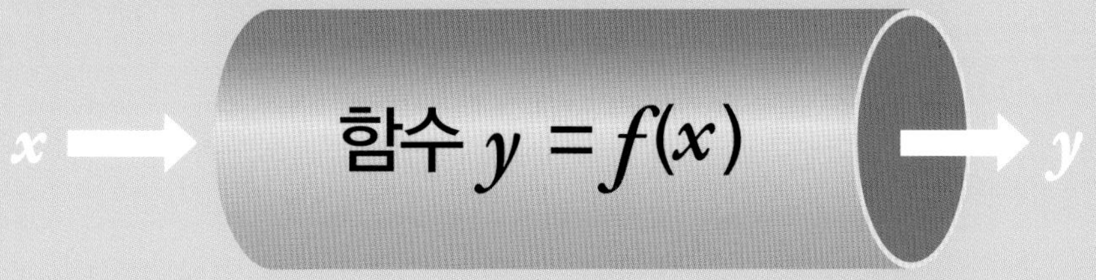

x → 함수 $y = f(x)$ → y

구체적인 함수의 예

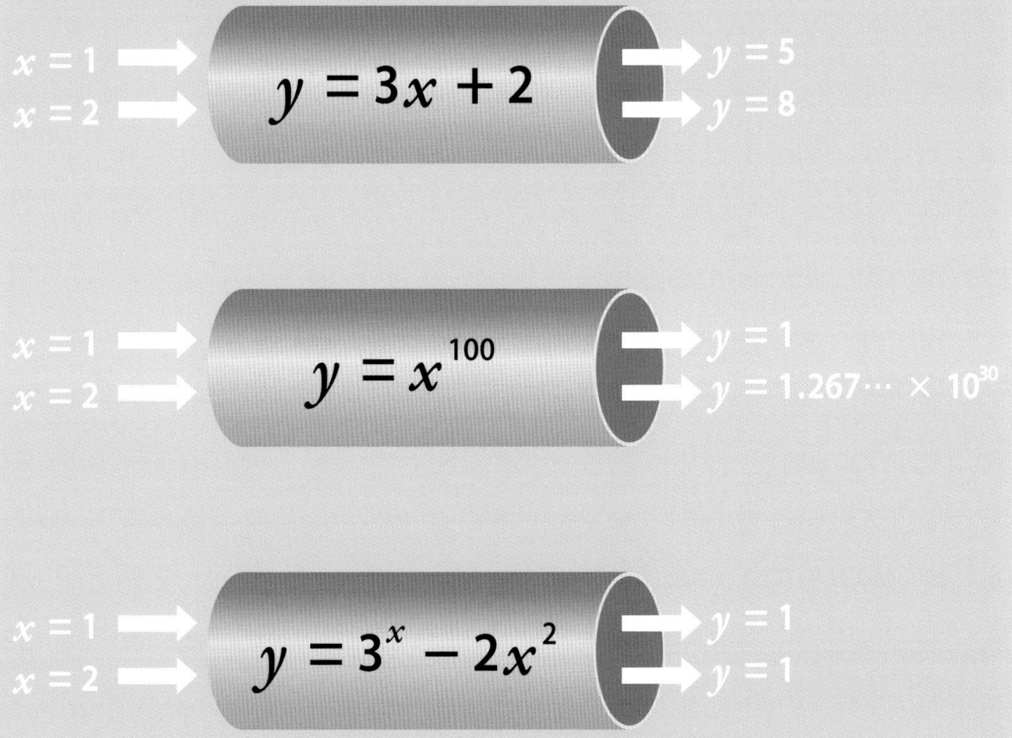

$x = 1$ → $y = 3x + 2$ → $y = 5$

$x = 2$ → $y = 3x + 2$ → $y = 8$

$x = 1$ → $y = x^{100}$ → $y = 1$

$x = 2$ → $y = x^{100}$ → $y = 1.267\cdots \times 10^{30}$

$x = 1$ → $y = 3^x - 2x^2$ → $y = 1$

$x = 2$ → $y = 3^x - 2x^2$ → $y = 1$

급격히 커지는(작아지는) '지수함수'

수가 곱절로 늘어나는 현상은 자연계에서도 흔히 볼 수 있다. 이를테면 세포가 분열해 늘어나는 현상도 그중 하나다. 1개의 세포가 1분마다 2개로 분열한다면, 분열된 2개의 세포도 1분이 지나면 각각 2개의 세포로 분열한다. 이런 방식으로 세포의 개수는 시간이 지날수록 급격하게 늘어난다.

이렇게 배로 늘어나는 관계를 '$y = 2^x$'라는 수식으로 나타낼 수 있다. 여기서 y는 '세포 개수', x는 '경과 시간(분)'을 나타낸다. 이 수식을 활용하면, x만큼의 시간(분)이 지났을 때의 세포 개수(y)를 구할 수 있다. 이러한 수식을 '지수함수'라고 한다.※ 지수함수는 거듭 곱하는 횟수(밑)가 1 이하일 때, 그 수가 급격히 줄어든다.

예를 들어 보자. 바다는 깊이 잠수할수록 주위가 어두워진다. 바닷물과 여기에 포함된 불순물이 바다로 들어오는 빛을 흡수해 깊은 곳으로 갈수록 빛이 들어오지 않기 때문이다. 이러한 수심과 밝기의 관계에도 지수함수를 사용할 수 있다.

※ 정확히는 $a > 0$, $a \neq 1$일 때, $y = a^x$로 나타나는 함수를 지수함수라고 함

시간이 지날수록 급격히 늘어나는 세포의 수

시간이 지날수록 세포가 거듭 분열해 배로 늘어나는 모습과, 세포의 개수(y축)와 경과 시간(x축)의 관계를 나타내는 지수함수 그래프를 그렸다. 시간이 지날수록 세포의 수가 급격히 늘어나는 것을 알 수 있다.

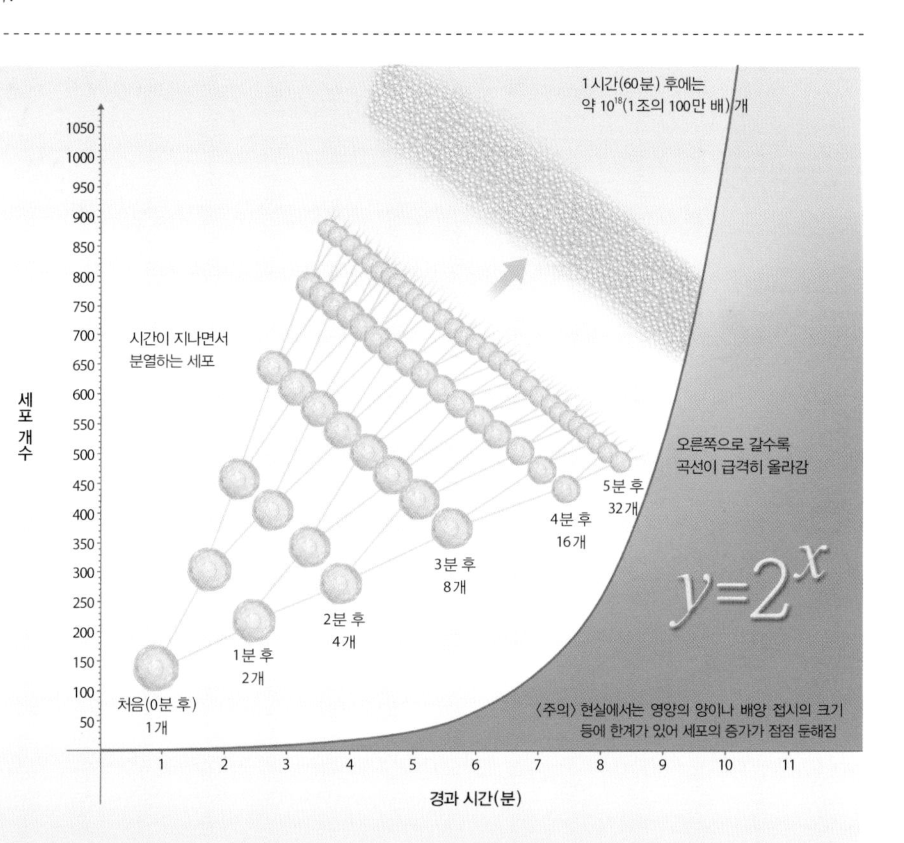

깊어질수록 점점 어두워지는 바다

바다에 잠수해 1m씩 내려갈 때마다 그 밝기는 $\frac{9}{10}$가 된다(10%씩 어두워진다)고 가정해, 밝기(y축)와 수심(x축)의 관계를 나타내는 지수함수 그래프를 그렸다. 깊이 잠수할수록 밝기의 값이 급격히 작아지는(어두워지는) 것을 알 수 있다.

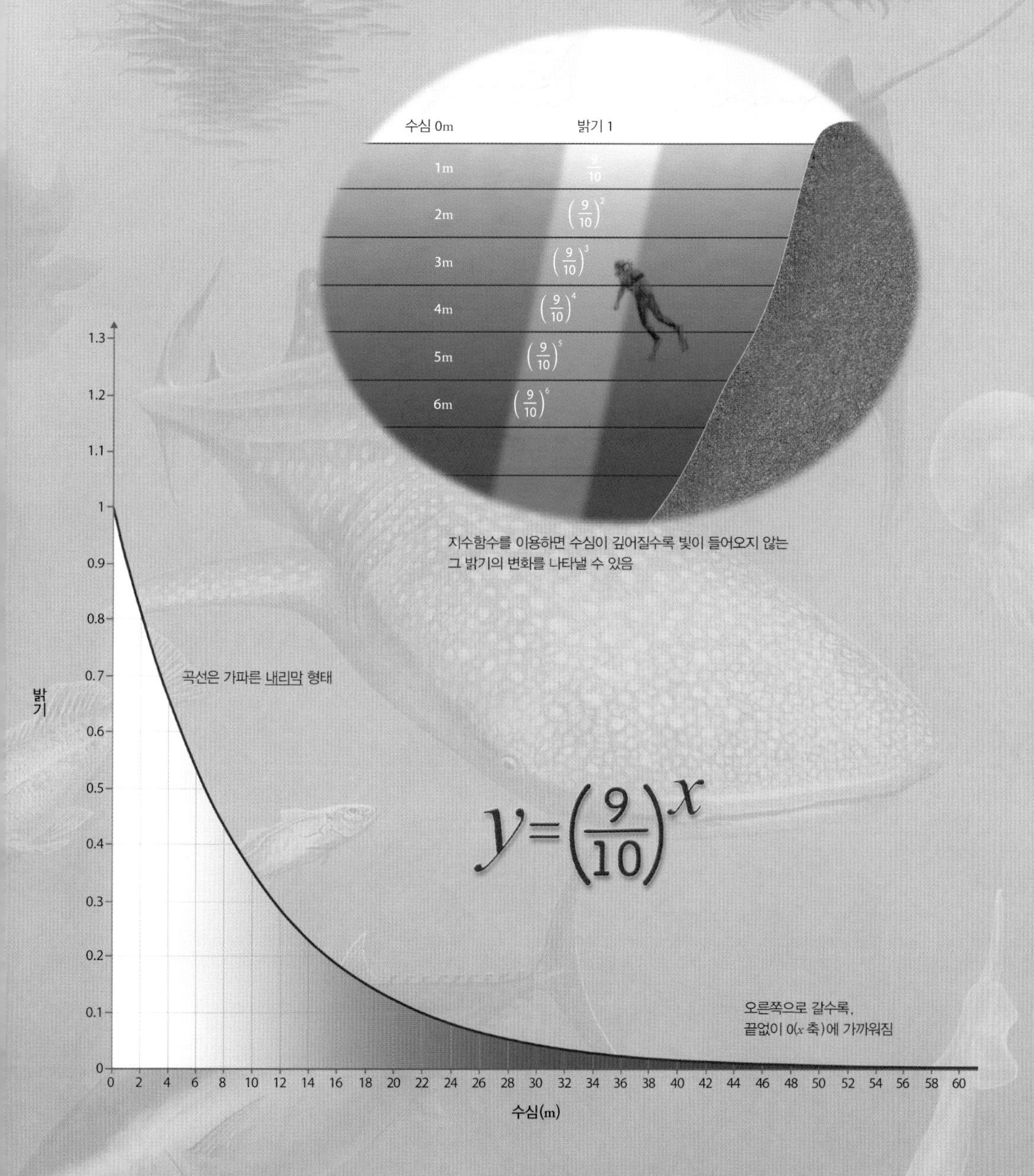

수학의 수수께끼 같은 '방정식'

방정식이란 수학의 수수께끼 같은 것이다. 수수께끼에는 답이 있듯이 방정식에는 '해(解)'가 있다.

'정체를 알 수 없는 수에 3을 더하면 5가 된다. 이 수의 정체는 무엇일까?'와 같은 수수께끼를 생각해 보자. 이것을 식으로 나타내면, 그것이 바로 '방정식'이다. 예시로 든 수수께끼는

$$? + 3 = 5$$

로 나타낼 수 있다. 이때 등호의 왼쪽을 '좌변', 오른쪽을 '우변'이라고 한다. 좌변과 우변은 등호(=)로 연결된 이상 반드시 같아야 한다. 저울로 비유하자면, 양쪽이 정확하게 평형을 이루어야 한다.

대개 '?'에 해당하는 부분은 알파벳 x로 나타낸다. 이를 사용해 앞서 예시로 든 식을 변형하면,

$$x + 3 = 5$$

가 된다. 저울의 양쪽에서 같은 무게의 물건을 빼도 균형이 유지되듯, 이 방정식을 풀 때도 좌변과 우변에서 3을 빼면 된다. 마치 좌변의 '+ 3'을 부호만 바꿔 우변으로 가져간 것처럼 보이는 이러한 방식을 '이항'이라고 한다. 식으로 나타내면,

$$\begin{aligned} x &= 5 - 3 \\ &= 2 \end{aligned}$$

즉 'x = 2', x의 해가 2임을 알 수 있다.

이 방정식은 다음과 같은 방식으로도 풀 수 있다. 'x에 2를 대입하면, 2 + 3 = 5. 따라서 x = 2이다'. 그러나 동일한 해가 산출되었다고 해도, 이항해서 푼 첫 번째 해와 대입해서 푼 두 번째 해 사이에는 커다란 차이가 있다. 다음을 보자.

이항해서 푼 첫 번째 문제의 경우 'x + 3 = 5가 맞다면, x = 2가 된다'는 논리이다. 한편 대입해서 푼 두 번째 문제의 경우 'x = 2라면, x + 3 = 5가 성립한다'는 논리이다.

따라서 이항해서 풀었을 때는 'x + 3 = 5가 맞다면, 틀림없이 x = 2라는 사실'이 논증되지만, 대입해서 풀었을 때는 'x = 2일 때 x + 3 = 5는 확실하게 성립되지만, x가 2가 아니어도 x + 3 = 5가 성립될지도 모른다'는 가능성이 발생한다.

다음 페이지의 2차 방정식을 보면 이러한 차이를 더욱 분명하게 확인할 수 있다.

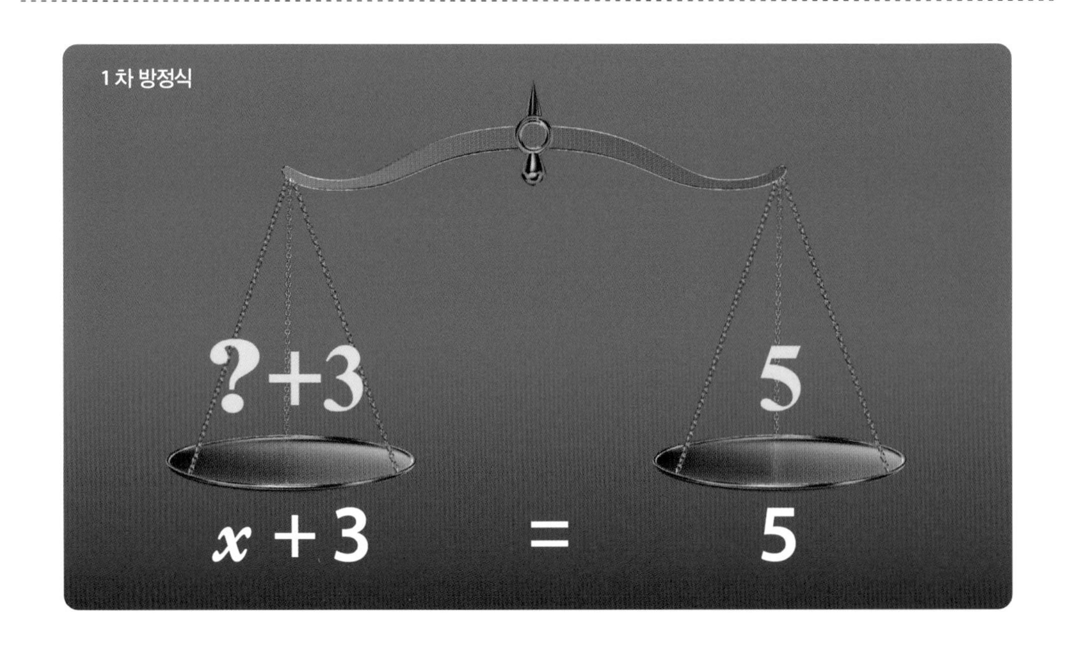

2차 방정식을 푸는 방법

'한 변이 x인 정사각형과, 높이는 x, 너비는 1인 2개의 직사각형을 더하면, 그 넓이는 35가 된다. 이 x의 값은 얼마일까?'라는 수수께끼를 생각해 보자. 이것을 식으로 나타내면,

$$x^2 + 2x = 35$$

라는 '2차 방정식'이 된다. 여기서 2차 방정식이란 이항하거나 동류항※을 정리했을 때

$$ax^2 + bx + c = 0\ (a \neq 0)$$

형태로 변형할 수 있는 방정식을 말한다. 위에서 제시한 식을 이 형태로 바꾸려면 양변에 35를 빼면 된다. 그러면

$$x^2 + 2x - 35 = 0$$

이 된다. 이 식의 좌변을

$$(x + 7)(x - 5) = 0$$

으로 인수분해※하면 -7과 5라는 해를 구할 수 있다. 단, 정사각형의 한 변의 길이는 음수가 될 수 없으므로, 이 문제의 해는 5라고 결론지을 수 있다.

여기서는 두 수를 곱해서 0이 된다면 그 두 수의 어느 한쪽은 0이라는 0의 특수성이 충분히 활용되었다. 이로 인해 x가 5도 -7도 아니라면, '$x + 2x - 35 = 0$'은 성립되지 않는다는 사실을 확신할 수 있다.

같은 방정식을 대입으로 풀기 위해, 시험 삼아 x에 -7을 대입해 본다고 치자.

$$(-7)^2 + 2(-7) - 35$$
$$= 49 - 14 - 35 = 0$$

이므로 등호가 성립된다. 따라서 '$x = -7$'로 판명된다. 그러나 정사각형의 한 변의 길이는 음수가 될 수 없고, 이 정도의 논의만으로는 다른 해의 존재 유무를 알 수 없기 때문에 막막함을 느끼게 된다.

한편 위의 식과 달리 인수분해가 되지 않을 때도 있다. 예를 들면,

$$2x^2 + 5x - 3 = 0$$

과 같은 경우다. 이럴 때는 '2차 방정식의 근의 공식'을 사용한다.

$$x = \frac{-b \pm \sqrt{b^2 - 4ac}}{2a}$$

2차 방정식의 근의 공식에 '$a = 2$, $b = 5$, $c = -3$'을 대입하면,

$$x = -3,\ \frac{1}{2}$$

이라는 해를 구할 수 있다.

※ 문자 인수가 동일한 항으로 $-3x^2y$와 $2x^2y$의 x^2y와 같은 것을 말함
※ 정수나 다항식을 인수 등의 곱셈으로 나타내는 것

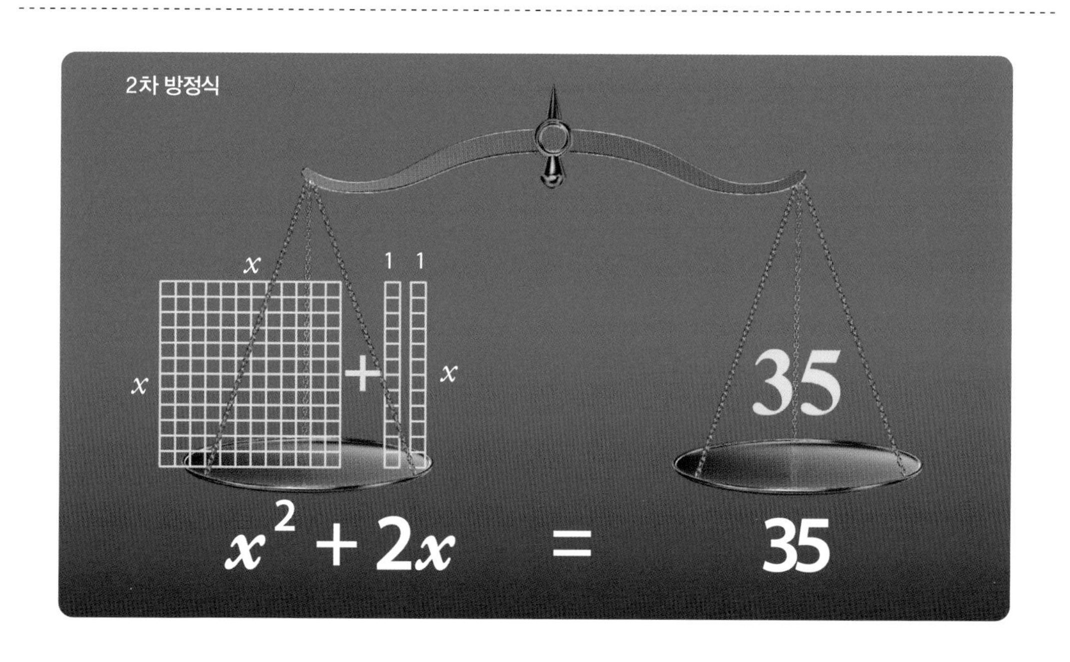

도형과 수식을 결합시킨 '좌표'

'좌표(座標)'란 평면 위에 있는 지점과 원점과의 거리를 가로·세로로 나타내는 것으로, 지도의 '위도, 경도'와 같은 개념이다. 좌표는 17세기 프랑스의 수학자 '르네 데카르트'와 '피에르 드 페르마'가 고안했다고 전해진다.

수학에서는 흔히 원점으로부터 가로로 뻗은 축을 'x축', 세로로 뻗은 축을 'y축'으로 설정하고, 좌표에 x, y값을 함께 표시한다. 예를 들어 원점의 좌표는 x나 y 모두 0이므로, '$(x, y) = (0, 0)$'이다.

좌표를 이용하면 직선을 x와 y의 식으로 나타낼 수 있다. 예를 들어 '$(x, y) = (0, 0), (1, 1), (2, 2), \cdots$'을 지나는 직선을 생각해 보자. 이 직선은 좌표에 표시되는 각 점의 x, y값이 같으므로, 이 점을 지나는 직선은 '$y = x$'로 나타낼 수 있다(오른쪽 그림의 ①). 마찬가지로 '$(x, y) = (0, 0), (1, \frac{1}{3}), (2, \frac{2}{3}), (3, 1), \cdots$'을 지나는 직선은 '$y = \frac{1}{3}x$'로 나타낼 수 있다(오른쪽 그림의 ②).

직선뿐만 아니라 곡선도 x와 y의 식으로 나타낼 수 있다. 예를 들어 '$(x, y) = (0, 0), (1, 1), (2, 4), (3, 9), \cdots$'을 지나는 곡선은 '$y = x^2$'으로 나타낼 수 있으며(오른쪽 그림의 ③), '$(x, y) = (1, 10), (2, 5), (4, 2.5), (5, 2), \cdots$'를 지나는 곡선은 '$y = \frac{10}{x}$'으로 나타낼 수 있다(오른쪽 그림의 ④).

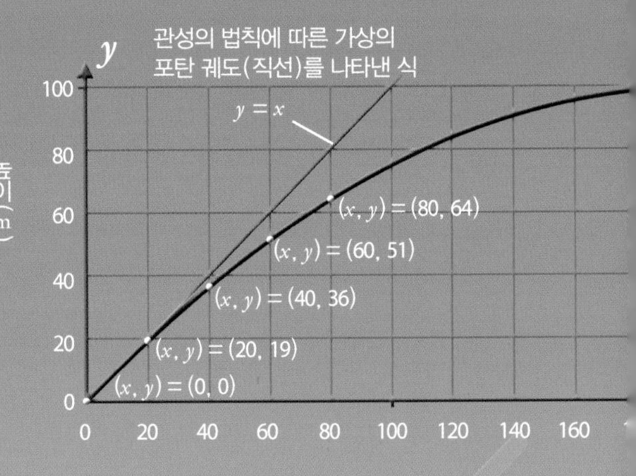

르네 데카르트
(1596~1650)

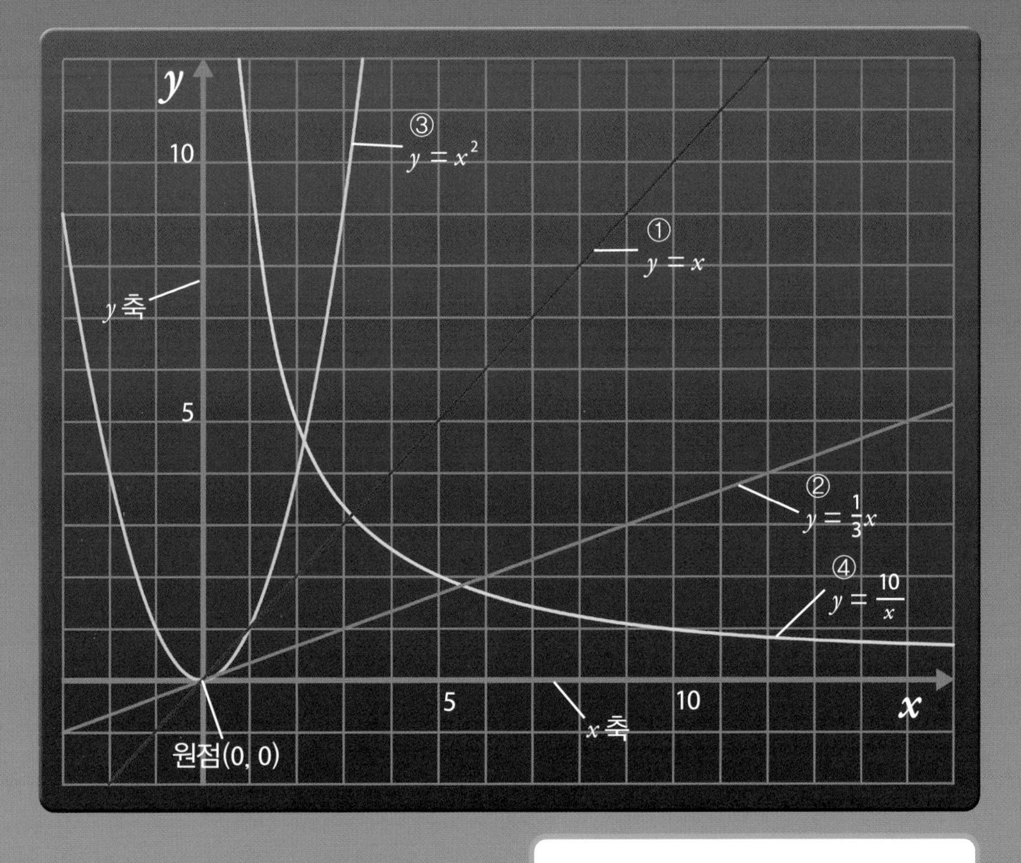

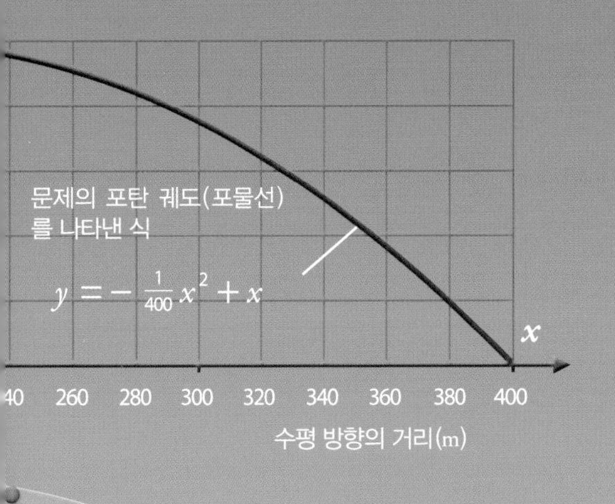

좌표에 의해 수식으로 바뀐 포탄의 궤도

원점은 발사 지점, x축은 발사 지점으로부터 수평으로 움직인 거리, y축은 높이로 둔다. 이때 거리와 높이의 단위는 미터(m)이다. 발사된 포탄을 관측한 결과, 포탄이 각 점 '$(x, y) = (0, 0), (20, 19), (40, 36), (60, 51), (80, 64), \cdots$'를 통과했다고 치자.

이를 보면 포탄의 궤도는 포물선을 띈다. 대개 포물선은 '$y = ax^2 + bx + c$ (a, b, c는 상수)' 형태의 수식으로 나타낸다고 알려져 있다. 이 포물선의 식에 앞서 언급한 (x, y) 한 쌍의 값을 대입해 계산하면, '$a = -\frac{1}{400}, b = 1, c = 0$'임을 알 수 있다. 즉 포탄의 궤도는 '$y = -\frac{1}{400}x^2 + x$' 형태의 식으로 나타낼 수 있다.

또 관성의 법칙에 의해 포탄은 발사된 방향으로 똑바로 날아가려는 성질이 있다. 그 궤도는 그림과 같이 '$y = x$'로 나타낼 수 있다.

무한히 0에 가까워지는 수학 '미적분'

원의 넓이를 구하려면 어떻게 하면 될까? 정사각형 종이를 원 내부에 깔고, 빈 곳에 더 작은 정사각형 종이를 깐다. 정사각형 종이의 크기를 무한히 '0'에 가까워지도록 줄이면서, 같은 일을 반복하면 넓이를 구할 수 있다.

이처럼 무한히 0에 가까워지는 방법으로 곡선으로 둘러싸인 부분의 넓이, 접선의 방정식, 그래프의 최댓값·최솟값 지점 등을 구하는 것을 '미적분'이라고 한다.

미적분의 창시자 뉴턴은 미적분을 역학※에 응용했는데, 그 밖에도 미적분의 응용 범위는 매우 넓다. 현대 물리학의 모든 분야에서 미적분은 그 위력을 유감없이 발휘하고 있다.

더 나아가 미적분은 현대사회를 지탱하고 있다고 해도 과언이 아니다. 예를 들어 건축 설계 분야에서는 건축물에 가해지는 무게나 강도 등을 미리 계산해 두지 않으면 안전성을 확보할 수 없는데, 이러한 부분의 계산 이론에 미적분이 사용된다. 경제 분야 또한 예외는 아니다. 오늘날의 복잡한 경제체계를 분석하는 데에는 미적분을 포함한 여러 계산 방법이 요구되기 때문이다.

※ 물체의 운동 등을 설명하는 물리학

칼럼 COLUMN 미적분의 창시자를 둘러싼

미적분의 창시자를 말할 때는 '뉴턴' 외에 '라이프니츠' 또한 함께 거론해야 한다. 뉴턴과 라이프니츠는 거의 같은 시기에 독립적으로 미적분을 만들었다고 추정된다. 시기상으로는 뉴턴의 미적분 연구가 조금 앞선 것으로 보이지만(1665년경), 뉴턴은 자신의 연구내용을 좀처럼 발표하지 않는 비밀주의자였기 때문에 라이프

고트프리트 빌헬름 라이프니츠
(1646~1716)

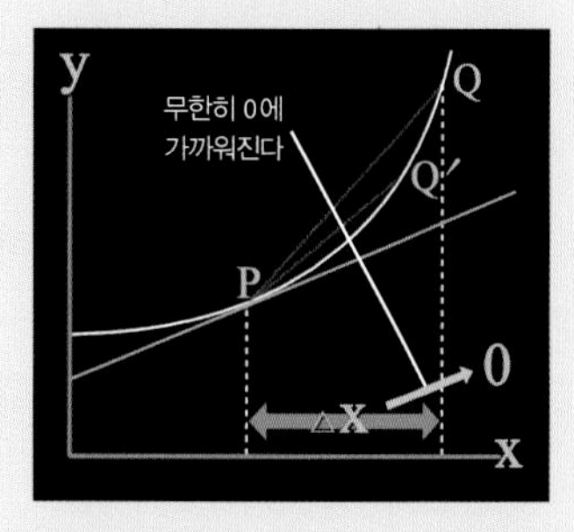

미분(곡선의 접선의 방정식 구하기)

P와 접하는 접선의 방정식을 구하는 방법은 다음과 같다. P와 x좌표가 $\triangle x$만큼 떨어진 점 Q를 생각해 먼저 $\overline{PQ}$를 연결한다. 이 Q가 곡선을 따라 무한히 P에 가까워지면(Q′), 즉 $\triangle x$가 무한히 0에 가까워지면, $\overline{PQ}$는 접선이 된다.

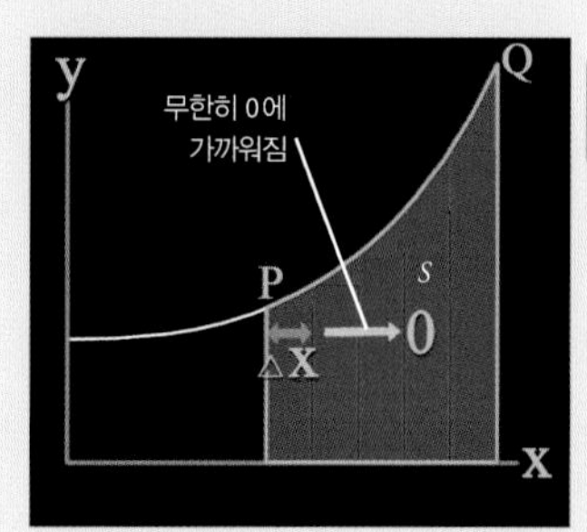

적분(곡선으로 둘러싸인 영역의 넓이 구하기)

왼쪽의 녹색 영역 면적을 구하는 방법은 다음과 같다. P와 Q의 사이를 너비 $\triangle x$의 막대(빨간색)로 왼쪽 그림처럼 채우고 막대를 모두 더한 넓이를 S로 한다. $\triangle x$가 무한히 0에 가까워지면 S로 구하고자 하는 넓이(녹색)에 무한히 가까워진다.

탄도학

탄환을 어느 정도의 초속도와 각도로 쏘아야 목표물을 맞힐 수 있을까를 생각하는 데 미적분이 도움이 되었다.

니츠가 뉴턴의 영향을 받지 않고 어디까지 독자적으로 연구했는지가 창시자 관정의 관건으로 보인다. 실제로 누가 진짜 미적분의 창시자인지에 대해 뉴턴의 조국인 영국과 라이프니츠의 조국인 독일 사이에 큰 논쟁이 일어나기도 했다.

아이작 뉴턴
(1642~1727)

현대사회를 지탱하는 미적분

미적분은 현대 물리학, 건축학, 경제학 등 매우 폭넓은 분야에서 응용된다. 미적분 없이 현대사회는 성립되지 않는다고 해도 과언이 아니다.

건축학

건축물에 가해지는 무게나 강도를 계산하는 이론에 있어 미적분은 매우 중요하다. 예를 들어 현수교는 탑에 하중이 실리므로 안전성 확보를 위해 정밀도 높은 설계가 필요하다.

경제학

경제학 이론 또한 여러 부분에 미적분이 사용된다. 오늘날의 복잡한 경제체제를 분석하는 데 미적분은 반드시 있어야 하는 도구다. 제시된 그림은 증권 거래소의 이미지다.

이자 계산에서 생겨난 초월적 무리수 'e'

미적분과 관련해 가장 중요한 함수는 지수함수다. '$y = 10^x$'에서의 '10'처럼 밑을 가진 함수를 '지수함수'라고 한다.

밑의 값은 10 이외에도 가능하다. 그 중에서도 '$y = e^x$'와 같이 '자연상수(e)'를 밑으로 하는 지수함수는 특히나 중요하다(그림 ①). e^x는 아무리 미적분을 해도 변하지 않는 유일한 함수이다.

e는 '2.71828182845904…'로 무한히 계속되는 무리수이다. 무리수는 $\sqrt{2}$와 같은 '대수적 무리수'와 그 이외의 '초월적 무리수'로 나눌 수 있는데, 초월적 무리수는 줄여서 '초월수'라고도 부르며, e나 π 등이 여기에 해당된다.

e를 처음 발견한 사람은 스위스의 과학자이자 수학자인 '야코브 베르누이'라 전해진다. 그는 예금의 이자를 계산하기 위해 다음 식의 답을 구했다고 한다.

$$\lim_{n \to \infty}\left(1 + \frac{1}{n}\right)^n$$

이 식은 원금 1, 연이자 1, 이자부 기간※ $\frac{1}{n}$(년)로 가정했을 때, 1년 예금에 얼마큼의 복리 이자가 붙는지 계산하기 위한 식※이다. 이 식을 통해 n이 점점 커질수록, 1년 후 예금액이 얼마가 되는지 알 수 있다. 그러나 이렇게 얻어낸 값을 간단한 수치로 나타내기 어려워 나중에는 상수 기호를 사용하게 되었는데, 그것이 바로 e이다.

즉, $e = \lim_{n \to \infty}\left(1 + \frac{1}{n}\right)^n$

이라고 정의했다.

'네이피어 수'라는 명칭의 유래

e의 또다른 명칭인 '네이피어 수'는 스코틀랜드의 귀족, '존 네이피어'의 이름에서 따왔다. 그는 스코틀랜드의 성주였으나, 동시에 수학 연구에도 힘썼다.

네이피어가 활동하던 1600년 전후는 유럽인들의 항해가 활발히 이루어지던 대항해시대였다. 유럽인들은 망망대해 위에서 자신들이 타고 있는 배의 위치를 파악하기 위해 천문학을 이용했지만, 조난 사고는 끊이지 않았다.

이에 네이피어는 약 20년의 세월에 걸쳐 '로그표' 작성에 몰두했다. 네이피어는 1614년에 이르러 로그표를 완성했는데, 그가 사망하기 3년 전이었다.

그러나 엄밀히 따지면 네이피어가 발명한 로그는 오늘날 우리가 사용하는 로그와는 상당히 다르다. 오늘날의 로그는 '레온하르트 오일러'가 고안한 것으로, x라는 숫자를 몇 제곱했을 때 a가 되는지 나타낸 수를 말한다.

오일러 로그에서 '$a = x^b$'일 때, 이를 '밑을 x로 하는 a의 로그는 b이다'라고 말하며 '$b = \log_x a$'라고 나타낸다. 그 예로 '$100{,}000 = 10^5$'이므로, '$\log_{10}100000 = \log_{10}10^5 = 5$'가 된다. 즉 지수함수와 로그함수는 서로 역함수의 관계에 있는 것이다.

10을 밑으로 하는 로그를 '상용로그', e를 밑으로 하는 로그를 '자연로그'라고 한다. 대개 자연로그 $\log_e x$는 밑을 생략하고 $\ln x$로 표기한다.

자연로그 또한 오일러가 고안했는데, 그는 네이피어 로그표가 완성되고 약 130년 뒤, '$y = \frac{1}{x}$'이라는 적분으로 정의된 자연로그의 밑이 e라는 사실을 네이피어 로그표 안에서 발견했다.

이는 아래의 식으로 정리할 수 있다.

$$\ln x = \int_1^x \frac{1}{t}\,dt \ (\text{단, } x > 0)$$

참고로 이렇게 발견된 e는 로그의 발견자인 오일러의 이름을 따 '오일러 수'라고도 부른다.

이 '$y = \frac{1}{x}$'의 그래프를 '$1 \leqq x \leqq e$'까지 적분하면,

$$\int_1^e \frac{1}{x}\,dx = \ln e = 1$$

을 얻을 수 있다.

따라서 '$y = \frac{1}{x}$' 그래프를 '$1 \leqq x \leqq e$'까지 적분하면, 넓이가 1이 될 때의 값은 e라고 할 수 있다(그림 ②, ③).

※ 정해진 이자가 붙는 시간
※ '원리합계 공식'을 말함. n에 '1년 동안 이자를 받는 횟수'를 대입해 계산

[그림 ①] 지수함수 e^x 의 그래프

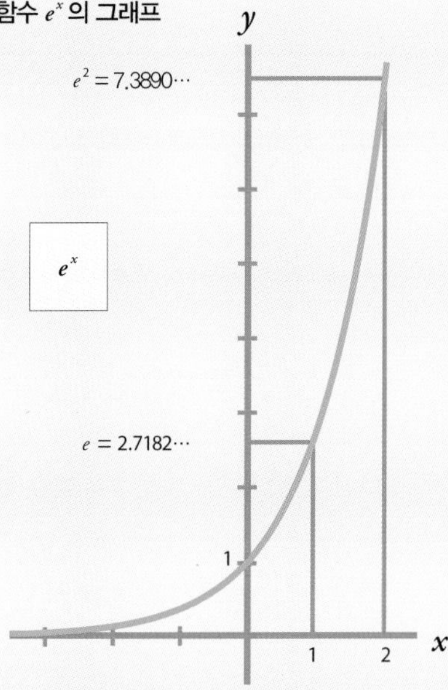

[그림 ②]

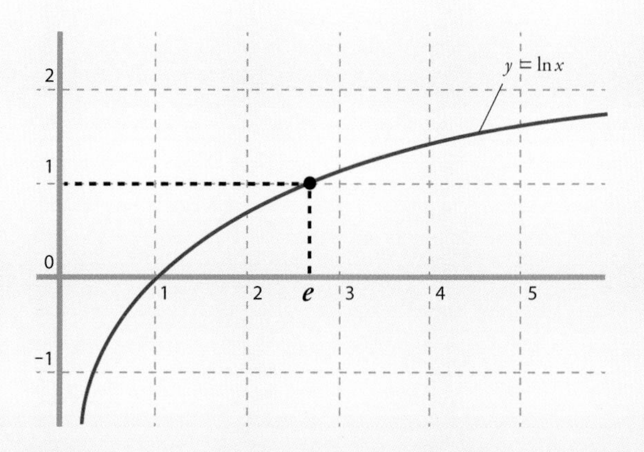

[그림 ③]

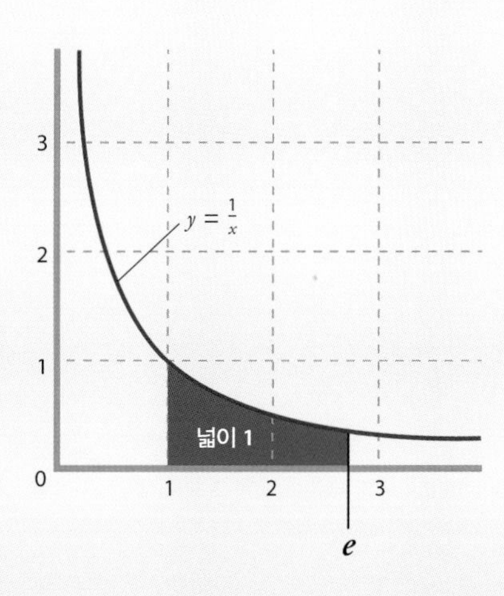

직각삼각형의 각도와 변의 길이의 관계를 나타내는 '삼각함수'

'사인'이란

삼각 함수에는 '사인, 코사인, 탄젠트' 세 종류가 있다. 첫 번째로 '사인'은 영어로는 'sine', 수학 기호로는 'sin', 한자로는 '정현(正弦)'이라고 쓴다.

사인은 상수가 아닌 어떤 각도가 주어졌을 때, 비로소 그 각도에 대한 사인값이 정해진다. 주어진 값에 대해 어떤 값을 출력하는 것을 '함수'라고 한다.

아래의 왼쪽 그림처럼 직각삼각형의 각도 θ에 대한 사인값은 '$\sin\theta$'이라 쓰고, '직각삼각형의 높이를 빗변의 길이로 나눈 값'이라고 정의한다. 빗변의 길이가 1이면, 높이는 $\sin\theta$ 값이 된다. 또한 빗변에 $\sin\theta$을 곱하면 높이가 된다.

30°에 대한 사인값을 실제로 측정해 보자. 그림과 같이 반지름이 10cm인 원을 그리듯 컴퍼스를 회전의 시작점 A에서 시계 반대 방향으로 30° 회전시킨다. 이때 연필 끝 점 B의 높이(굵은 빨간 선)를 잰다. 그러면 정확하게 5cm가 될 것이다. 이것을 반지름 길이로 나눈 값 '0.5'가 30°에 대한 사인값이다. 기호로는 '$\sin 30° = 0.5(=\frac{1}{2})$'와 같은 형태로 나타낸다.

직각삼각형으로 정의한 사인(삼각비)은 0°에서 90°까지의 각도만 다룰 수 있으나, 이처럼 회전으로 생각하면 모든 각도를 다룰 수 있다. 즉 삼각비를 회전으로 재정의하는 것이 삼각함수이다.

'코사인'이란

두 번째 '코사인'은 영어로는 'cosine', 수학 기호로는 'cos', 한자로는 '여현(余弦)'이라고 쓴다. 사인과 마찬가지로 어떤 각도가 주어졌을 때, 비로소 그 각도에 대한 코사인 값이 정해진다.

아래의 가운데 그림처럼 직각삼각형의 각도 θ에 대한 코사인 값은 '$\cos\theta$'라 쓰고, '직각삼각형의 밑변 길이를 빗변 길이로 나눈 값'이라고 정의한다. 빗변의 길이가 1이면, 밑변의 길이는 $\cos\theta$ 값이 된다. 또한 빗변에 $\cos\theta$를 곱하면 밑변의 길이가 된다.

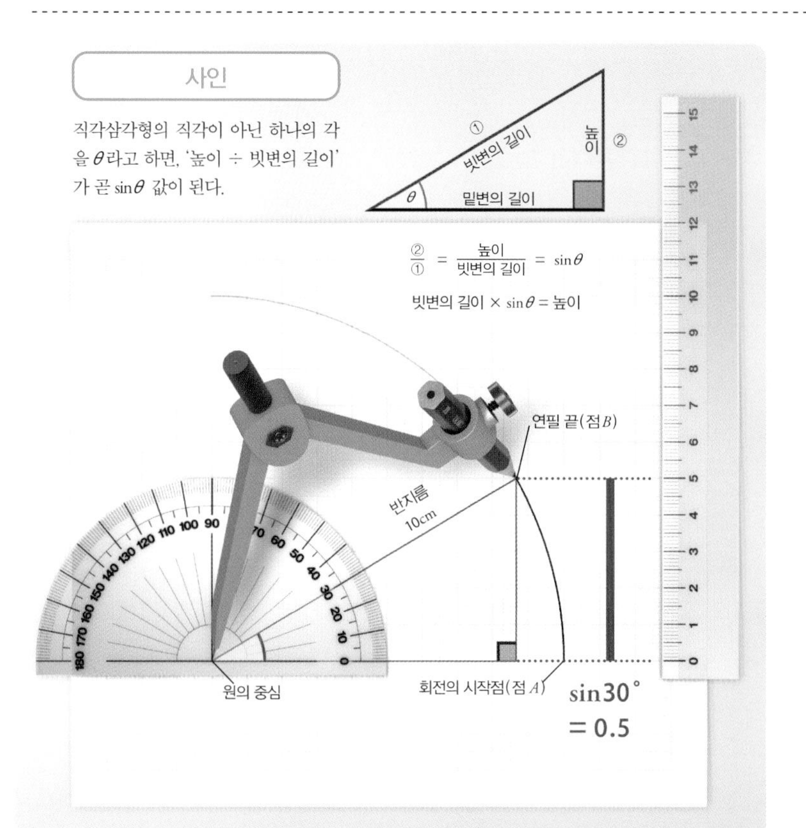

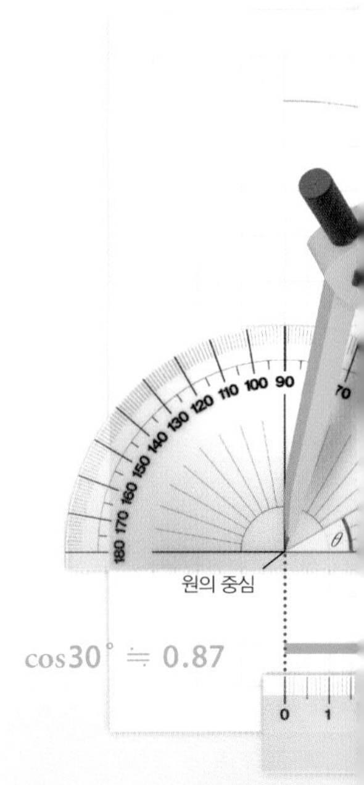

사인 때와 마찬가지로, 30° 에 대한 코사인 값을 측정해 보자. 그림과 같이 반지름이 10cm인 원을 그리듯 컴퍼스를 회전의 시작점 A에서 시계 반대 방향으로 30° 회전시킨다. 이때 연필 끝 점 B와 원 중심 사이의 가로 방향의 거리(굵은 녹색 선)를 재면 약 8.7cm가 될 것이다. 이를 반지름 길이로 나눈 값 '약 0.87'이 30° 에 대한 코사인 값이다($\cos 30° = \frac{\sqrt{3}}{2} \fallingdotseq 0.87$).

사인과 마찬가지로, 직각삼각형이 아니라 회전으로 생각하면 θ가 어떤 각도이든 $\cos\theta$를 정의할 수 있다.

'탄젠트'란

세 번째 '탄젠트'는 영어로 'tangent(접선)', 수학 기호로는 'tan', 한자로는 '정접(正接)'이라고 쓴다. 사인, 코사인과 마찬가지로 어떤 각도가 주어졌을 때, 비로소 그 각도에 대한 탄젠트 값이 정해진다.

아래 오른쪽 그림처럼 직각삼각형의 각도 θ에 대한 탄젠트 값은 '$\tan\theta$'이라 쓰고, '직각삼각형의 높이를 밑변의 길이로 나눈 값'이라고 정의한다. 밑변의 길이가 1이면, 높이는 $\tan\theta$ 값이 된다.

30° 에 대한 탄젠트 값을 측정해 보자. 사인, 코사인과는 측정하는 방법이 조금 다르다.

컴퍼스로 반지름이 10cm인 원을 그리듯 시계 반대 방향으로 30° 회전시킨 자리(점 B)를 연필로 표시한다. 그리고 원의 중심부터 점 B를 지나 원의 시작점 바로 위까지 직선을 긋는다. 또 원의 시작점(점 A)부터 앞서 그린 직선과 만나는 지점까지 직선을 그은 다음, 그 높이를 측정하면 길이는 약 5.8cm가 된다. 이를 반지름 길이로 나눈 값 '약 0.58'이 30° 에 대한 탄젠트 값이다($\tan 30° = \frac{1}{\sqrt{3}} \fallingdotseq 0.58$).

사인과 코사인처럼 이를 직각삼각형이 아니라 회전으로 생각하면 θ가 어떤 각도이든 $\tan\theta$를 정의할 수 있다. 단, 점 B가 원의 중심 바로 위나 바로 아래가 되는 각도(예를 들면 90°)에서는 $\tan\theta$를 정의할 수 없다.

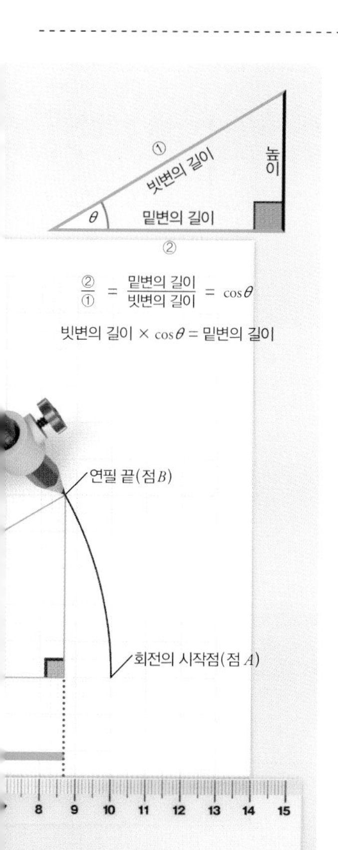

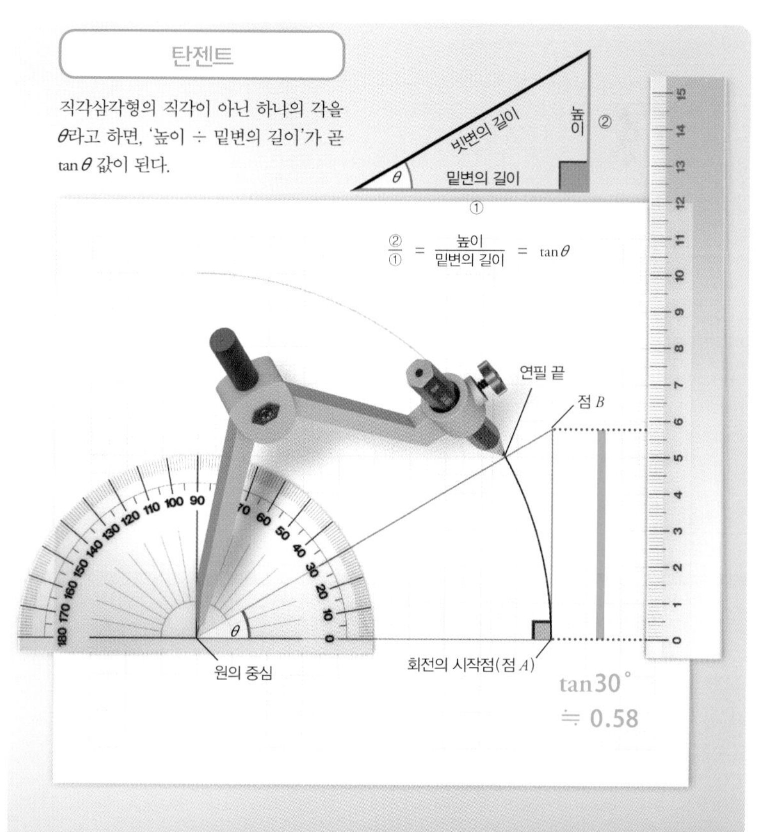

'파동 분석'에 필수적인 삼각함수

컴퍼스를 회전시킨 다음 연필 끝을 자세히 봐 버릇하면 회전한 각도에 대한 삼각함수 값을 대강 짐작할 수 있게 된다. 그렇다면 실제로 각도가 커질 때 사인 값은 어떻게 변할까?

먼저 0°의 사인 값(sin0°)은 0이다. 'sin30° = 0.5, sin60° ≒ 0.87'처럼 각도가 커질수록 사인 값 또한 점점 커져 90°가 되면 1이 된다. 90°를 넘어 회전시키면 이번에는 사인 값이 점점 작아져 180°에서 0이 된다.

다시 180°를 넘어 회전시키면 연필 끝이 원의 중심보다 아래가 되므로, 사인 값은 음수가 된다. 270°에서 -1이 되고, 360°(1바퀴)가 되면 그 값이 0으로 돌아온다.

가로축을 각도로 정하고 이 사인 값의 변화를 그래프로 나타내면, 그 형태는 '파동'이 된다. 이는 코사인도 마찬가지다. 회전과 파동은 언뜻 관계가 없어 보이지만 삼각함수를 매개로 해 깊이 연결돼 있다.

스프링과 진자의 진동, 소리와 빛 같은 파동에도 삼각함수가 숨겨져 있다. 즉 이러한 파동을 해석하기 위해서는 삼각함수가 필요하다.

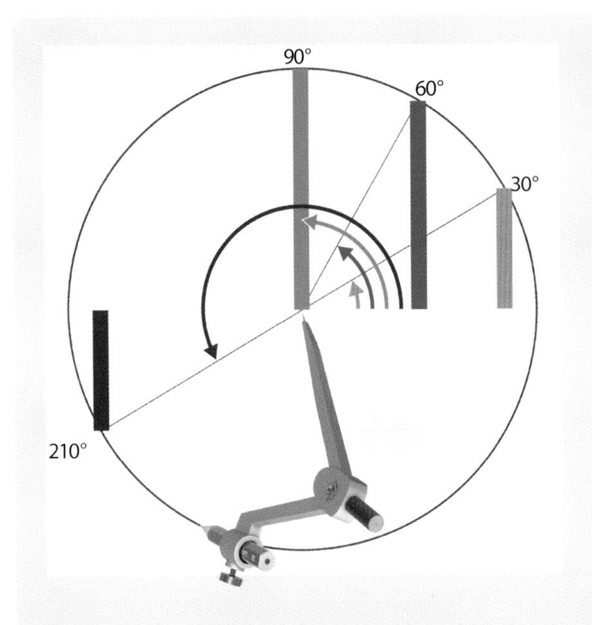

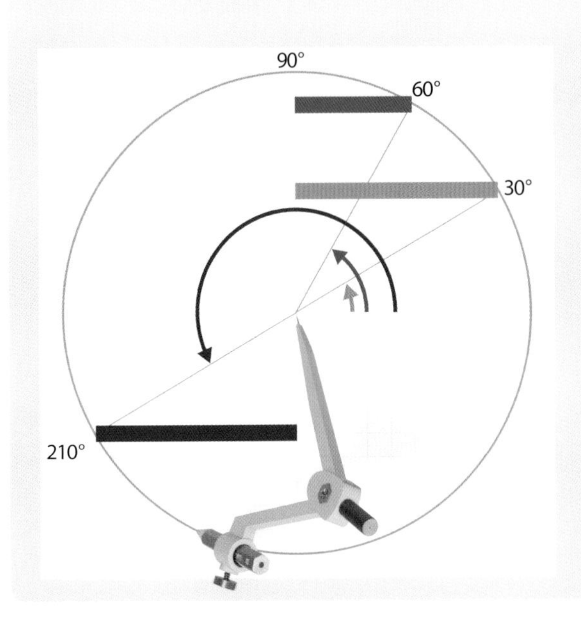

회전이 만드는 사인의 파동과 코사인의 파동

그림의 상단은 시계 반대 방향으로 회전한 점의 세로 방향의 위치(사인) 변화이고, 하단은 가로 방향의 위치(코사인) 변화이다. 이를 그래프로 그리면 모두 파동의 형태로 나타난다.

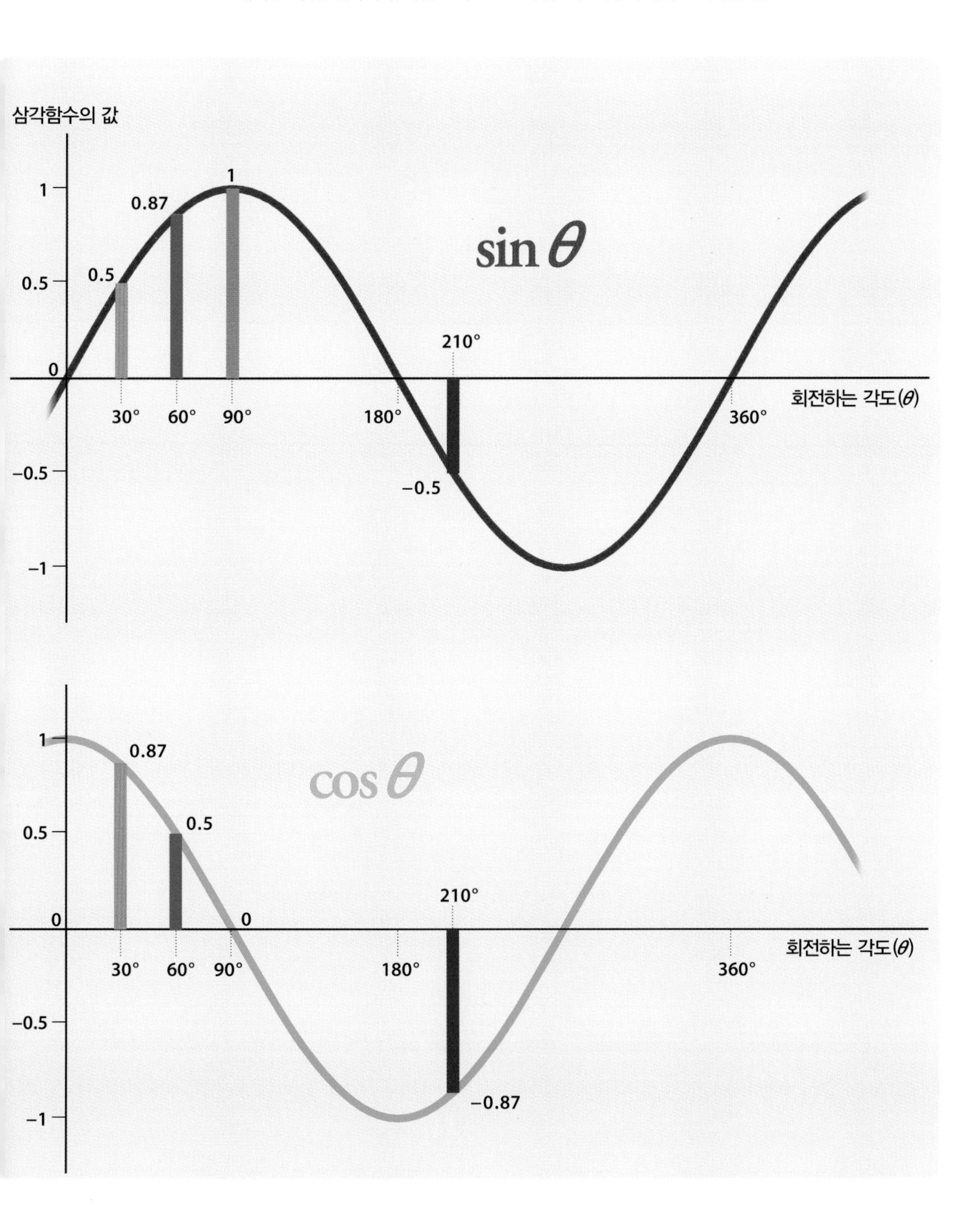

음성 인식을 탄생시킨 '푸리에 해석'

오늘날에는 인간의 음성을 알아듣는 '스마트 스피커'가 보급되고 있다. 이러한 음성 인식은 삼각함수가 활용된 수학적 기법을 통해 발전해 왔다.

다른 진폭과 파장 등을 가지는 복수의 사인파를 합치면 더욱 복잡한 파동을 만들 수 있다(오른쪽 페이지 그림). 사실 어떤 복잡한 파동이든 단순한 사인파가 합쳐져 만들어진다고 알려져 있는데, 이를 토대로 어떤 사인파가 합쳐져 복잡한 파동이 만들어졌는지 분해해 조사하는 기법이 '푸리에 해석'이다.

이 기법을 사용하면 복잡한 파동인 음성을 단순한 사인파로 분해해 각각의 사인파가 어느 정도의 강도로 포함돼 있는지 조사할 수 있다. 즉 음성의 성분을 분석할 수 있는 것이다. 스마트 스피커는 이 성분 데이터를 분석해 인간의 음성을 판독한다.

푸리에 해석을 기반으로 탄생한 것은 스마트 스피커뿐만이 아니다. 텔레비전 방송이나 인터넷 동영상은 디지털 데이터에 의해 송출되는데, 이러한 데이터를 압축하는 기술 또한 푸리에 해석을 응용한 것이다.

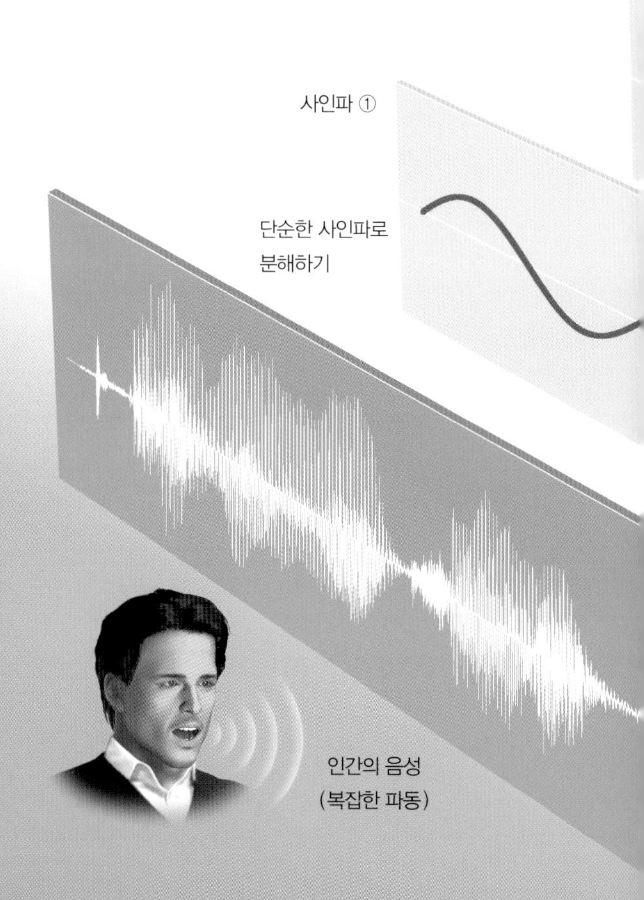

푸리에 해석은, '소리의 프리즘'

푸리에 해석의 기본적인 구조를 그렸다. 프리즘이 햇빛을 여러 갈래의 빛으로 분해하듯, 푸리에 해석을 사용하면 인간의 음성을 여러 개의 단순한 사인파로 분해해 그 성분을 알 수 있다. 스마트 스피커는 이 성분 데이터를 분석해 음성을 인식한다.

파동끼리 더하면, 마루와 마루가 합쳐져 마루가 높아지거나 마루와 골이 같이 사라진다.※ 파장과 진폭이 다른 세 종류의 단순한 사인파(파란 점선)를 합치면 더욱 복잡한 파동(빨간 선)이 생겨난다.

※ 파동의 가장 높은 부분을 '마루', 가장 낮은 부분을 '골'이라 함

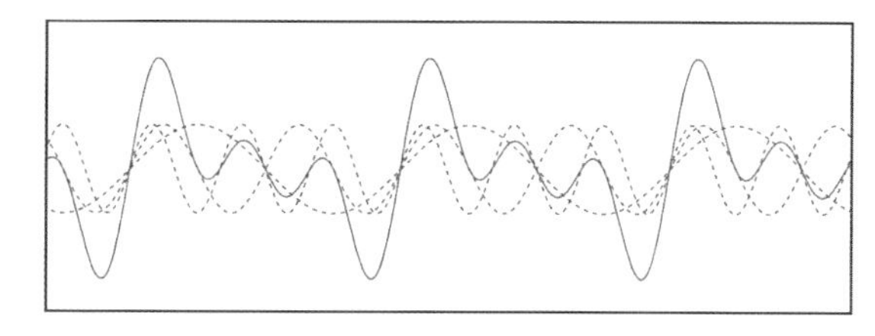

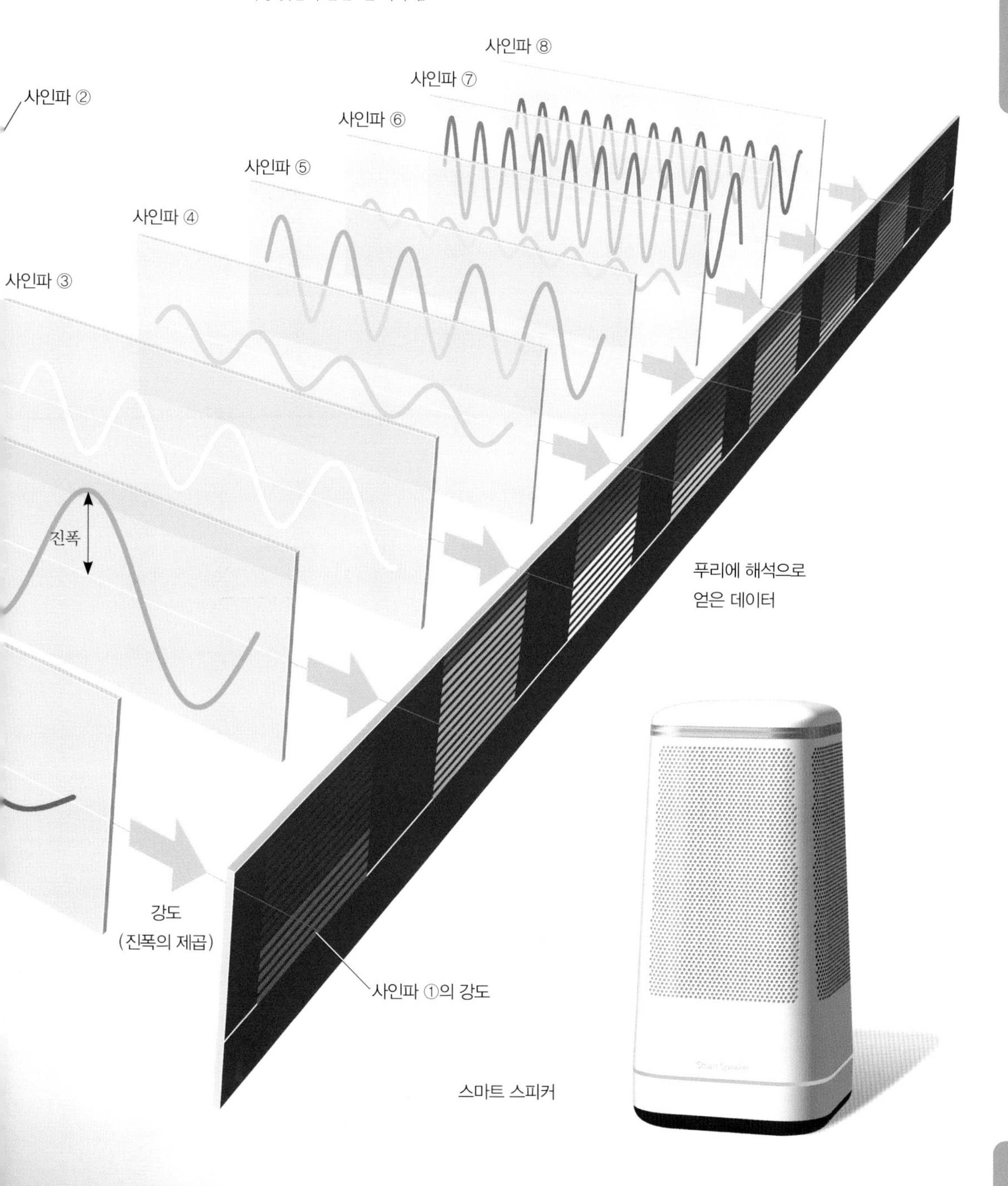

세상에서 가장 아름다운 '오일러 등식'

대부분의 과학자·수학자가 세계에서 가장 아름다운 식이라고 극찬하는 식이 있다. 이는 곧 '오일러 등식'이라 부르는, '$e^{i\pi}+1=0$'이다. 여기서 'e, i, π'는 '자연상수(e)', '허수단위(i)', '원주율(π)'을 의미한다.

e는 '$\left(1+\frac{1}{n}\right)^n$'이라는 식에 포함되는 n이 무한히 커질 때의 수(수렴값)이며, '2.718281…'로 소수점 이하가 순환하지 않고 무한히 계속되는 무리수이다. 이는 은행에 맡긴 돈(예금)을 계산하다가 생겨난 수라고 전해진다.

i는 방정식의 해를 구하기 위해 생겨난 수로, 제곱하면 −1이 된다. 제곱해 음수가 되는 수는 보통의 수(실수)가 아니며, '허수'라고 부른다. i는 가장 단순한 허수로, 허수의 단위가 되기 때문에 '허수단위'라고도 부른다.

π는 원을 계산하다가 생겨난 수로, 원주를 원의 지름으로 나눈 것이다. π는 '3.141592…'로 소수점 이하가 순환하지 않고 무한히 계속되는 무리수이다.

이처럼 e, i, π는 각각 그 유래가 달라, 언뜻 이들 사이에는 아무런 관계가 없어 보인다. 그런데 놀랍게도 e, i, π를 '$e^{i\pi}$'라는 형태로 묶어 1을 더하면 0이 산출된다.

한편 오일러 등식의 근간인 '오일러 공식($e^{ix}=\cos x+i\sin x$)'은 물리학의 다양한 분야에서 필수적으로 사용되는 공식으로, 생태계의 구조를 밝혀내는 데 없어서는 안 되는 존재로 여겨지고 있다.

오일러 등식과 오일러 공식

아래 그림에서 위의 식은 세계에서 가장 아름답다고 극찬받는 오일러 등식이고, 아래의 식은 인류의 보물이라고 표현되는 오일러 공식이다. 스위스 출신의 천재 수학자 '레온하르트 오일러'는 1748년에 출판한 저서, 『무한해석 개론(Introductio in Analysis Infinitorum)』에서 오일러 공식을 발표했다. 참고로 오일러 등식은 오일러 공식에서 간단히 도출할 수 있다.

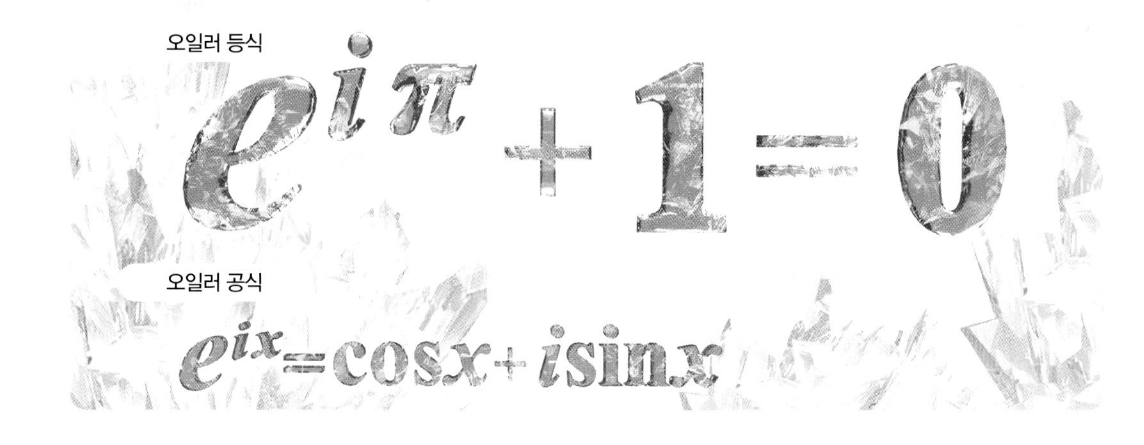

서로 관계없어 보이는 e, i, π

e는 돈을 계산해 보다 생겨난 수, i는 방정식의 해를 구하기 위해 생겨난 수, π는 원을 계산하다가 생겨난 수이다. 이 세 개의 수는 서로 아무런 관계가 없는 것처럼 보인다.

레온하르트 오일러
(1707~1783)

원주율(π)

원주율은 원주를 원의 지름으로 나눈 수이다.

원주율

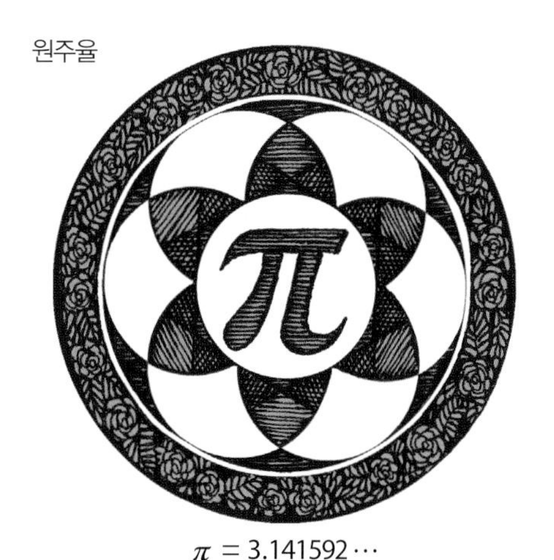

$\pi = 3.141592\cdots$

자연상수(e)

자연상수는 $\left(1+\frac{1}{n}\right)^n$의 n이 무한히 커질 때의 수이다.

자연상수

$e = 2.718281\cdots$

허수단위(i)

허수단위는 제곱하면 -1이 되는 수이다. '$i=\sqrt{-1}$'이라고도 나타낼 수 있다.

허수단위

$$i^2 = -1$$

$$i = \sqrt{-1}$$

4
도형 기초편
Geometry - basic

'점 · 선 · 각' 사이의 관계

도형의 가장 기본적인 요소는 '점'으로, 점이란 위치는 가지나, 크기는 가지지 않는 도형이다. '선'은 이러한 점이 모여 이루어진다.

선 중에서 곧은 선을 '직선'이라고 한다. 수학에서 직선은 끝나는 점 없이 계속 이어지는 선을 말한다. 한편 양 끝에 끝점이 있는 곧은 선은 '선분', 한쪽에만 끝점이 있는 선은 '반직선'이라고 한다.

두 직선이 같은 평면 위에 있을 때, 이 두 직선은 교차하거나, 교차하지 않는다. 두 직선이 서로 교차하는 경우 그 교차하는 점을 '교점'이라고 하며, 서로 교차하지 않는 두 직선은 '평행선'※이라고 한다.

두 직선이 교차하면 필연적으로 4개의 '각'이 생기는데, 두 선분이 끝을 공유하는 형태로 교차할 때는 2개의 각이 생긴다. 2개의 각 중에 뾰족한 부분의 각은 '열각', 반대쪽 넓은 부분의 각은 '우각'이라고 한다. 열각과 우각을 더하면 항상 360°가 된다.

한편 직선에 반직선의 끝이 닿아있을 때는 뾰족한 부분의 각을 '예각', 넓은 부분의 각을 '둔각'이라고 한다. 예각과 둔각을 더하면 항상 180°가 되는데, 이를 '보각' 관계라고 하며, 서로의 상대 각을 보각이라고 표현한다. 덧붙여 각이 90°인 경우는 '직각'이라고 한다.

※ 두 직선이 완전히 겹치는 경우도 평행에 포함됨

선의 종류
직선은 곧으면서 끝점이 없는 선을, 선분은 곧으면서 양 끝에 끝점이 있는 선을, 반직선은 곧으면서 한쪽에만 끝점이 있는 선을 말한다.

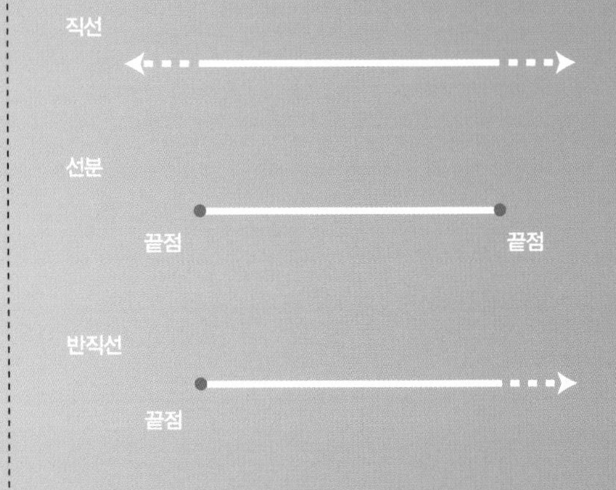

두 직선의 관계
두 직선은 '교차한다' 또는 '교차하지 않는다' 중 하나의 관계를 이룬다. 두 직선이 교차하는 점은 '교점', 교차하지 않는 두 직선은 '평행선'이라고 한다.

교차하지 않는다(평행선)

직선이 교차할 때
4개의 각이 생긴다.

반직선의 끝끼리 교차할 때
각은 2개가 생긴다. 뾰족한 부분은 '열각', 넓은 부분은 '우각'이라고 한다.

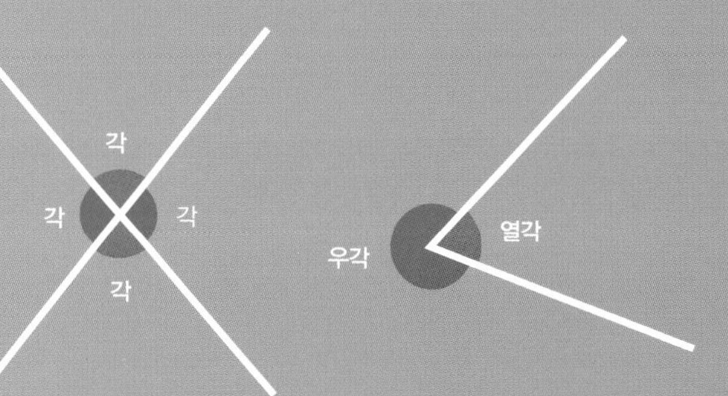

예각과 둔각
그림과 같은 경우, 뾰족한 부분을 '예각', 뾰족하지 않은 부분을 '둔각'이라고 한다.

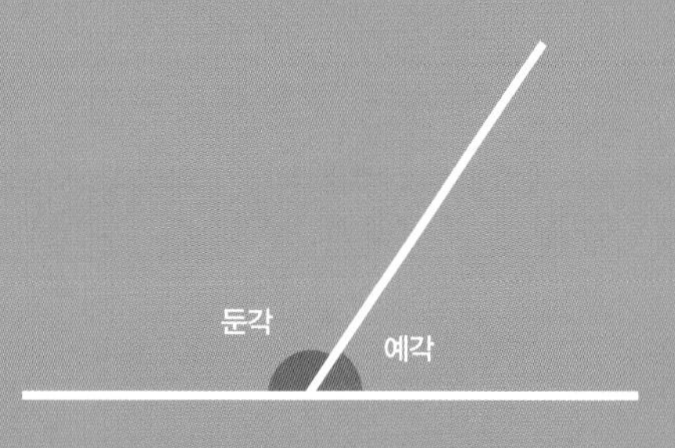

맞꼭지각
두 직선이 교차해 생기는 4개의 각 중에 서로 마주 보는 각을 '맞꼭지각'이라고 한다. 아래 그림에서는 a와 c, b와 d가 맞꼭지각 관계에 있다. 맞꼭지각 관계인 두 각의 크기는 항상 같다.

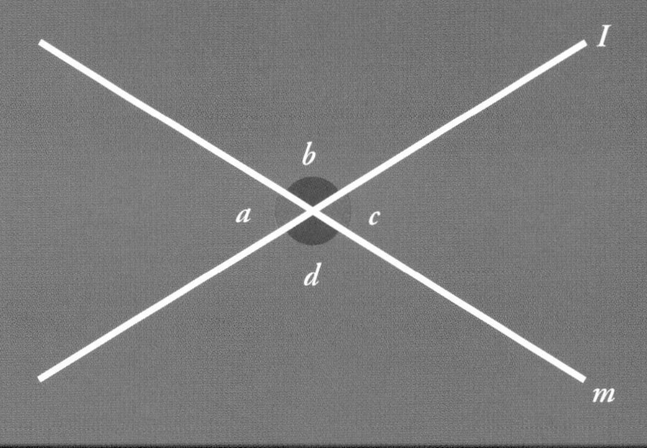

[맞꼭지각의 크기가 같다는 것의 증명]
$\angle a$와 $\angle b$는 직선 I 위에서 보각 관계에 있으므로,
$\angle a = 180° - \angle b$
가 되고, $\angle b$와 $\angle c$도 직선 m 위에서 보각 관계에 있으므로,
$\angle c = 180° - \angle b$
가 된다. 따라서
$\angle a = \angle c$가 성립한다.
또 같은 논지로,
$\angle b = \angle d$도 성립한다.
그러므로, 맞꼭지각의 크기는 같다.

세 직선이 교차할 때 각끼리의 관계
두 직선에 한 직선이 교차할 때, 그림의 a와 b, c와 d, c와 b의 위치 관계를 가리켜 '동위각', '엇각', '동측내각'이라고 한다. 오른쪽 그림처럼 두 직선이 평행하면 동위각과 엇각은 각각 같아지며, 동측내각의 합은 180°가 된다. 따라서 두 직선이 평행하다는 것을 나타내려면, 앞서 말한 내용 중 어느 것 하나라도 증명할 수 있으면 된다.

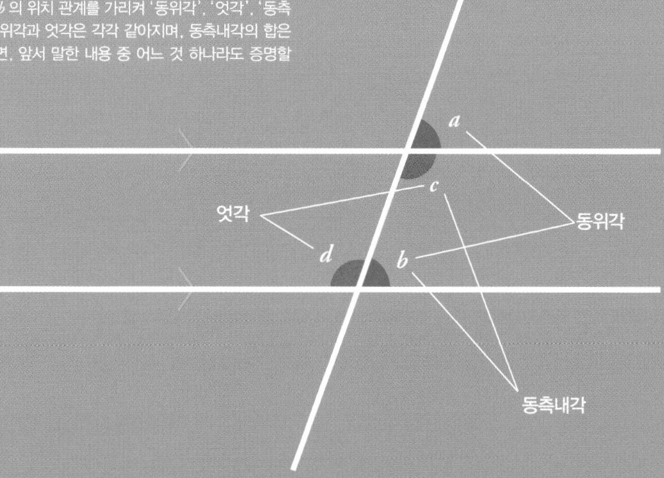

모든 도형의 기본인 '삼각형'

삼각형은 모든 도형의 기본이라 할 수 있다. 사각형, 오각형 등의 다각형이라면 예외 없이 여러 개의 삼각형으로 분할할 수 있기 때문이다. 반대로 생각하면 아무리 복잡한 다각형이라도 여러 개의 삼각형을 조합해 만들어 낼 수 있다는 뜻이다. 이렇게 수많은 삼각형을 모아 사물을 표현하는 걸 '폴리곤(polygon)'이라고 하는데, 컴퓨터 게임이나 CG 애니메이션 등에 응용된다(사각형 폴리곤도 사용됨).

삼각형은 구조물을 만들 때도 도움이 된다. 삼각형을 기본으로 하는 '트러스 구조'는 철교 등을 지을 때 활용되는데, 세 변의 길이가 고정되면, 꼭짓점 3개의 위치와 각도 또한 자동으로 고정되므로, 형태가 안정적으로 유지된다. 이는 다른 다각형으로는 불가능한 구조다(오른쪽 페이지 그림 참조).

또 삼각형의 내각※ 3개를 모두 더하면 반드시 180°가 되는데, 이 사실을 바탕으로 2개의 각도를 알고 있다면, 나머지 각도는 계산을 통해 구할 수 있다.

※ 꼭짓점의 안쪽 각도

삼각형의 중요한 성질

삼각형이 가지고 있는 중요한 성질 3가지를 정리했다. 이러한 성질을 가진다는 점에서 삼각형은 모든 도형의 기본이라고 할 수 있다.

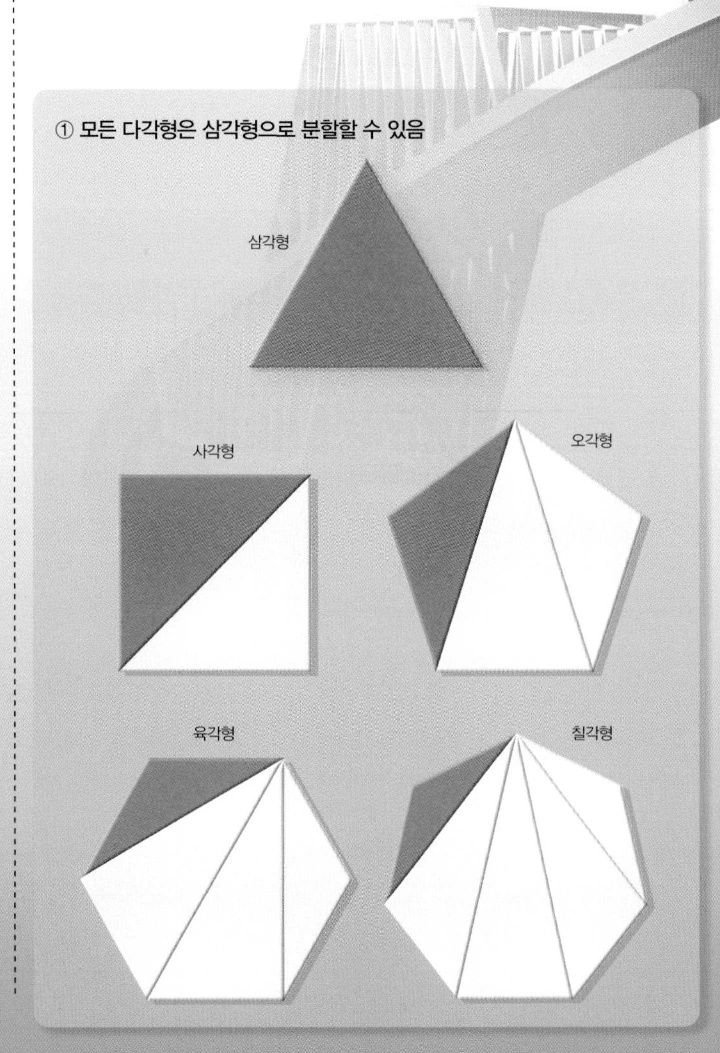

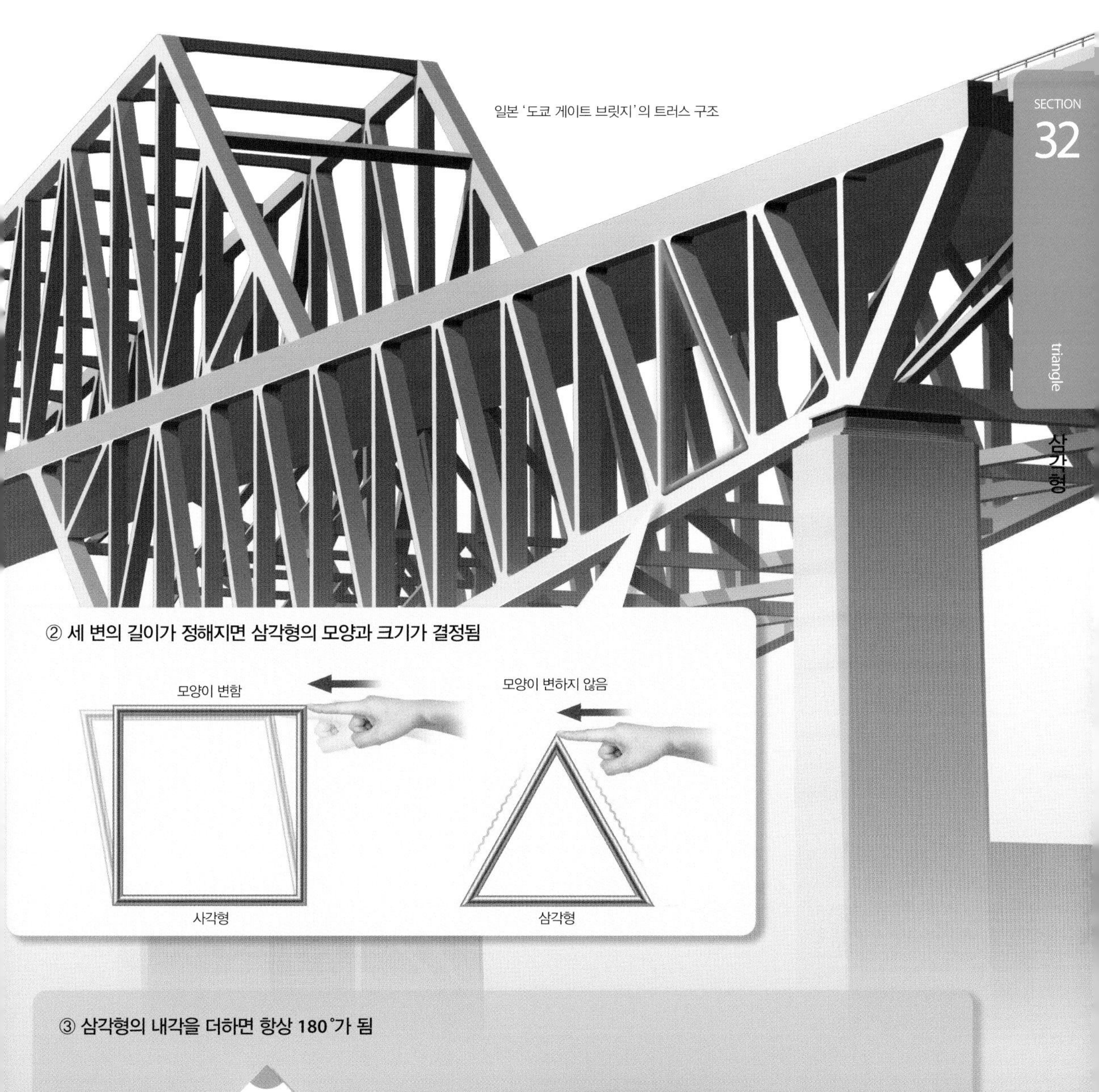

일본 '도쿄 게이트 브릿지'의 트러스 구조

② 세 변의 길이가 정해지면 삼각형의 모양과 크기가 결정됨

③ 삼각형의 내각을 더하면 항상 180°가 됨

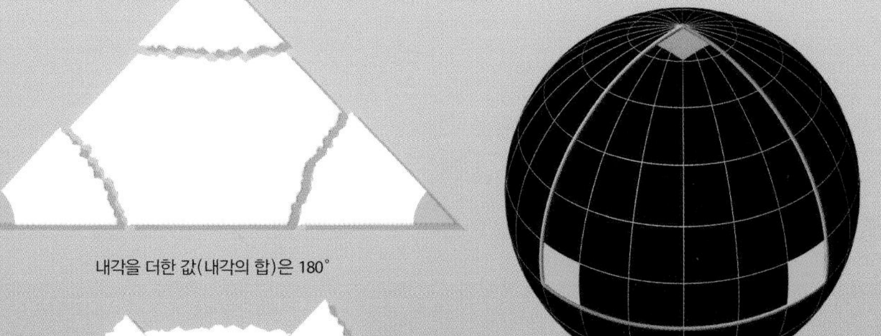

단, 구면 위의 삼각형의 경우
내각의 합이 180°보다 큼

SECTION 33

Pythagorean theorem

피타고라스 정리

직각삼각형에 관한 중요한 정리

직각삼각형 세 변의 길이를 X, Y, Z(빗변)로 가정하고, X를 한 변으로 하는 정사각형의 넓이(X^2)와 Y를 한 변으로 하는 정사각형의 넓이(Y^2)를 더하면, 신기하게도 빗변 Z를 한 변으로 하는 정사각형의 넓이(Z^2)와 일치한다. 즉 '$X^2 + Y^2 = Z^2$'이 성립하는 것이다. 이를 '피타고라스 정리'(또는 '삼평방의 정리')라고 한다.

반대로 '$X^2 + Y^2 = Z^2$'을 만족하는 X, Y, Z를 세 변으로 하는 삼각형은 반드시 직각삼각형이다.

전해지는 이야기에 따르면, 고대 그리스 수학자 '피타고라스'가 신전 바닥에 깔린 타일을 보고 이 정리를 생각해 냈다고 한다(아래의 상상도). 다만 확실한 기록이 없어서 사실상 누가, 언제, 어떻게 발견했는지는 수수께끼로 남아 있다.

피타고라스 정리를 증명하는 방법은 수백 가지나 알려져 있다. 오른쪽 페이지에 그중 한 가지를 소개한다.

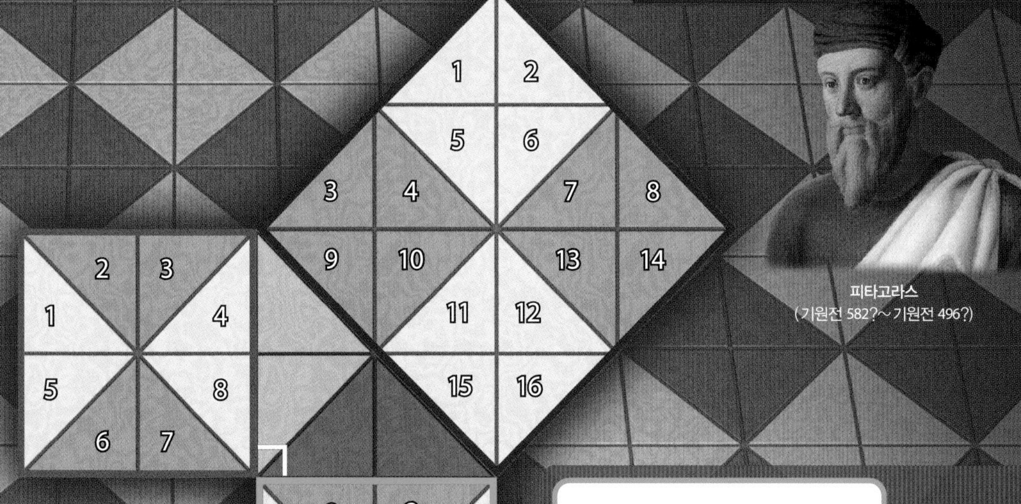

피타고라스
(기원전 582?~기원전 496?)

피타고라스 정리는 타일에서 발견됐을까

선이 주황색과 파란색인 정사각형 2개의 넓이를 더하면, 선이 진한 분홍색인 정사각형의 넓이와 일치한다. 피타고라스가 신전 바닥에 깔린 타일을 보고 피타고라스 정리를 발견했다는 설이 있지만, 그 신전이 실제로 존재했는지 불분명해 진짜 타일의 모양은 알 수 없다.

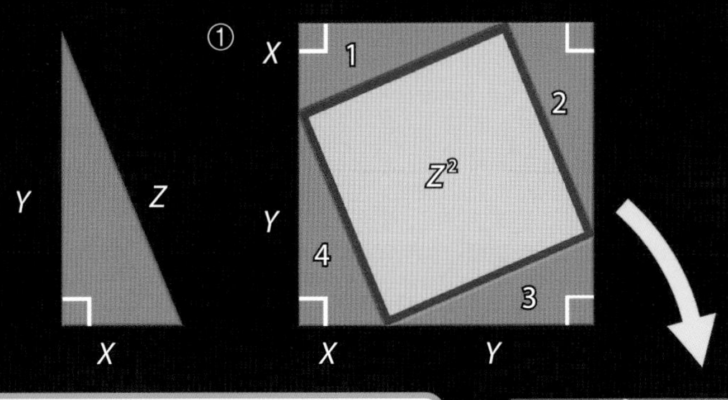

피타고라스 정리 증명하기

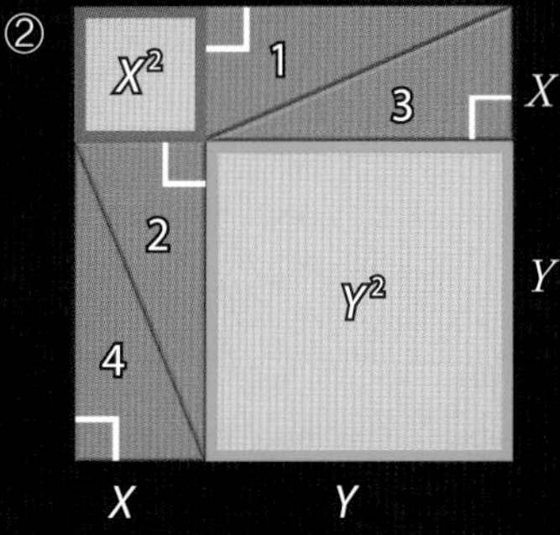

세 변이 X, Y, Z(빗변)인 직각삼각형 4개를 ①과 같이 배치하면, 한 변의 길이가 '$X + Y$'인 정사각형의 안쪽에 네모난 공간이 생긴다. 공간의 모든 변의 길이가 Z이므로, 이 공간은 한 변이 Z인 정사각형이며, 그 넓이는 Z^2이다.

다시 같은 크기의 직각삼각형 4개를 ②와 같이 배치하면, 마찬가지로 한 변이 '$X + Y$'인 정사각형이 생긴다. 이때 ①의 네모난 공간이 정사각형 공간 2개로 변환되는데, 그림을 보면 각 공간의 넓이는 X^2과 Y^2에 해당한다. 따라서 피타고라스 정리, 즉 '$X^2 + Y^2 = Z^2$'이 증명된다.

참고로 이와 유사한 증명이 고대 그리스의 수학자 '에우클레이데스'(영어 이름은 유클리드)가 기원전 3세기경 집필한 『원론』에 기록돼 있다.

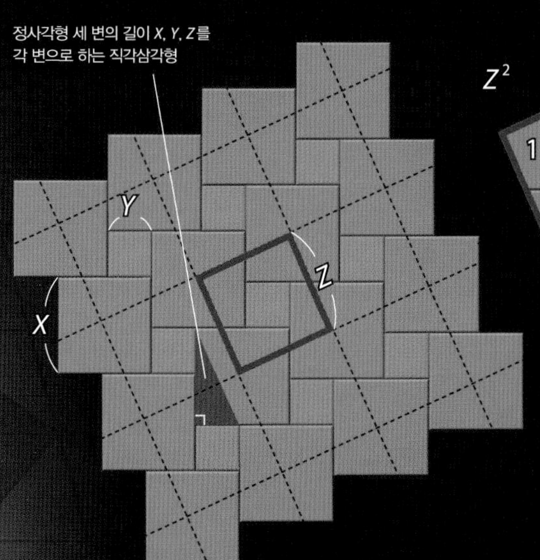

Z^2 = X^2 + Y^2

신기한 '피타고라스 타일링'

기하학 전문서 『기하교정(상)』※에서는 피타고라스가 보았을 바닥을 상상해, 왼쪽 그림과 같이 두 가지 크기의 정사각형타일이 깔린 패턴을 소개하고 있다.

위 그림을 보면, 큰 정사각형의 중심을 이은 점선으로 만든 정사각형(진한 분홍색 선)의 넓이는, 원래 있는 정사각형 2개(파란색 선과 주황색 선)의 넓이를 더한 것과 같다는 것을 알 수 있다. 이 무늬를 '피타고라스 타일링'이라고 한다.

※ Alexander Ostermann, Gerhard Wanner, 『幾何教程(上)』, 丸善出版

SECTION 34

Pythagoras number

피타고라스 삼조

피타고라스 정리를 만족하는 무한개의 자연수 쌍

피타고라스 정리를 만족하는 자연수 3 쌍을 '피타고라스 삼조'라고 한다. 예를 들어 '3, 4, 5'가 여기에 해당하는데, '$3^2 = 9$, $4^2 = 16$'으로, '$9 + 16 = 25 = 5^2$'이 되어 피타고라스 정리를 만족한다. 그 밖에도 피타고라스 삼조에 해당하는 수는 '5, 12, 13', '7, 24, 25' 등이 있다. 피타고라스 삼조를 세 변으로 하는 삼각형은 모두 직각삼각형이다(오른쪽 그림).

피타고라스 삼조는 모두 몇 개일까? '제곱수'를 생각해 보자. 제곱수란 자연수를 제곱한 값이다. '$1^2 = 1$, $2^2 = 4$, $3^2 = 9$, $4^2 = 16$, …'과 같이 제곱수를 나열하고 이웃하는 제곱수와의 차를 구해 보자. 그러면 '4 - 1 = 3, 9 - 4 = 5, 16 - 9 = 7'과 같이 홀수가 순서대로 나열된다.

이처럼 3 이상의 홀수는 모두 이웃하는 제곱수의 차($Z^2 - Y^2$)로 나타난다. 이때 이 홀수 자체가 제곱수(X^2)라면 '$X^2 = Z^2 - Y^2$, 즉 $X^2 + Y^2 = Z^2$'이 성립하므로, 'X, Y, Z'는 피타고라스 삼조이다. 제곱수인 홀수는 무한히 있으므로 피타고라스 삼조도 무한히 존재한다는 사실을 알 수 있다.

피타고라스 삼조의 삼각형을 나열하면 어떻게 될까

오른쪽은 피타고라스 삼조를 세 변으로 하는 직각삼각형을 나열한 것이다(축척은 다름). 피타고라스 삼조인 X, Y, Z는 아래 나타낸 식으로 구할 수 있다. 흥미롭게도 이렇게 만들어진 삼각형을 가로축을 X, 세로축을 Y로 하는 그래프에 배치하면, 오른쪽의 그림처럼 포물선의 교점에 나열된다.

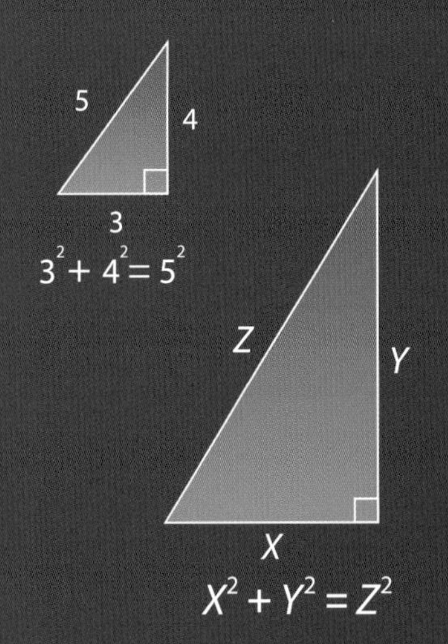

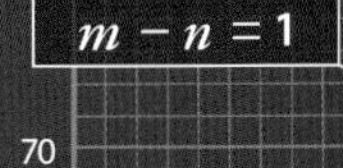

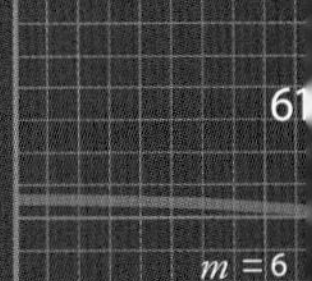

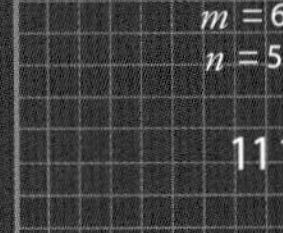

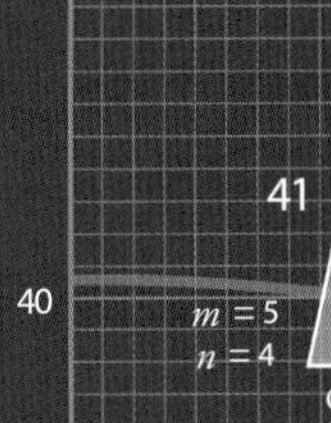

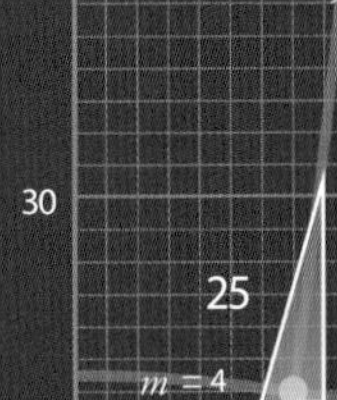

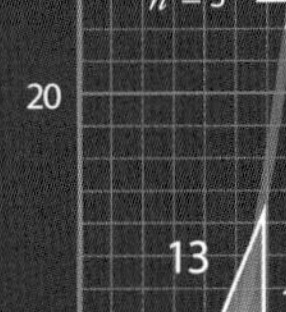

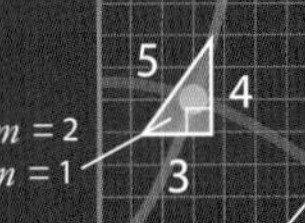

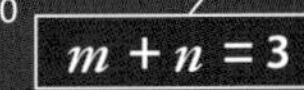

칼럼 COLUMN

피타고라스 삼조를 무한히 만들어 내는 식

두 개의 자연수 m과 n($m > n$)을 사용해, 아래와 같이 X, Y, Z를 정하면 피타고라스 삼조를 만들 수 있다.

$$X = m^2 - n^2,\ Y = 2mn,\ Z = m^2 + n^2$$

예를 들어 '$m = 2$, $n = 1$'일 때, '$(X, Y, Z) = (3, 4, 5)$'가 된다.

한편 m과 n 모두를 나누는 자연수가 1밖에 없을 때(서로소), 산출된 X, Y, Z를 '원시 피타고라스 삼조'라고 한다. 이러한 m과 n의 쌍은 무한하기 때문에 원시 피타고라스 삼조 또한 무한히 존재한다.

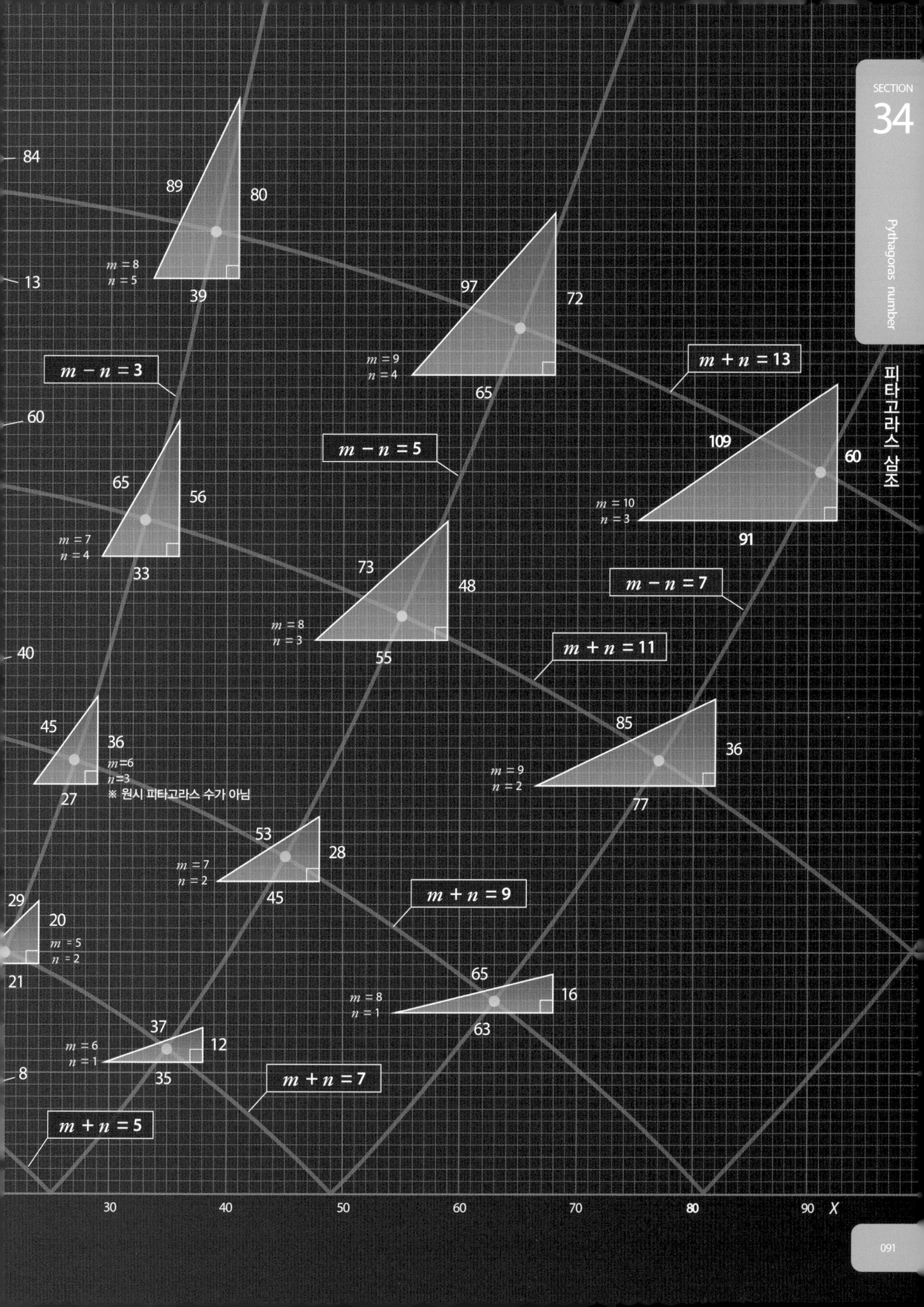
84
13
60
40
8
89
80
39
$m = 8$
$n = 5$
97
72
65
$m = 9$
$n = 4$
$m - n = 3$
$m + n = 13$
109
60
91
$m = 10$
$n = 3$
$m - n = 5$
65
56
33
$m = 7$
$n = 4$
73
48
55
$m = 8$
$n = 3$
$m - n = 7$
$m + n = 11$
45
36
27
m=6
n=3
※ 원시 피타고라스 수가 아님
85
36
77
$m = 9$
$n = 2$
53
28
45
$m = 7$
$n = 2$
$m + n = 9$
29
20
21
$m = 5$
$n = 2$
65
16
63
$m = 8$
$n = 1$
37
12
35
$m = 6$
$n = 1$
$m + n = 7$
$m + n = 5$
30
40
50
60
70
80
90
X

4개의 직선에 둘러싸인 도형

사각형은 4개의 직선 또는 4개의 꼭짓점을 가진 도형이라 '사각형'이라고 한다. 또 4개의 변을 갖는다는 의미에서 '사변형'이라고도 부른다.

삼각형 내각의 합은 항상 180°이지만, 사각형 내각의 합은 항상 360°이다. 사각형에 대각을 잇는 선(대각선)을 하나 그어 보면 사각형은 두 개의 삼각형이 붙어 있는 형태로 이루어져 있다는 것을 알 수 있다. 이러한 사실을 통해서 사각형 내각의 합이 삼각형의 2배인 360°임을 알 수 있다.

사각형에도 삼각형처럼 특별한 사각형이 있는데, 대표적으로 '정사각형, 직사각형, 마름모, 평행사변형, 사다리꼴'이 여기에 해당한다.

정사각형은 가장 특별한 사각형으로, 모든 변의 길이가 같고, 각이 모두 직각이다. 직사각형은 마주 보는 두 쌍의 변(대변)의 길이가 같고, 각이 모두 직각이다. 한편 마름모는 변의 길이는 모두 같지만, 각은 마주 보는 두 각(대각)끼리만 그 크기가 같다.

평행사변형은 두 쌍의 대변이 평행한 사각형, 사다리꼴은 한 쌍의 대변이 평행한 사각형이다. 덧붙여 대각선의 길이가 같은 사다리꼴을 '등변사다리꼴'이라고 한다.

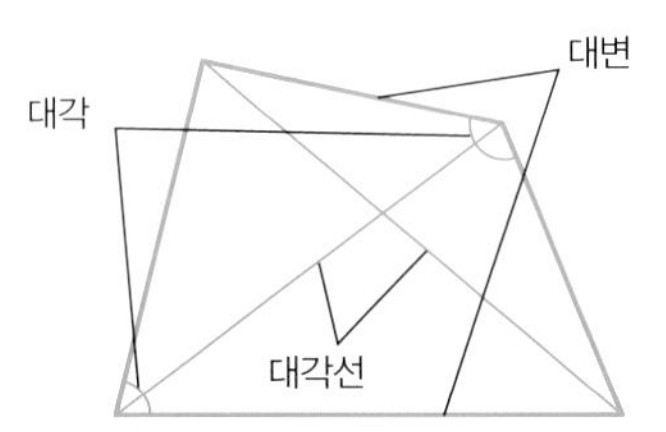

사각형에서 마주 보는 각을 '대각', 마주 보는 변을 '대변', 마주 보는 꼭짓점을 잇는 선분을 '대각선'이라고 한다.

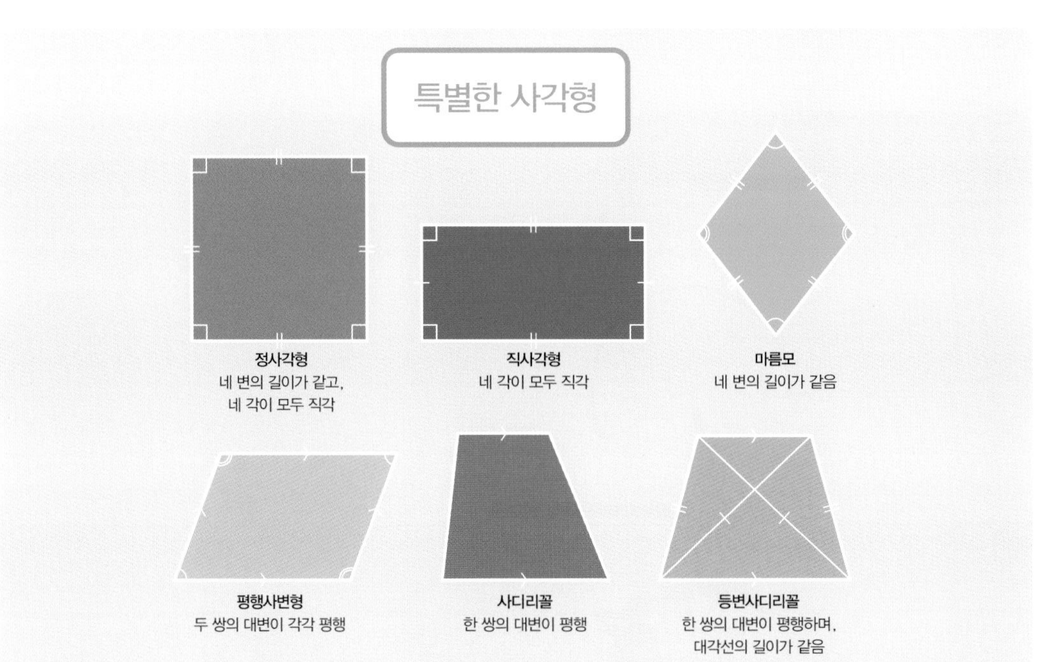

오목 사각형

사각형은 오른쪽 그림처럼 꼭지각 하나가 움푹 들어간 상태여도 사각형이다. 꼭지각 하나가 180° 보다 큰 이러한 사각형을 '오목 사각형'이라고 한다.

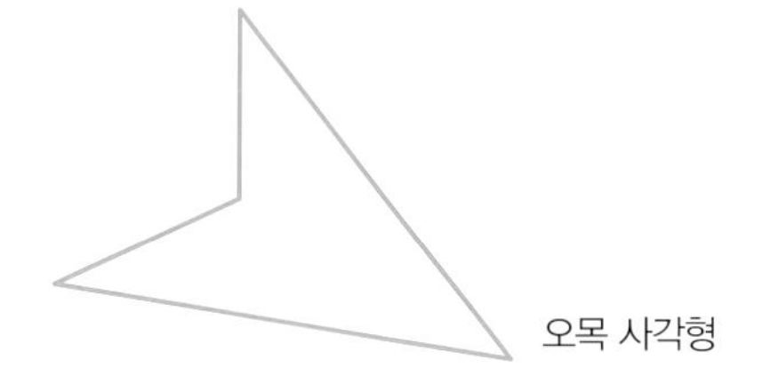

오목 사각형

각각의 사각형이 성립하는 조건

	정사각형	직사각형	마름모	평행사변형	등변사다리꼴	사다리꼴
변의 길이가 모두 같음	○	×	○	×	×	×
두 쌍의 대변이 같음	○	○	○	○	×	×
한 쌍의 대변이 같음	○	○	○	○	○	×
각이 모두 같음	○	○	×	×	×	×
두 쌍의 대각이 같음	○	○	○	○	×	×
두 쌍의 대변이 평행함	○	○	○	○	×	×
한 쌍의 대변이 평행함	○	○	○	○	○	○
대각선이 중점에서 교차함	○	○	○	○	×	×
대각선 길이가 같음	○	○	×	×	○	×
대각선이 수직으로 교차함	○	×	○	×	×	×

삼각형을 '같다'고 정의할 수 있는 조건

형태와 크기가 같은 도형을 '합동'이라고 한다. 기하학에서는 앞뒤가 반대인 도형도 합동으로 취급한다.

삼각형의 합동 여부를 판단하려면 어떻게 하면 될까? 변의 길이와 각도를 모두 알고 있을 때는 상관없지만, 이보다 더 적은 단서로도 합동인지 판단할 수 있다. 삼각형이 합동인 경우 다음 세 가지 조건 중 하나를 만족하면 된다.

① 세 변의 길이가 같다.
② 두 변의 길이가 같고 그 끼인각의 크기가 같다(SAS 합동).
③ 두 각의 크기가 같고 그 각을 끼고 있는 변의 길이가 같다(ASA 합동).

그렇다면 삼각형 2개가 직각삼각형이라는 것을 알고 있을 때, 합동 조건은 어떻게 될까? 이때는 위의 내용보다 더 적은 조건으로도 판단할 수 있다. 이미 하나의 각이 직각이라는 공통점이 있기 때문이다. 직각삼각형의 경우 다음 두 가지 조건 중 하나를 만족하면 된다.

① 빗변과 한 각의 크기가 같다.
② 빗변과 다른 한 변의 길이가 같다.

삼각형의 합동 조건

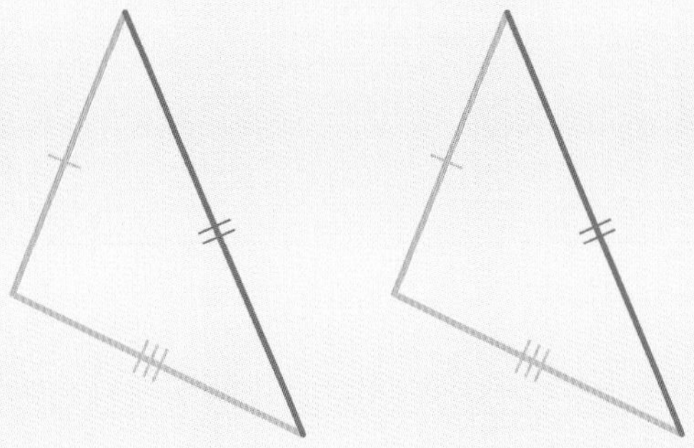

① 세 변이 같음

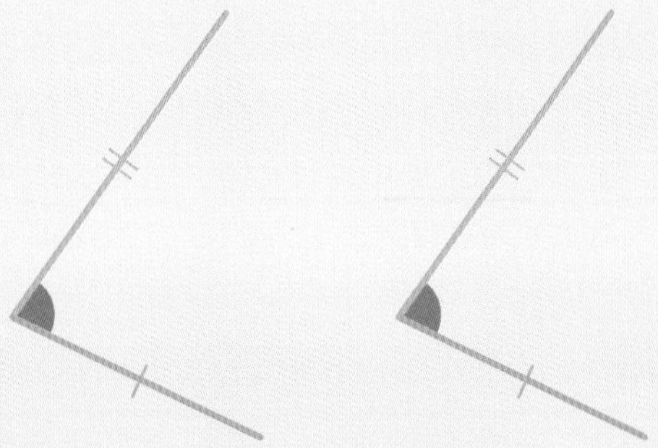

② 두 변이 같고, 그 끼인각의 크기가 같음(SAS 합동)

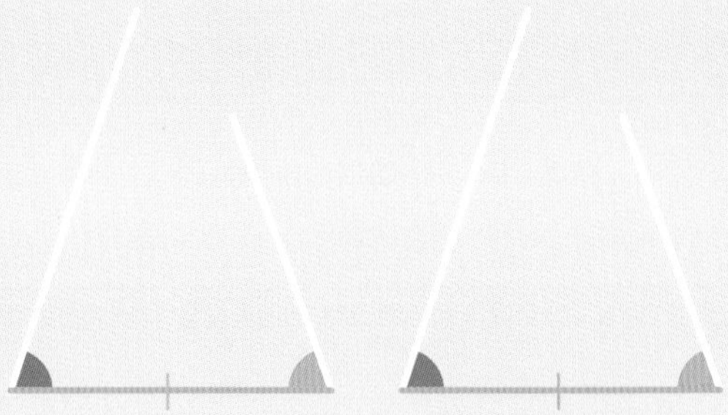

③ 두 각의 크기가 같고, 그 각을 끼고 있는 변의 길이가 같음(ASA 합동)

직각삼각형의 합동 조건

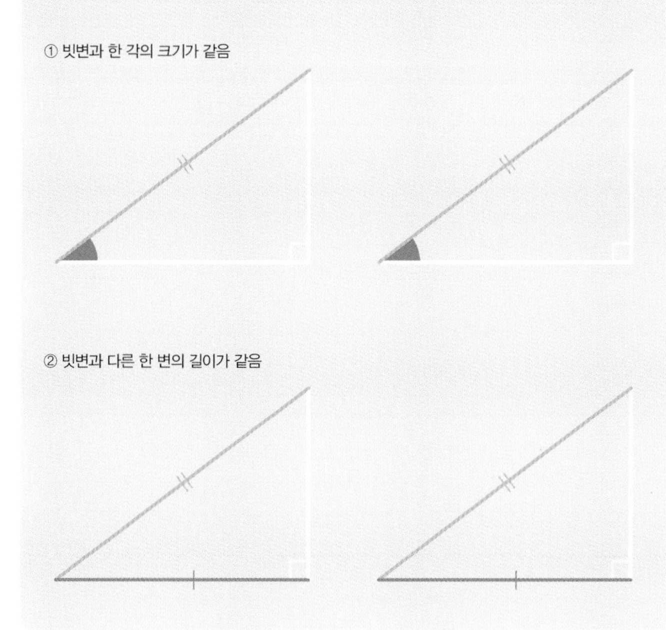

제시된 그림은 얼핏 보면 삼각형의 합동 조건을 만족하지 않는다고 생각할 수 있지만, ①을 보면 두 각의 크기가 같다고 특정할 수 있으며, 나머지 각은 180°에서 그 두 각을 뺀 크기가 돼 모든 각이 같다는 것을 알 수 있다. 또 빗변의 길이가 같으므로, 일반 삼각형의 합동 조건인 두 각의 크기가 같고 그 각을 끼고 있는 변의 길이가 같다는 조건(ASA합동)을 만족한다.

②는 한쪽 삼각형을 반전시켜 빗변이 아닌 같은 변끼리 등을 맞대 붙여 보면, 빗변의 길이가 동일하므로 이등변삼각형을 만들 수 있다. 이 이등변삼각형의 밑각 크기가 같으므로 한 각의 크기가 같다는 사실을 특정할 수 있다. 따라서 일반 삼각형의 합동 조건인 두 변의 길이가 같고, 그 끼인각의 크기가 같다는 조건(SAS 합동)을 만족한다.

삼각형의 닮음 조건

모양은 같지만 크기가 다른 도형을 '닮음'이라고 한다. 닮음인 삼각형은 모양이 같으므로 대응하는 모든 각의 크기가 같다. 또 닮음인 삼각형은 형태는 그대로 유지하면서, 일정한 비율로 확대하거나 축소한 관계라고 할 수 있으므로, 대응하는 모든 변의 길이의 '비' 또한 같아야 한다.

삼각형이 닮음인 것을 판단하려면,

① 세 변의 길이의 비가 모두 같다.
② 두 변의 길이의 비와 그 끼인각의 크기가 같다.
③ 두 각의 크기가 같다.

중 한 조건을 만족하면 된다. 고대 그리스의 철학자 '탈레스'는 삼각형의 닮음의 성질을 이용해 피라미드의 높이와 바다 위에 떠있는 배까지의 거리를 측정했다.

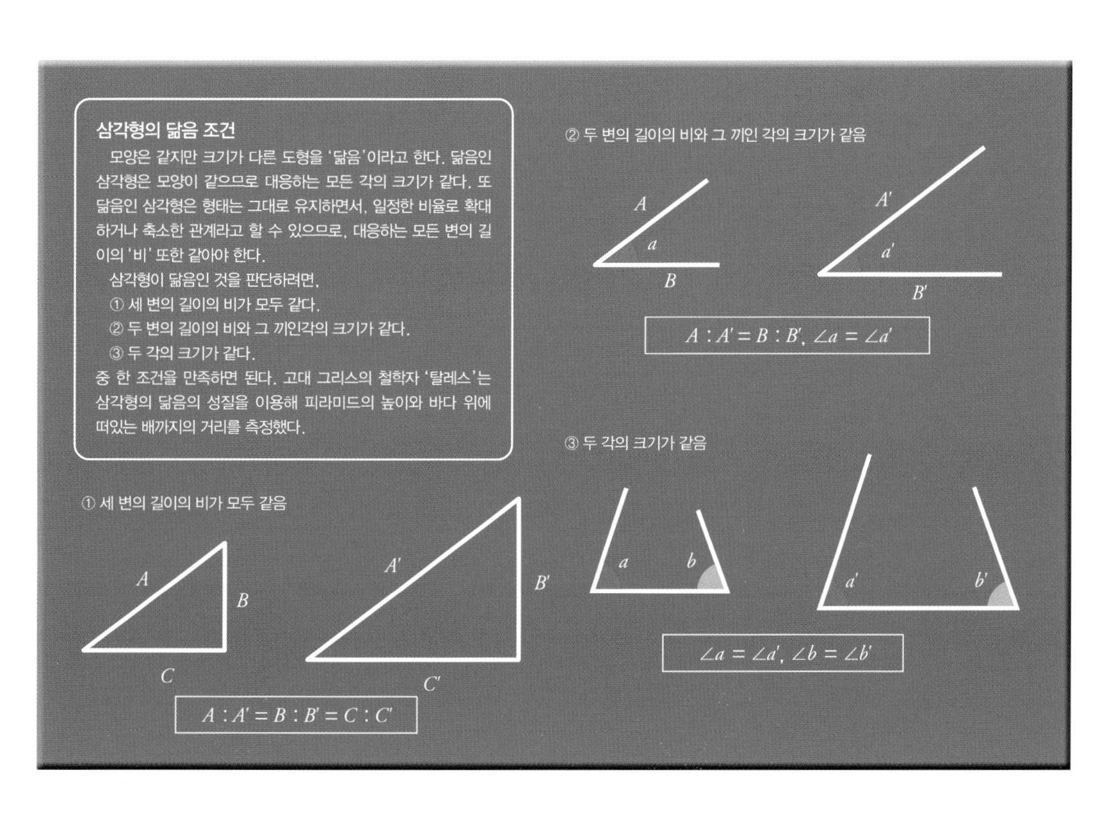

삼각형과 사각형의 '넓이'

평면도형이 가지는 면의 크기를 '넓이'라고 한다. 정사각형의 넓이를 구하는 방법은 '가로 × 세로'다. 마찬가지로 직사각형의 넓이도 '가로 × 세로'로 구할 수 있다.

한편 평행사변형의 넓이는 '밑변 × 높이'로 구할 수 있다. 이것은 앞서 직사각형의 넓이를 구하는 방법과 같은데, 평행사변형의 한 변의 중앙에서 세로로 수직선을 그어 정확하게 두 개로 나누고 좌우를 바꿔 붙이면 직사각형으로 변환할 수 있기 때문이다.

이어서 삼각형의 넓이를 구하는 방법을 살펴보자. 가장 기본적인 방법은 '밑변 × 높이 ÷ 2'이다. 어째서 2로 나눌까? 합동인 삼각형의 한쪽을 180° 회전시켜 붙이면 평행사변형이 된다. 이때 구하고자 하는 삼각형의 넓이는 그 평행사변형의 절반이므로, 2로 나누는 것이다.

마름모는 평행사변형의 일종이라 그 넓이는 '밑변 × 높이'나 '대각선 × 대각선 ÷ 2'로 구할 수 있다. 사다리꼴의 넓이는 '(윗변 + 아랫변) × 높이 ÷ 2'로 구할 수 있다. 이때 '윗변'은 사다리꼴의 평행한 대변에서 위쪽에 있는 변, '아랫변'은 아래쪽에 있는 변을 말한다.

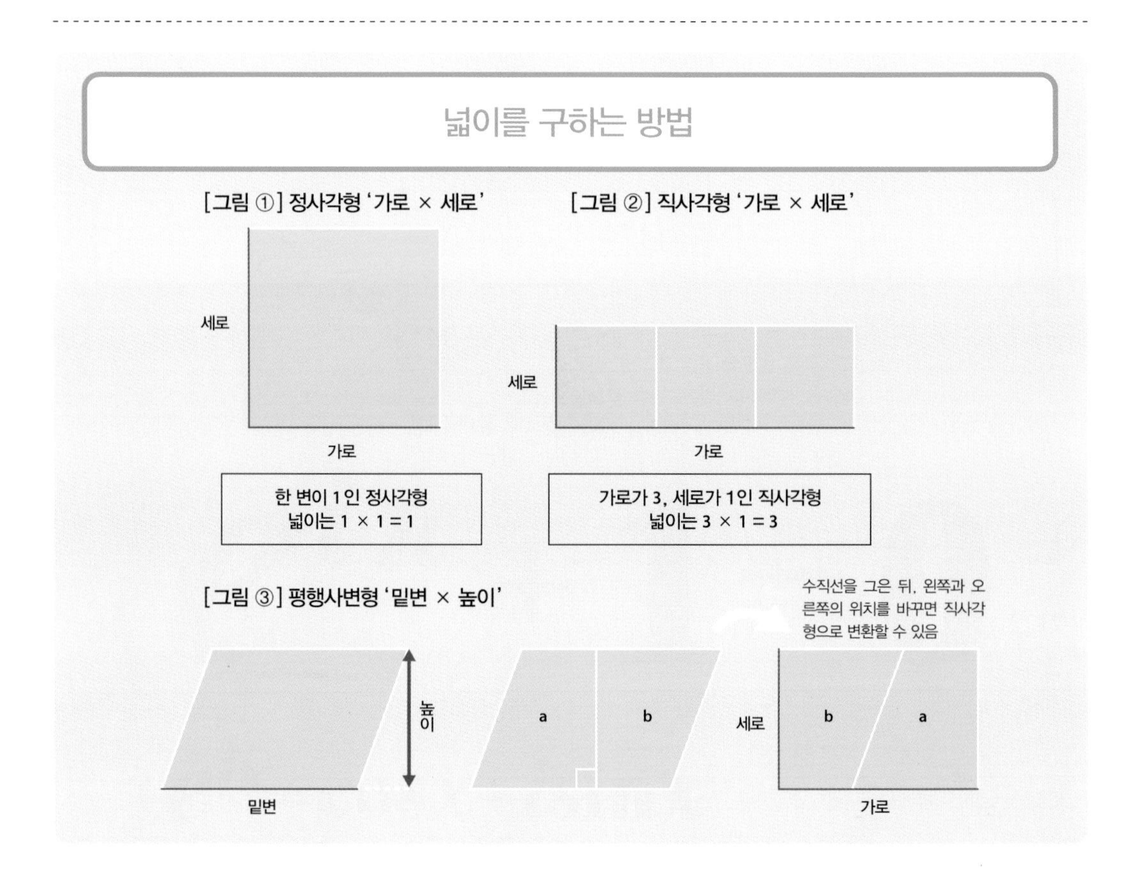

[그림 ④] 삼각형 '밑변 × 높이 ÷ 2'

합동인 삼각형을 180° 회전시켜 붙이면 평행사변형이 됨. 따라서 구하고자 하는 삼각형의 넓이는 그 평행사변형의 절반

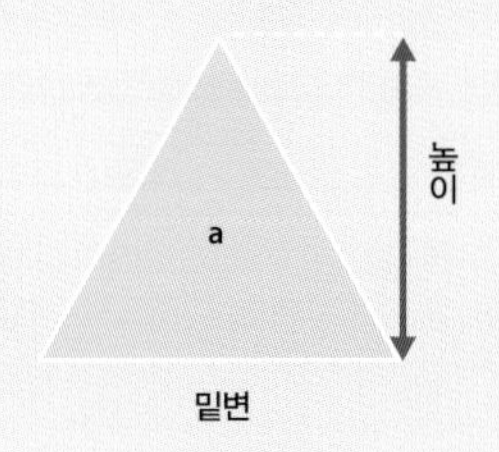

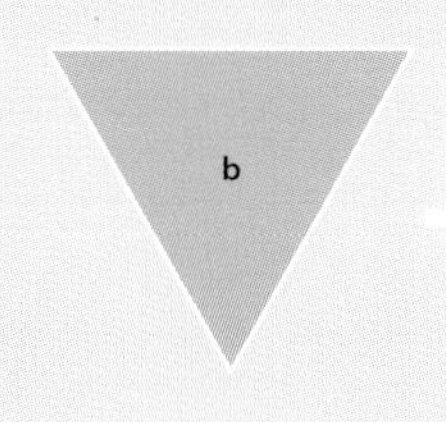

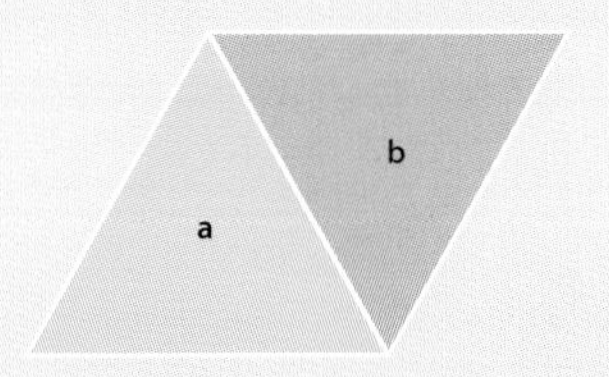

[그림 ⑤] 마름모 '대각선 × 대각선 ÷ 2'

그림처럼 마름모가 딱 들어가는 직사각형을 만들면 8개의 합동 삼각형이 생김. 마름모의 대각선이 직사각형의 가로세로가 됨

삼각형(분홍색 부분)을 회전시켜 붙이면, 합동인 마름모가 됨. 즉 직사각형의 넓이는 마름모 2개를 합친 넓이

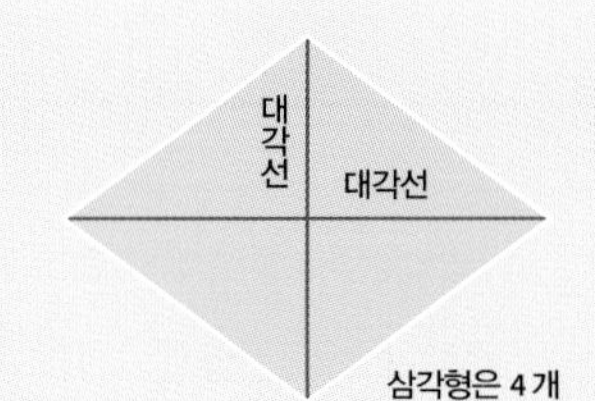

삼각형은 4개

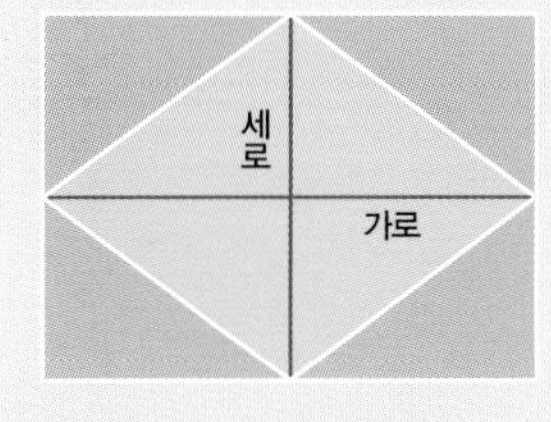

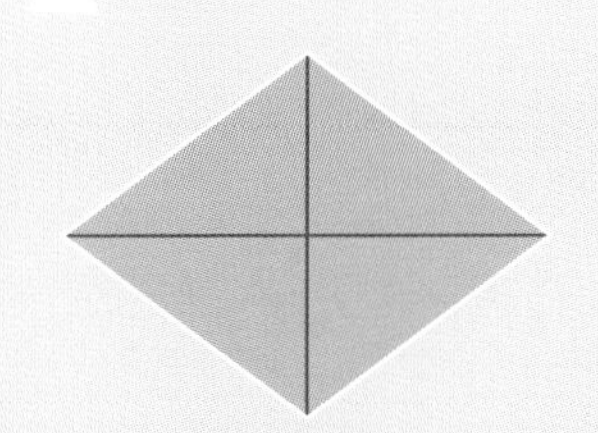

직사각형 전체의 넓이 가로 × 세로	마름모의 넓이 직사각형 넓이 ÷ 2

[그림 ⑥] 사다리꼴 '(윗변+아랫변) × 높이 ÷ 2'

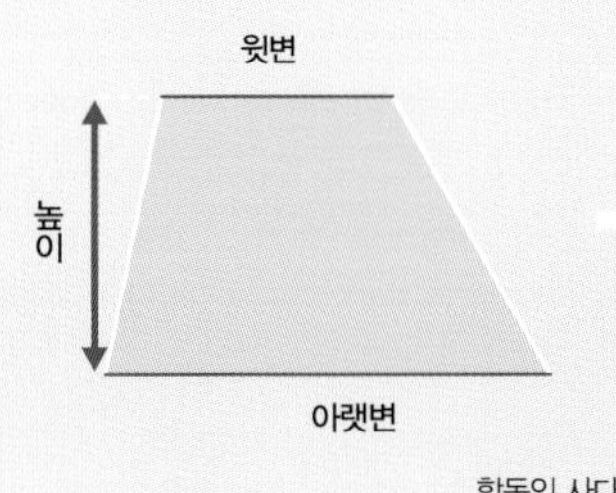

윗변 아랫변

높이

밑변 = 윗변 + 아랫변

합동인 사다리꼴을 180° 회전시켜 붙이면 평행사변형이 됨

구하고자 하는 사다리꼴의 넓이는 평행사변형의 절반

사다리꼴 넓이를 구하는 공식의 의미

합동인 사다리꼴을 180° 회전시켜 붙이면 평행사변형을 만들 수 있다.
이를 바탕으로 그림을 보면 '윗변 + 아랫변'의 의미나, '÷ 2'의 의미를 금방 이해할 수 있을 것이다.

'다각형'과 '다면체'에 숨은 법칙

여러 개의 직선으로 둘러싸인 도형을 '다각형'이라고 하며, 다각형 안쪽에 있는 각을 '내각'이라고 한다. 다각형을 만들기 위해서는 적어도 3개의 직선이 필요한데, 이 3개의 직선으로 만들어진 다각형이 바로 흔히 볼 수 있는 '삼각형'이다. 삼각형 내각의 합은 어떤 삼각형이든 180°이며, 이는 삼각형의 가장 중요한 성질 중 하나다.

한편 사각형은 4개의 직선으로 둘러싸여 있다. 사각형은 꼭지각 하나가 움푹 들어가 있어도 사각형인데, 이는 꼭지각 하나가 180°보다 더 크다는 것을 뜻한다. 이러한 형태의 사각형을 '오목사각형'이라고 부른다.

삼각형 내각의 합은 항상 180°지만, 사각형 내각의 합은 항상 360°다. 대각선을 하나 그어 보면, 사각형은 삼각형 2개가 붙은 형태임을 알 수 있다. 이를 통해 사각형 내각의 합이 삼각형의 2배인 360°라는 것을 알 수 있다.

다각형 내각의 합과 외각의 합에 숨은 법칙

'오각형, 육각형, …'처럼 변이 많은 다각형 또한 얼마든지 만들 수 있다. 이렇게 만들어진 다각형은 변과 각의 수가 동일하다.

앞서 삼각형 내각의 합은 180°, 사각형은 360°라고 했다. 그렇다면 다각형 내각의 합은 얼마일까? 다각형도 사각형과 마찬가지로 대각선을 그은 다음, 몇 개의 삼각형으로 분할할 수 있는지 파악하면 내각의 합을 구할 수 있다.

그러나 일일이 대각선을 그어 확인하기란 번거로운 일이다. 쉽게 구할 수 있는 방법은 없을까? 사각형을 보자. 사각형은 삼각형 2개로 분할되고, '오각형은 3개, 육각형은 4개, …' 등으로 분할된다. 여기서 알 수 있듯 분할되는 삼각형의 수는 다각형의 변의 수에서 2를 빼면 구할 수 있다. 이를 바탕으로 n각형의 내각의 합을 식으로 나타내면,

$$180^\circ \times (n-2)$$

가 된다.

그럼 다각형 외각의 합은 어떨까? 모든 다각형의 외각을 더하면 그 합은 360°가 된다. 의외로 오른쪽 페이지의 그림처럼 외각을 유지한 채 한 점을 향해 계속 다각형을 수축시키면, 1회전, 즉 360°가 된다.

외각의 합이 360°가 된다는 사실은 계산을 통해서도 확인할 수 있다. 이는 내각과 외각의 총합에서 내각의 합을 빼면 된다. 한 꼭지점의 내각과 외각을 더하면 180°가 되므로, n각형의 내각과 외각의 총합은 '$180^\circ \times n$'이다. 내각의 합은 앞서 '$180^\circ \times (n-2)$'로 구했다. 이제 이것들을 뺀 값을 구하면,

$$180^\circ \times n - 180^\circ \times (n-2)$$
$$= 180^\circ \times 2 = 360^\circ$$

가 된다.

다면체의 변 · 꼭짓점 · 면의 개수에 숨겨진 법칙

다각형은 2차원 공간에 만드는 도형(평면도형)을 의미하지만, 3차원 공간에 만드는 도형도 있다. 이를 '공간도형'이라고 한다. 공간도형 중에서 평면이나 곡면으로 둘러싸인 도형을 '입체'라고 부르고, 이 중 평면으로만 둘러싸인 입체도형을 '다면체'라고 한다. 또 모든 면이 합동인 다각형으로 구성된 다면체를 '정다면체'라고 한다.

정다면체는 '정사면체, 정육면체, 정팔면체, 정십이면체, 정이십면체' 이 다섯 종류만 만들 수 있다.

다섯 종류의 정다면체만 만들 수 있다는 사실은 '피타고라스'가 발견했다고 여겨지지만, 후에 '플라톤'이 정다면체에 관한 책을 썼기 때문에 정다면체를 '플라톤의 입체'라고도 부른다.

그런데 정다면체의 변이나 꼭짓점, 면은 각각 몇 개일까? 이러한 수에 어떠한 법칙이 있는 것일까? 수학자 '레온하르트 오일러'는 다면체의 변의 수, 꼭짓점의 수, 면의 수의 관계에 관한 '오일러 다면체 정리'를 발견했다.

이 정리는 '다면체의 변의 수에 2를 더한 값은 꼭짓점의 수와 면의 수의 합과 같다'라고 정의 내릴 수 있는데, 이는 정다면체 외에도 오목하지 않은 모든 다면체에서 성립한다.

삼각형의 내각의 합은 180°

아래 그림과 같이 삼각형의 각(角)의 부분을 찢어 다시 배열하면, 세 각의 합이 180°가 된다는 사실을 한눈에 알 수 있다.

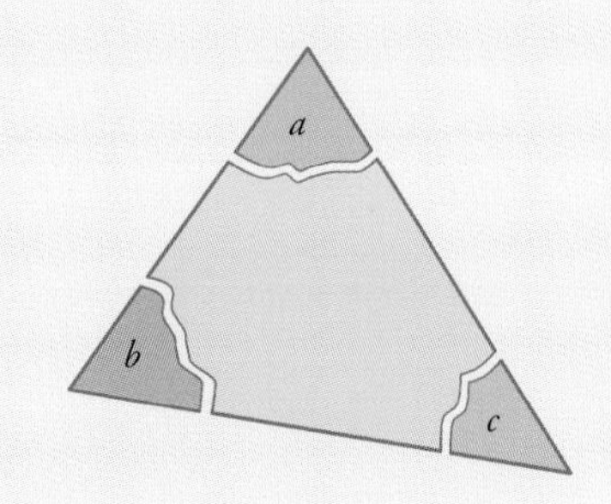

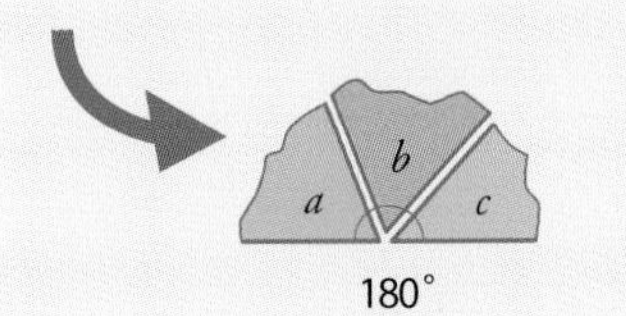

'삼각형의 내각의 합' 증명

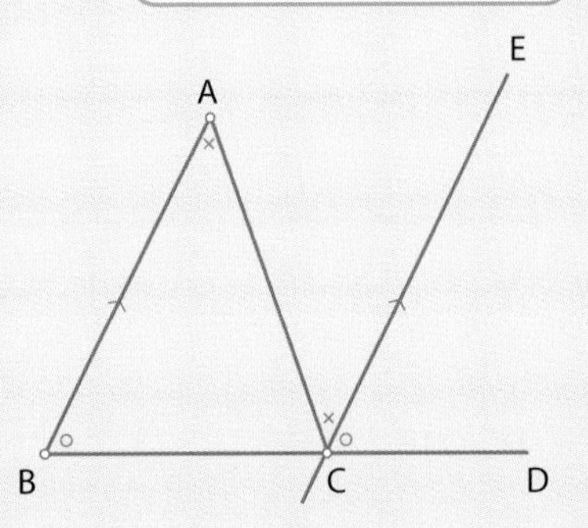

먼저 △ABC의 변 $\overline{BC}$를 C의 방향으로 연장하고, 그 연장선 위에 점 D를 표시한다. 그러면 ∠ACD가 생성된다. 다음으로 C를 지나면서 변 $\overline{AB}$와 평행하는 직선을 그어 점 E를 표시한다. 이때 ∠ACE와 ∠BAC는 엇각이므로 그 값이 같아지고, ∠ECD와 ∠ABC는 동위각이므로 그 값이 같아진다. '∠ACE + ∠ECD + ∠ACB = 180°'이고, '∠BAC + ∠ABC + ∠ACB = 180°'이다. 따라서 삼각형의 내각의 합은 180°가 된다.

※ 두 직선이 다른 한 직선과 교차할 때, 두 직선의 안쪽에 있고 직선의 반대쪽에 있는 각을 '엇각'(그림의 × 부분), 두 직선과 같은 쪽에 있는 각을 '동위각'이라고 함(그림의 ○ 부분). 두 직선이 평행하는 경우 엇각과 동위각은 각각 그 크기가 같음

'다각형의 외각의 합' 확인

오각형

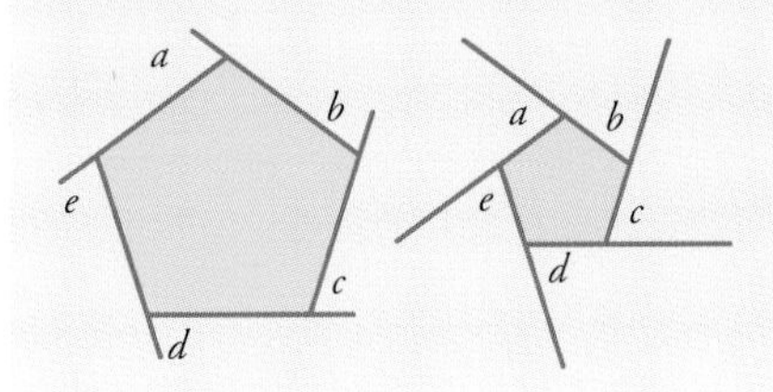

다각형의 외각 값을 유지한 채로 수축하면…

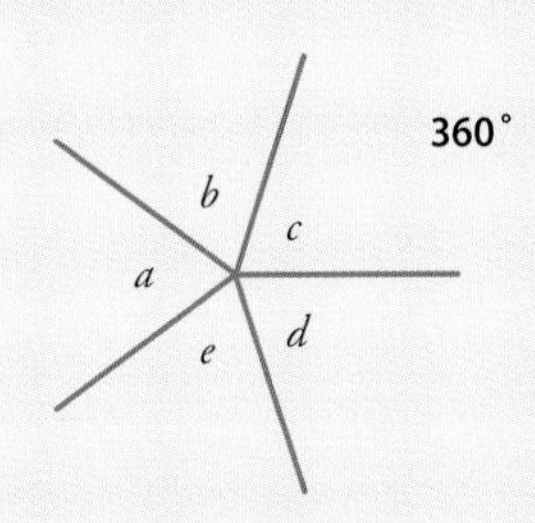

어떤 다각형이라도 1회전, 즉 360°가 됨

오일러 다면체 정리

모든 볼록한 다면체는 변의 수에 2를 더한 값과 꼭짓점의 수와 면의 수를 더한 값이 같다. 이 사실을 오일러가 발견했기 때문에 이를 '오일러 다면체 정리'라 부른다.

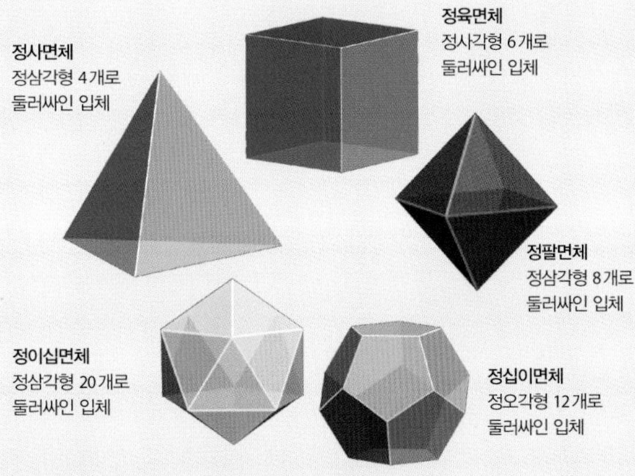

다면체의 변과 꼭짓점, 면의 수의 관계

	변의 수	+	2	=	꼭짓점의 수	+	면의 수
정사면체	6	+	2	=	4	+	4
정육면체	12	+	2	=	8	+	6
정팔면체	12	+	2	=	6	+	8
정십이면체	30	+	2	=	20	+	12
정이십면체	30	+	2	=	12	+	20
축구공(깎은 정이십면체)	90	+	2	=	60	+	32

완전하게 대칭을 이루는 가장 아름다운 도형 '원'과 '구'

'원'은 평면의 어느 한 점(중심)으로부터 같은 거리에 있는 점의 집합이라고 정의할 수 있다(단, 원주의 내부까지 포함하는 경우도 있음). 한편 '구'는 공간의 어느 한 점(중심)으로부터 같은 거리에 있는 점의 집합이라고 정의할 수 있다(단, 구면의 내부까지 포함하는 경우도 있음). 원과 구 모두 중심에서 보면, 모든 방향이 동등하다.

원과 구를 이해하는 포인트는 '대칭성'에 있다. 도형을 어떤 직선(대칭축)을 따라 접었을 때 서로 겹쳐지는 것을 '선대칭'이라고 하는데, 원은 중심을 지나는 직선이라면 어떤 직선을 따라 접어도 반드시 겹쳐진다. 즉 원은 무한개의 대칭축을 가진 것이다.

원과 구를 회전시켜 보자. 원의 중심을 고정하고 0°에서 360°까지 어떤 각도로 회전시켜도 원의 모습은 원래 그대로다(회전대칭). 또한 구 역시 중심을 고정하고 공간에서 어떤 방향이나 각도로 회전시켜도 그 모습은 원래 그대로다.

원과 구는 '선대칭'이나 '회전대칭' 등 '대칭성' 측면에서 매우 특수한 도형이라 할 수 있다. 특별한 방향을 가지지 않는(대칭성이 높은) 도형이라 해도 적절한 표현일 것이다.

원과 구의 성질

원과 구에 관한 여러 가지 기하학적 성질을 나타냈다. 이를 보면 원과 구는 대칭성이 높은 도형이라고 할 수 있다.

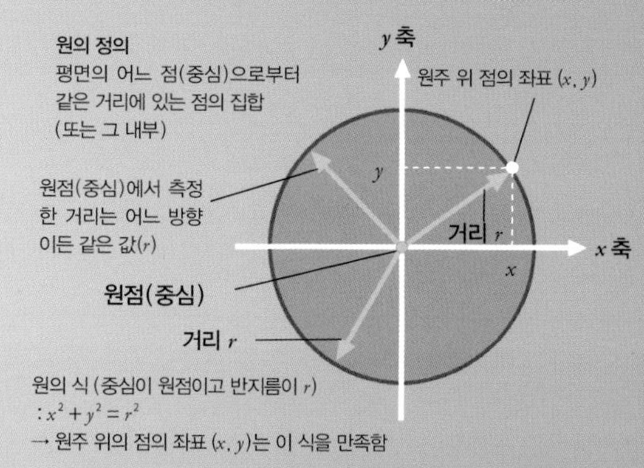

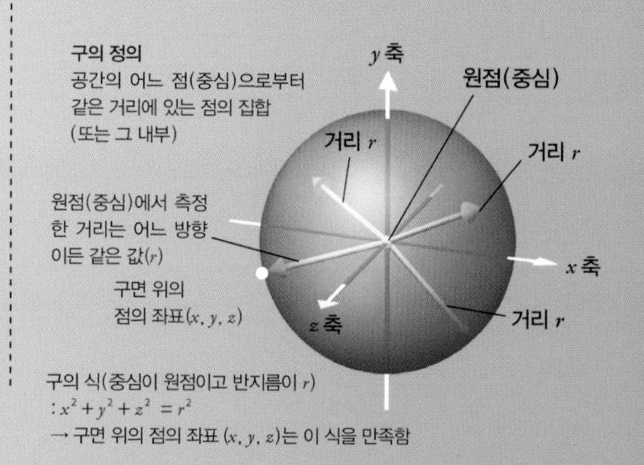

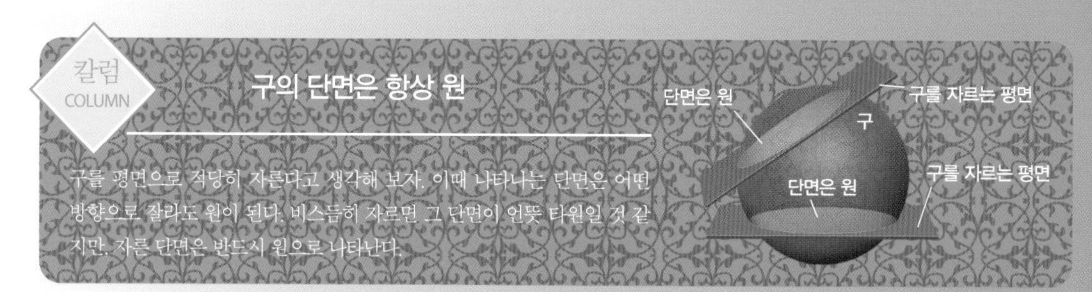

구의 단면은 항상 원

구를 평면으로 적당히 자른다고 생각해 보자. 이때 나타나는 단면은 어떤 방향으로 잘라도 원이 된다. 비스듬히 자르면 그 단면이 언뜻 타원일 것 같지만, 자른 단면은 반드시 원으로 나타난다.

중심을 지나는 어떤 선을 따라 접어도 똑같이 겹쳐지는 원(선대칭성)

원은 중심을 지나는 어떤 선(대칭축)을 따라 접어도 완전히 겹쳐진다. 반면에 별 모양, 정사각형, 정삼각형은 그림처럼 각각 5개, 4개, 3개의 선(대칭축)으로 접는 경우에만 완전히 겹쳐진다.

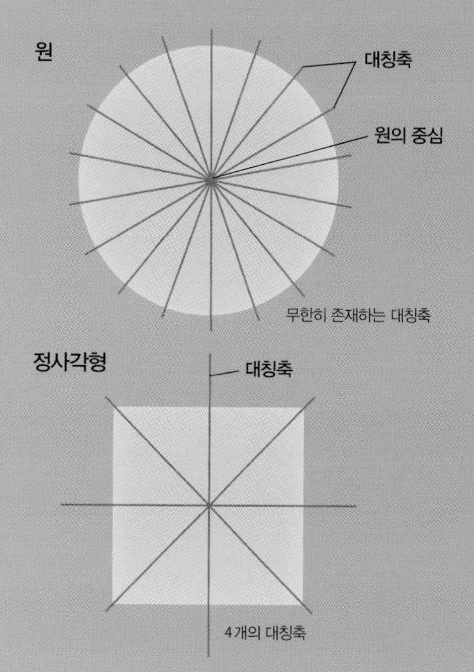

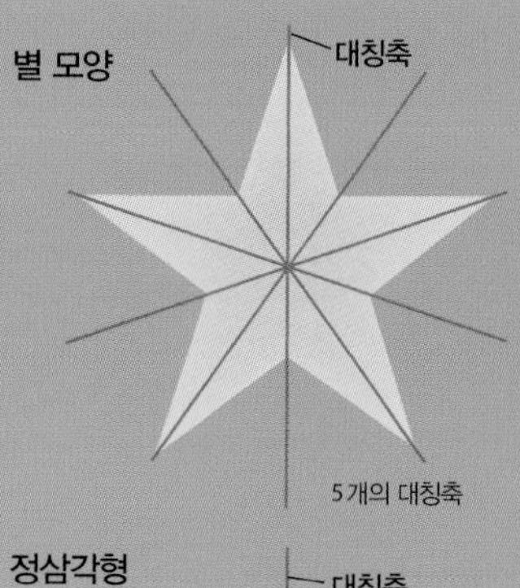

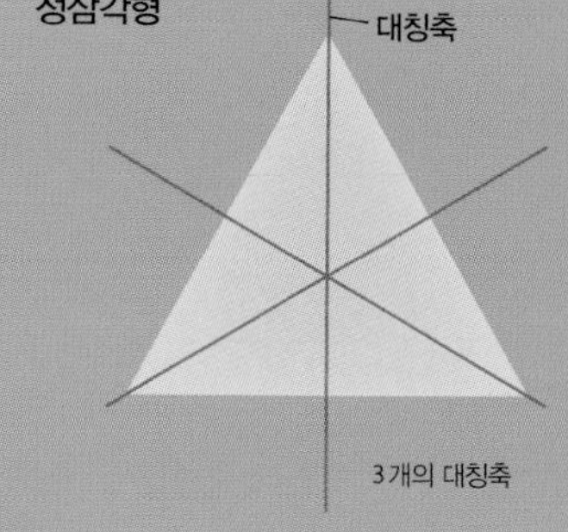

어떤 각도로 회전시켜도 모습이 그대로인 원(회전대칭성)

아래 그림처럼 원은 0°에서 360°까지 어떤 각도로 회전시켜도 원래 그대로의 모습이다. 한편 별 모양은 72°(= 360° ÷ 5)의 배수만큼 회전시켰을 때 원래 모습으로 돌아온다. 참고로 회전하는 각도의 크기를 알기 쉽도록 그림에 연한 빨간색으로 보조선을 넣었다.

어떻게 회전시켜도 모습이 그대로인 구(회전대칭성)

구는 어느 방향이나 여러 번 회전시켜도 원래 그대로의 모습인 반면, 정육면체는 특정 방향으로 특정 각도만큼 회전시켰을 때(아래 그림처럼 같은 방향으로 90°의 배수만큼 회전시켰을 때) 원래의 모습으로 돌아온다.

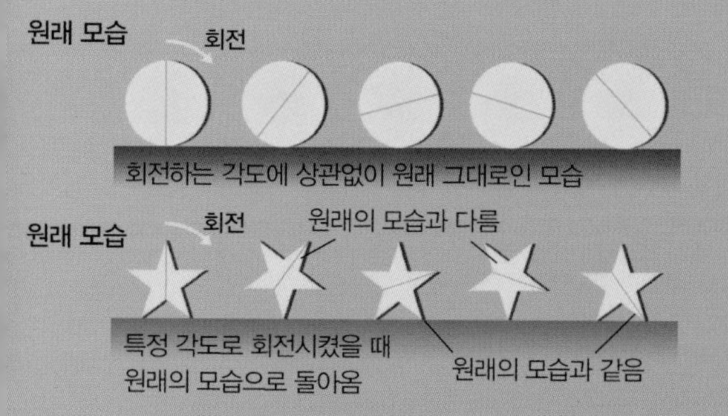

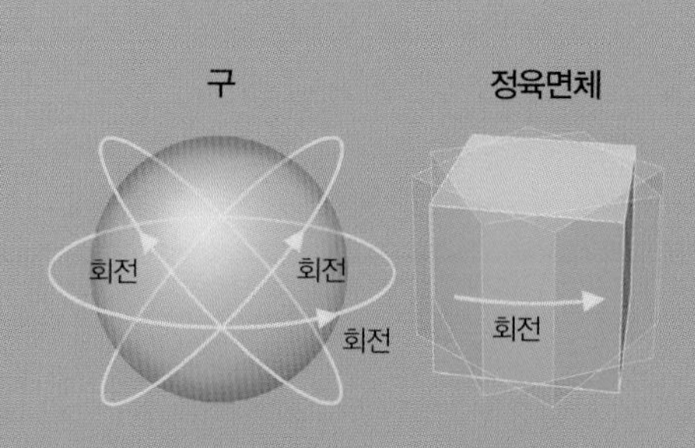

원주

지름

원주율 = $\frac{원주}{지름}$

중요 공식 1

원주 = $2\pi r$
(r 은 원의 반지름)

무한히 계속되는 원주율(π)

원주율 값을 원형으로 배치시켜 보았다. 이 수의 열은 특정 수의 열이 순환되지 않고 무한히 계속된다.

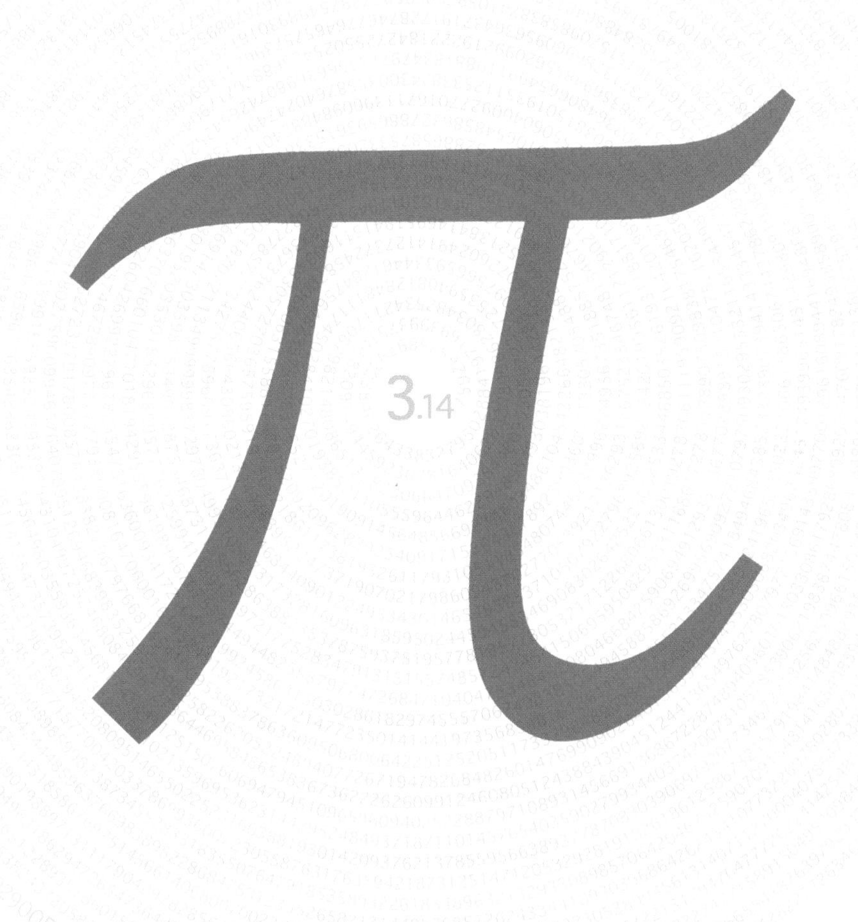

순환하지 않고 무한히 계속되는 소수 '원주율'

원주율 'π'는 그리스어로 '둘레'를 뜻하는 단어의 머리글자에서 유래되었다. 원주율이란 원주의 길이가 지름의 몇 배인지를 나타내는 수이다. 즉 '원주 = π × 지름'으로 표현할 수 있으며, 원의 반지름을 r이라고 가정하면, '원주 = $2\pi r$'로 표현할 수 있다.

끈 등으로 원통형 물체의 원주와 지름을 재면 원주율이 3보다 조금 큰 값임을 금방 알 수 있다. 이 때문에 옛날부터 원주율은 3 정도라고 익히 알려져 있었다.

대개 학교에서는 'π = 3.14'라고 가르치는데, 사실 그 뒤로도 숫자는 계속된다. π는 진정한 값에 도달할 수 있을 것 같으면서도 도달할 수 없는, 참으로 애를 태우는 수이다. 그렇기 때문에 사람들을 고민하게 하고, 또 매료시켜 왔다.

π는 '3.141592653…' 값의 소수(小數)로 수의 열이 순환하지 않고 무한히 계속된다. 즉 순환소수가 아닌 무한소수이기 때문에 정수의 분수 형태로 나타낼 수 없다. 이러한 수를 '무리수'라고 하는데, π는 그 대표적인 예시 중 하나다.

π는 원주율이라 불리지만, 원주를 구할 때만 사용하는 수는 아니다. 원의 넓이, 구의 겉넓이 · 부피를 구할 때도 필수적으로 사용돼 수학에서 매우 중요한 수로 여겨진다.

지구(반지름 약 6,400km)

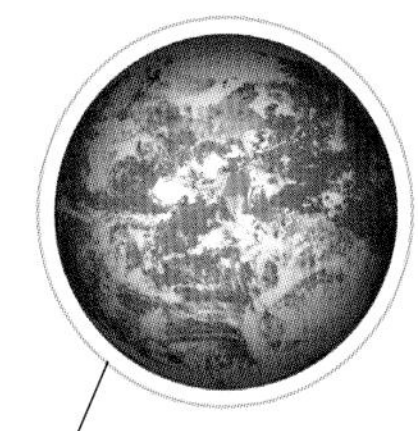

지표부터 1m 만큼 떨어진 원
(과장되어 있음)

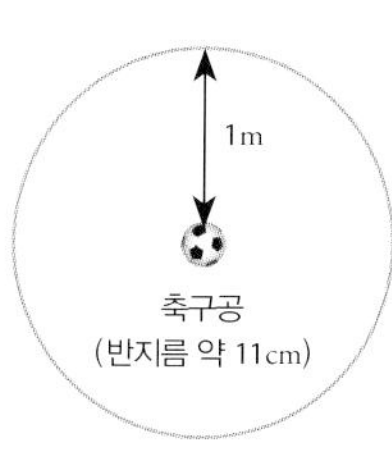

축구공
(반지름 약 11cm)

반지름이 1m 늘어나면 원주는 얼마큼 늘어날까

반지름 약 6,400km, 원주 약 4만 km인 지구와 반지름 약 11cm, 원주 약 69cm인 축구공의 반지름이 각각 1m씩 늘어나면 원주는 얼마큼 늘어날까? 원주가 약 4만 km나 되는 지구라면 반지름이 조금만 늘어나도 원주가 상당히 늘어날 것 같다. 그러나 이러한 예상과는 달리 실상은 그렇지 않다. 지구나 축구공을 포함해 어떠한 크기의 원이든 반지름이 1m 늘어나면 원주의 길이는 약 '6.28(= 2 × π)m' 늘어난다. 원래의 반지름을 rm이라고 가정하면, 반지름이 1m 늘어났을 때의 원주의 증가분은 '$2\pi(r + 1) - 2\pi = 2\pi r$ = 약 6.28m'로 계산할 수 있다. 이 계산은 r의 값에 좌우되지 않으므로, 원의 원래 크기가 어떻든 결과는 변하지 않는다.

칼럼 COLUMN

π는 '특별한 무리수'

무리수는 '대수적 무리수'와 '초월수'로 나뉜다. 대수적 무리수란 방정식의 해가 되는 수이다. 예를 들어 $\sqrt{2}$는 '$x^2 - 2 = 0$'이라는 방정식의 해가 되므로, 대수적 무리수다. 한편 초월수란 모든 방정식의 해가 되지 않는 수이다. 1882년 독일의 수학자인 '페르디난트 폰 린데만'(1852~1939)에 의해 π가 초월수라는 사실이 증명되었다.

수의 분류

- 실수
  - 유리수
  - 무리수
    - 대수적 무리수: $\sqrt{2}$, $\sqrt{3}$ 등
    - 초월수: π, 자연상수(e), $2^{\sqrt{2}}$ 등

무한개로 자르고 나눠 구하는 원의 넓이

원과 무한은 밀접한 관련이 있다. 원의 넓이를 구할 때의 키포인트 역시 바로 이 무한한 사고방식과 연관이 있다. 여기서는 잘 알려진 원의 넓이 공식 πr^2 (r은 원의 반지름)을 무한한 사고방식을 활용해 도출해 보자.

이 방법은 학교에서는 흔히 원형 케이크를 자르고 나누는 방법으로 배울 것이다. 원을 여러 개의 부채꼴로 잘라 나누고, 그 부채꼴들을 위아래로 번갈아 반전시키며 차례대로 배치하면, 평행사변형과 유사한 형태가 된다.

부채꼴을 무한히 가늘게 잘라내면(중심각이 무한히 작아지면), 평행사변형과 유사한 형태에서 직사각형으로 변하는 것을 볼 수 있다. 이때 이 직사각형의 세로는 '원래 원의 반지름(r)', 가로는 '원래 원주의 절반($2\pi r \div 2$)'이 된다. 직사각형의 넓이는 '가로(πr) × 세로(r)'이므로, πr^2 이 된다. 이것이 바로 원래 원의 넓이다.

흥미로운 점은 원의 넓이 공식에 π가 등장한다는 것이다. π는 '원주율'이라는 명칭으로 불리지만, 원주뿐만 아니라 원이나 구의 다양한 성질에 모습을 드러내는 중요한 수이다.

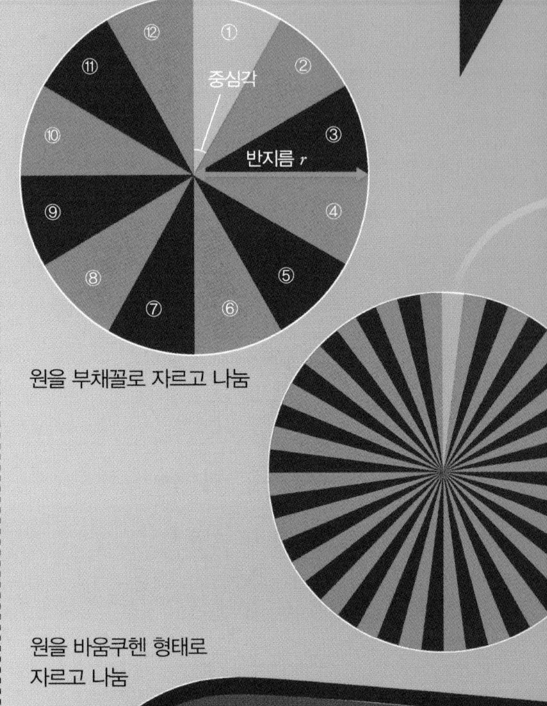

원을 부채꼴로 자르고 나눔

원을 바움쿠헨 형태로 자르고 나눔

자르고 나누는 방법을 바꿔도 도출되는 동일한 공식

이번에는 원을 바움쿠헨※ 형태로 잘라 나눠 보자. 잘라낸 고리 모양의 띠를 쭉 펴서 긴 것부터 차례대로 배치하면 계단과 유사한 도형이 생긴다.

잘라낸 띠의 너비가 무한히 좁아지면, 계단이 평평해지면서 직각삼각형이 되는 것을 알 수 있다. 이때 밑변은 '원래 원의 반지름(r)', 높이는 '원래 원의 원주($2\pi r$)'와 일치한다. 직각삼각형의 넓이는 '밑변(r) × 높이($2\pi r$) ÷ 2'이므로, πr^2 이 된다. 이것이 원래 원의 넓이다.

※ 나무의 나이테 같이 생긴 독일식 케이크의 일종

중요 공식 2

원의 면적 = πr^2
(r 은 원의 반지름)

원을 직사각형으로 '정형(整形)'하기

원을 여러 개의 부채꼴로 자르고 나눈 뒤, 위아래로 번갈아 반전시키면서 배치한다. 이 도형은 부채꼴의 중심각이 무한히 작아지면 원래 원의 반지름(r)과 원주의 절반(πr)을 각 변으로 하는 직사각형이 된다. 따라서 원의 넓이는 이 직사각형의 넓이와 같으므로 πr^2 공식이 성립한다.

채꼴을 위아래로 맞추면 평행사변형과 유사한 형태가 됨

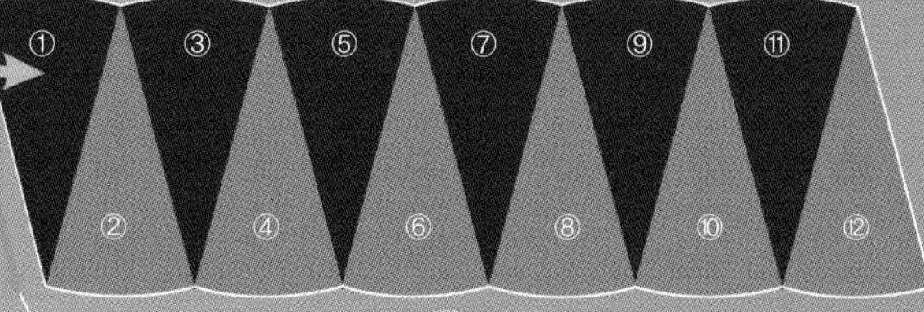

부채꼴을 가늘게 하기

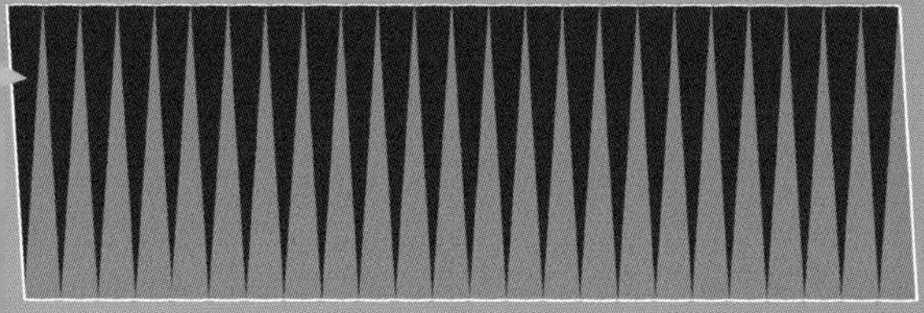

무한히 가늘게 하기

원의 반지름과 원주의 절반을 변으로 하는 직사각형이 됨
→ 넓이는 πr^2

원주의 절반 πr

고리 모양의 띠를 쭉 펴서 겹치면 계단 모양의 도형이 됨

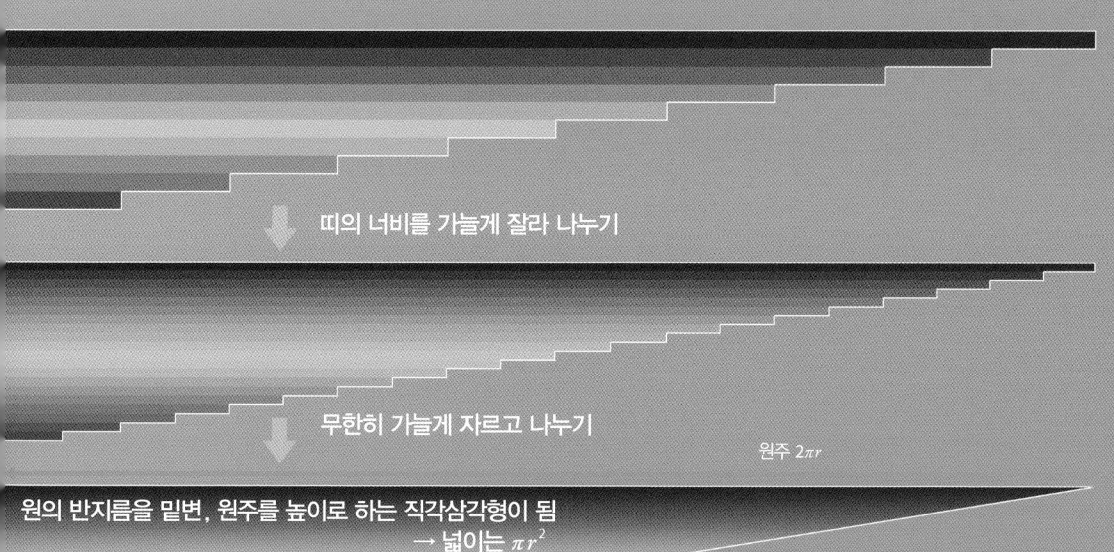

원기둥으로 살펴보는 구의 부피 공식

구의 부피는 공식 '$\frac{4}{3}\pi r^3$'(r은 구의 반지름)으로 구할 수 있는데, 어쩌면 달달 외운 사람이 많을지도 모르겠다. 이 공식을 보고 이해하는 방법을 소개한다.

먼저 구를 이등분한 '반구, 원기둥, 원뿔'을 떠올려 보자. 단, 반구나 원뿔은 원기둥 안에 딱 맞게 들어가는 크기로 가정한다. 사실 이 원뿔, 반구, 원기둥 부피의 비는 '1 : 2 : 3'이라는 깔끔한 정수비로 떨어진다. 이 때문에 '원기둥의 부피(3) = 원뿔의 부피(1) + 반구의 부피(2)'(☆)라는 식이 성립한다.

원기둥의 부피는 '밑넓이(πr^2) × 높이(r) = πr^3', 원뿔의 부피는 '밑넓이(πr^2) × 높이(r) × $\frac{1}{3}$ = $\frac{1}{3}\pi r^3$'이다. 원기둥과 원뿔의 부피를 구하는 식과 ☆의 관계식에 따라 반구의 부피(= 원기둥의 부피 - 원뿔의 부피)는 $\frac{2}{3}\pi r^3$이 된다. 구의 부피는 2배이므로 $\frac{4}{3}\pi r^3$이 된다.

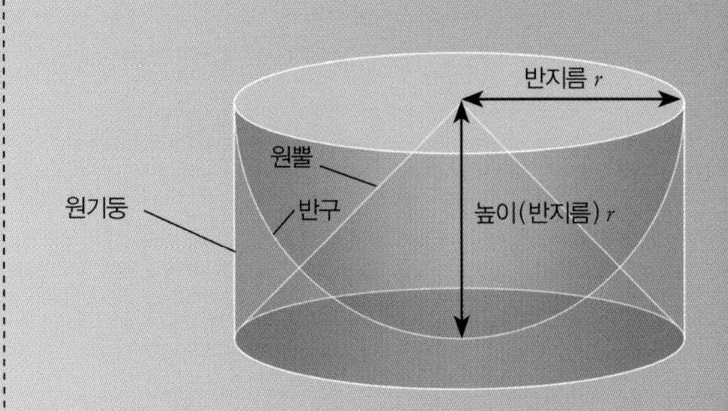

원기둥 = 원뿔 + 반구

오른쪽 그림과 같이 3개의 입체 도형의 윗면으로부터 h만큼 떨어진 곳을 평면으로 자르면 각 도형의 단면에 원이 나타난다. 거리 h가 어떤 값이든 단면적 사이에는 '원기둥의 단면적(πr^2) = 원뿔의 단면적(πh^2) + 반구의 단면적 [$\pi(r^2 - h^2)$]'의 관계가 항상 성립한다(단면적 계산은 각 그림의 설명 참조). 각각의 입체도형은 오른쪽 그림과 같이 얇은 원판을 무수히 포갠 것이므로 결국 '원기둥의 부피 = 원뿔의 부피 + 반구의 부피'의 관계가 성립한다.

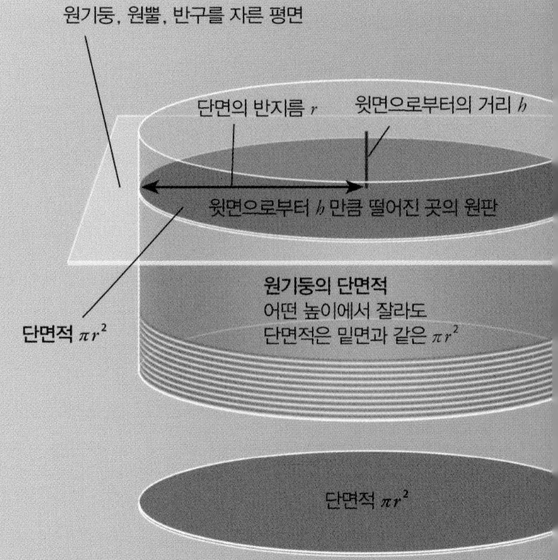

구 · 원기둥 · 원뿔의 불가사의한 관계

원기둥에 딱 맞게 들어가는 반구와 원뿔을 떠올려 보자. 이때 원기둥과 원뿔의 높이는 반구의 반지름과 같다. 원기둥과 원뿔의 밑넓이는 반구의 단면적(그림의 윗면)과 같다. 이 관계를 만족하는 원뿔, 반구, 원기둥의 부피 비는 '1 : 2 : 3'이 된다. 바꿔 말하면 '원기둥의 부피 = 원뿔의 부피 + 반구의 부피'다(자세한 내용은 아래 그림과 설명 참조).

중요 공식 3

$$구의\ 부피 = \frac{4}{3}\pi r^3$$

(r은 구의 반지름)

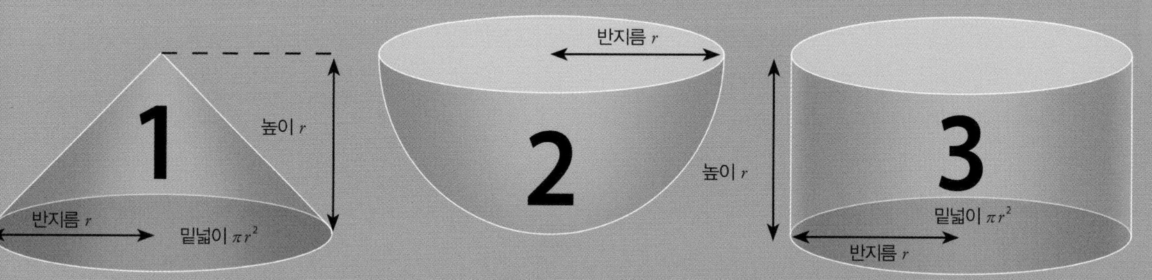

뿔의 부피 = 밑넓이 × 높이 × $\frac{1}{3}$ = $\frac{1}{3}\pi r^3$

원기둥의 부피 = 밑넓이 × 높이 = πr^3

원뿔의 단면적

꼭짓점으로부터 h만큼 떨어진 곳을 자른다. 아래 그림의 붉은 실선 및 붉은 점선으로 둘러싸인 큰 직각삼각형(△ABC)과 작은 직각삼각형(△ADE)은 닮음이다(모든 각이 같음). 또 △ABC는 $\overline{AB}$와 $\overline{BC}$의 길이가 r로 같은 이등변삼각형이며, △ADE도 $\overline{AD}$와 $\overline{DE}$의 길이가 같은 이등변삼각형이다. 이 때문에 그림 단면의 원의 반지름($\overline{DE}$의 길이)과 꼭짓점으로부터 $\overline{AD}$ 길이만큼 떨어진 거리는 서로 같다. 따라서 단면적은 πh^2 이다.

반구의 단면적

윗면으로부터 h만큼 떨어진 곳을 자른다. 잘라낸 부분에 아래 그림처럼 붉은 실선 및 붉은 점선으로 둘러싸인 직각삼각형(△OPQ)을 떠올리고, 피타고라스 정리로 삼각형 넓이의 식을 세우면 '$\overline{OQ}^2 = \overline{OP}^2 + \overline{PQ}^2$'이다. '$\overline{OQ} = r$, $\overline{OP} = h$'를 식에 대입하면 '$\overline{PQ}^2 = r^2 - h^2$'이 된다. $\overline{PQ}$의 길이는 원의 반지름이므로, '단면적 = $\pi \times \overline{PQ}$ = $\pi(r^2 - h^2)$'이 성립한다.

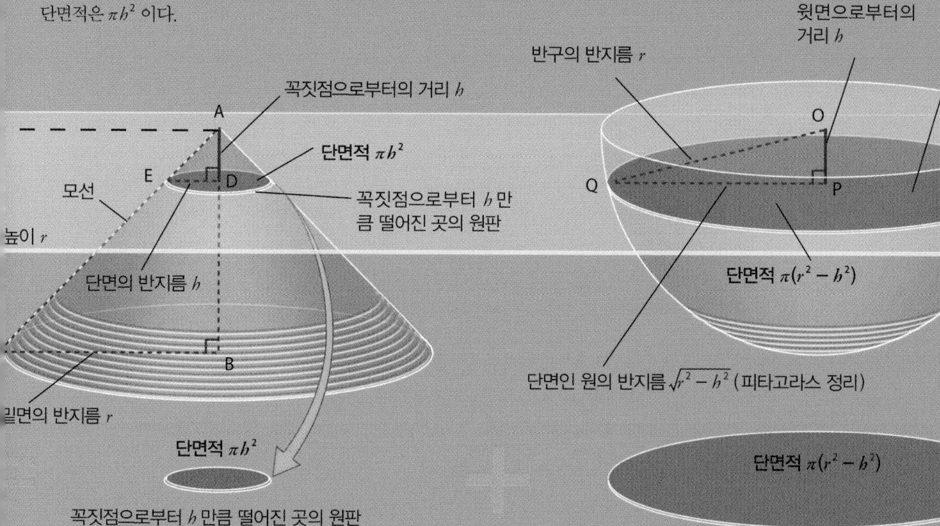

SECTION 43

the area of the sphere surface

구의 겉넓이와 원기둥의 옆넓이 사이의 관계

구의 겉넓이를 구하는 공식은 '$4\pi r^2$'이다. 이 공식도 달달 외운 사람이 많을지 모르겠다. 여기서는 구와 원기둥의 불가사의한 관계를 이용해서 구의 겉넓이를 직접 구하는 방법을 소개한다.

오른쪽 그림과 같이 구와 그 구가 딱 맞게 들어가는 원기둥(구에 외접하는 원기둥)을 떠올려 보자. 이것들을 어떤 높이에서나 얇게 자르면, 구와 원기둥에 고리 모양의 띠가 생긴다(오른쪽 페이지 그림 참조).

구의 중심에서 벗어난 곳을 자르면, 구의 띠는 원기둥의 띠에 비해 반지름과 둘레의 길이가 짧아진다. 그러나 구의 띠는 비스듬히 기울어져 있어 원기둥의 띠에 비해 그만큼 너비가 넓다. 반지름(둘레 길이)이 짧아지는 만큼 띠의 너비가 넓어져 구의 띠와 원기둥의 띠 넓이(띠의 둘레 길이 × 띠의 너비)는 어떤 높이에서 잘라도 같다(자세한 내용은 오른쪽 페이지 아래의 설명 참조).

따라서 무수히 얇은 띠의 합인 구의 겉넓이와 원기둥의 옆넓이[= 원주($2\pi r$) × 높이($2r$)] 값은 같으므로, 구의 겉넓이는 '$4\pi r^2$(= $2\pi r$ × $2r$)'이다.

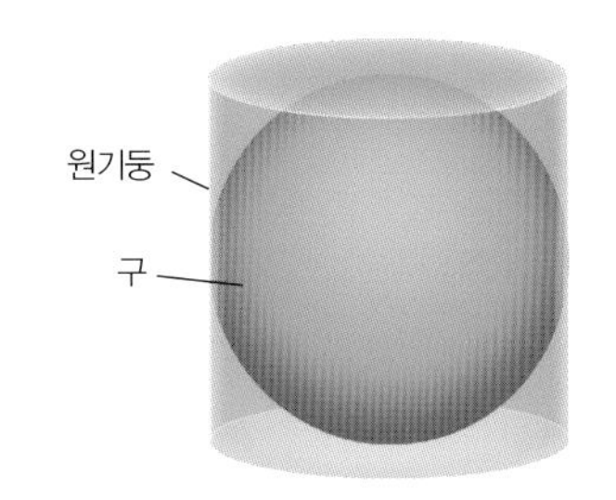

중요 공식 4

구의 겉넓이 = $4\pi r^2$

(r은 구의 반지름)

칼럼 COLUMN

구의 부피 공식에서 겉넓이의 공식 도출하기

구의 부피 공식 '$\frac{4}{3}\pi r^3$'을 알고 있다면, 오른쪽 그림과 같이 구의 중심이 꼭짓점이고 구의 표면 일부가 밑면인 매우 가는 각뿔을 생각해보자(밑면은 평평하다고 가정함). 각뿔의 부피는 '밑넓이 × 높이 × $\frac{1}{3}$'이다. 각뿔의 높이는 구의 반지름 r과 일치한다고 볼 수 있으므로, 각뿔의 부피는 '밑면적 × r × $\frac{1}{3}$'(☆)이 된다.

구는 이러한 각뿔을 무수히 모아 만든 것이라고 볼 수 있다. 즉 구의 부피는 모든 각뿔 부피의 합계이다. ☆식에 더해 ① 각뿔 밑넓이의 합계가 구의 겉넓이와 일치하는 것, ② 모든 각뿔의 높이는 구의 반지름 r과 같다는 것을 종합해 생각하면, 구의 부피는 '구의 겉넓이 × r × $\frac{1}{3}$'(★)이 된다.

여기서는 이미 구의 부피 공식을 알고 있으므로, ★식은 '구의 겉넓이 × r × $\frac{1}{3}$ = $\frac{4}{3}\pi r^3$'이 되고, 이는 다시 '구의 겉넓이 = $4\pi r^2$'으로 정리할 수 있다.

구의 부피 $\frac{4}{3}\pi r^3$

매우 가는 각뿔

구의 중심

매우 가는 각뿔

매우 가는 각뿔

각뿔의 높이
= 구의 반지름 r

밑면

매우 가는 각뿔의 부피
= 밑넓이 × 각뿔의 높이(구의 반지름) × $\frac{1}{3}$

구의 부피
= 무수히 많은 매우 가는 각뿔 부피의 합계
= 구의 겉넓이(각뿔의 밑넓이 합계) × 각뿔의 높이(구의 반지름) × $\frac{1}{3}$

구의 겉넓이 = 구가 딱 맞게 들어가는 원기둥의 옆넓이

왼쪽 페이지의 그림과 같이 구와 그 구가 딱 맞게 들어가는 원기둥(구에 외접하는 원기둥)을 떠올려 보자. 이것들을 어떤 높이에서나 매우 얇게 자르면, 각각 고리 모양의 띠가 생긴다(아래 그림). 이때 구의 띠와 원기둥의 띠는 어떤 높이에서 잘라도 같은 넓이가 된다(자세한 내용은 아래의 설명 참조). 따라서 무수한 띠의 합계인 구의 겉넓이와 원기둥의 옆넓이는 같다.

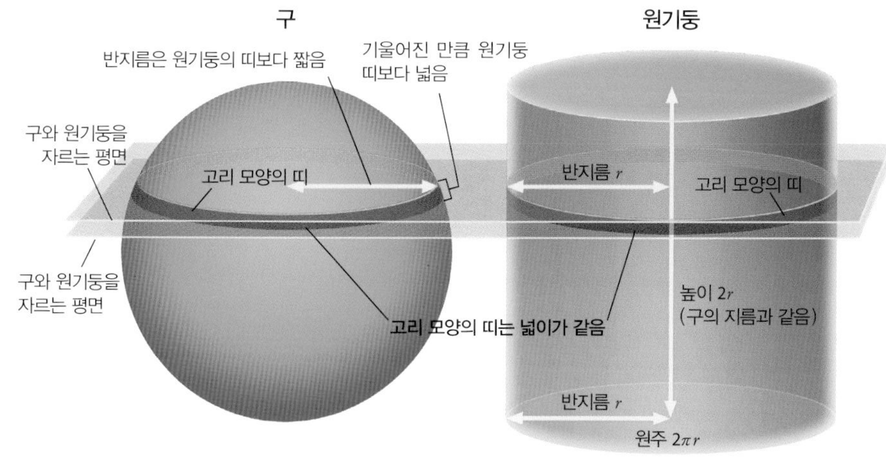

구의 겉넓이와 구에 외접하는 원기둥의 옆넓이는 같음

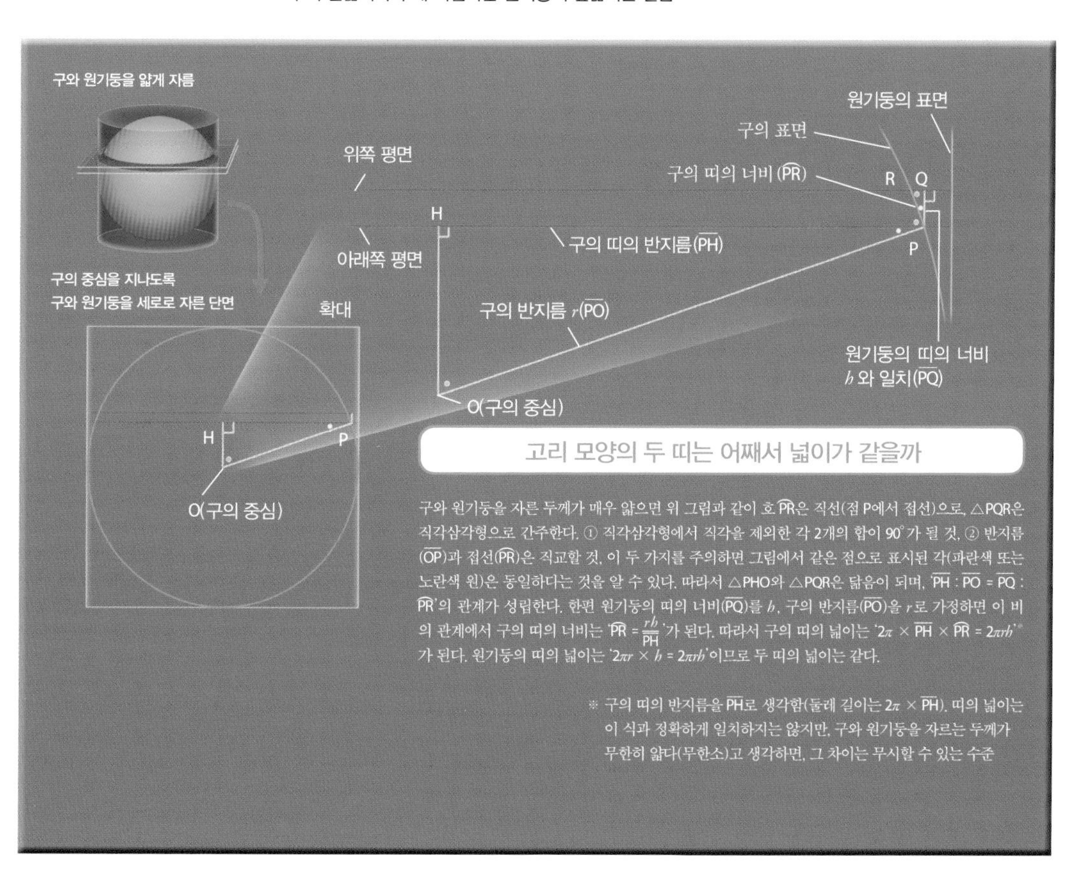

고리 모양의 두 띠는 어째서 넓이가 같을까

구와 원기둥을 자른 두께가 매우 얇으면 위 그림과 같이 호 $\overset{\frown}{PR}$은 직선(점 P에서 접선)으로, △PQR은 직각삼각형으로 간주한다. ① 직각삼각형에서 직각을 제외한 각 2개의 합이 90°가 될 것, ② 반지름($\overline{OP}$)과 접선($\overset{\frown}{PR}$)은 직교할 것. 이 두 가지를 주의하면 그림에서 같은 점으로 표시된 각(파란색 또는 노란색 원)은 동일하다는 것을 알 수 있다. 따라서 △PHO와 △PQR은 닮음이 되며, '$\overline{PH} : \overline{PO} = \overline{PQ} : \overset{\frown}{PR}$'의 관계가 성립한다. 한편 원기둥의 띠의 너비($\overline{PQ}$)를 h, 구의 반지름($\overline{PO}$)을 r로 가정하면 이 비의 관계에서 구의 띠의 너비는 '$\overset{\frown}{PR} = \frac{rh}{\overline{PH}}$'가 된다. 따라서 구의 띠의 넓이는 '$2\pi \times \overline{PH} \times \overset{\frown}{PR} = 2\pi rh$'* 가 된다. 원기둥의 띠의 넓이는 '$2\pi r \times h = 2\pi rh$'이므로 두 띠의 넓이는 같다.

※ 구의 띠의 반지름을 $\overline{PH}$로 생각함(둘레 길이는 $2\pi \times \overline{PH}$). 띠의 넓이는 이 식과 정확하게 일치하지는 않지만, 구와 원기둥을 자르는 두께가 무한히 얇다(무한소)고 생각하면, 그 차이는 무시할 수 있는 수준

5 도형 발전편

Geometry - advanced

서로 밀접한 관계인 '원, 타원, 포물선, 쌍곡선'

태양계 행성의 궤도는 원에 가깝다. 그러나 태양의 중력을 받는 천체 중에는 그 궤도가 '타원, 포물선, 쌍곡선'과 같이 다른 곡선으로 움직이는 것도 있다.

타원은 원을 찌부러뜨린 듯한 형태다. 포물선은 예시를 주변에서 찾아보면, 공을 비스듬히 던졌을 때의 궤적과 유사한 형태다. 쌍곡선은 구체적으로 xy 좌표에서 '$y = \frac{1}{x}$'로 나타낸 그래프를 그 예시로 들 수 있다(x, y가 반비례인 관계). 이 곡선들은 모두 원과 밀접한 관계를 맺는 '원뿔곡선'이라는 무리에 속한다.

오른쪽 페이지의 그림과 같이, 빛을 차단하는 원판이 점 모양의 광원으로부터 빛을 받았을 때, 그 밀에 둔 스크린에 그림자가 지는 모습을 떠올려 보자. 원판과 스크린이 평행하다면 그림자는 원 모양으로 진다. 스크린을 기울이면 그림자의 윤곽은 타원이나 포물선, 쌍곡선으로 변화한다. 이 현상은 원, 타원, 포물선, 쌍곡선 사이에 밀접한 관계가 있다는 것을 의미한다.

태양계의 천체는 모두 동일한 물리 법칙(만유인력의 법칙)에 따라 태양으로부터 중력을 받는다. 이 때문에 천체의 궤도 또한 수학적으로 서로 밀접한 관계가 있는 곡선으로 본다.

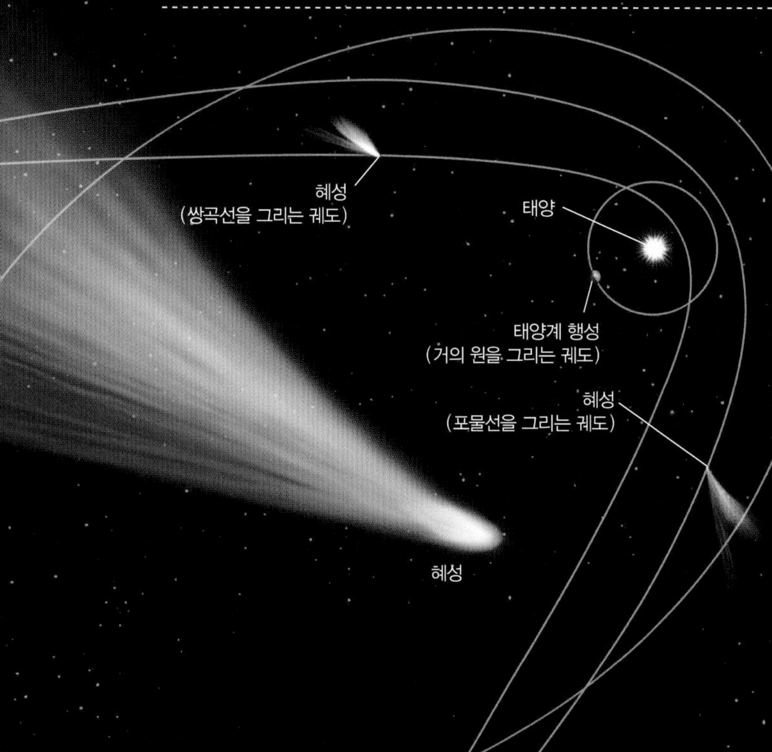

태양계 천체의 궤도는 원뿔곡선 중 하나

태양의 중력을 받아 운동하는 태양계 내 천체(행성 등의 중력을 무시할 수 있을 때)의 궤도는 모두 '원뿔곡선'(오른쪽 페이지의 그림 참조) 중 하나의 형태를 보인다. 지구를 비롯한 8개 행성의 궤도는 엄밀히 따지면 타원에 해당하지만, 거의 원에 가깝다. 그러나 태양계 소천체(소행성, 혜성 등) 중에는 극단적으로 찌그러진 타원 궤도로 움직이는 것도 많다. 또 혜성 중에는 포물선이나 쌍곡선의 궤도로 움직이다 태양계에서 벗어나면 두 번 다시 돌아오지 않는 것도 적지 않다.

점 모양의 광원
빛을 차단하는 원판
원판이 스크린에 만드는 그림자는 '타원'
원판이 만드는 그림자는 점 모양의 광원을 꼭짓점으로 하는 원뿔의 일부가 됨
스크린
(약간 기울임)

원의 그림자로 타원, 포물선, 쌍곡선 만들기

왼쪽 그림처럼 점 모양의 광원으로 원판을 비추고, 원판 앞에 스크린을 둔다. 원판과 스크린이 평행할 때는 원 모양으로 그림자가 진다. 그러나 스크린을 약간 기울이면 그림자 윤곽이 찌그러져 '타원'이 되며, 여기서 스크린을 더 기울이면 그림자의 윤곽은 '포물선'이나 '쌍곡선'이 된다. 이것으로 원, 타원, 포물선, 쌍곡선이 수학적으로 밀접한 관계가 있음을 알 수 있다.

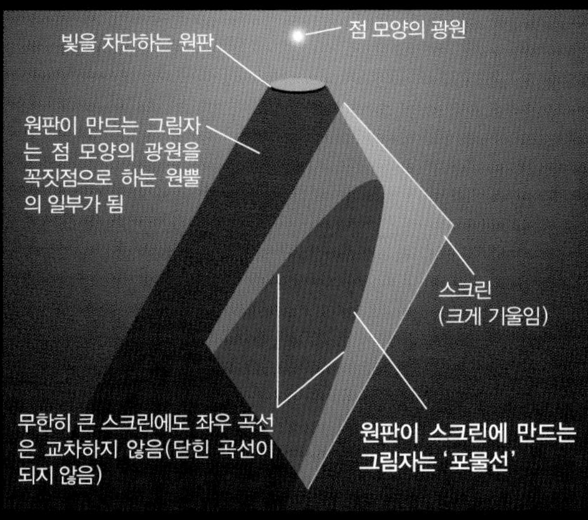

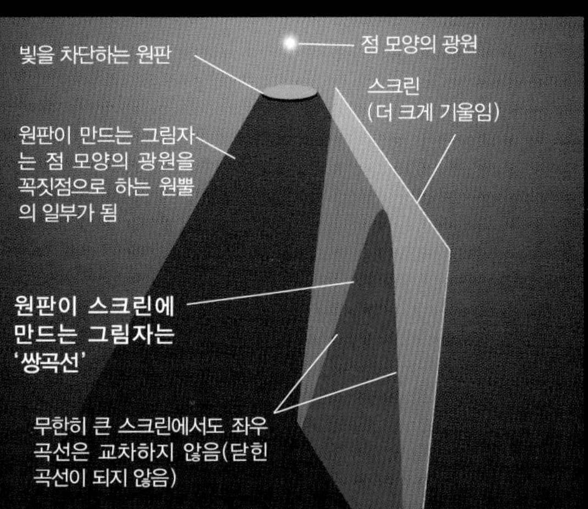

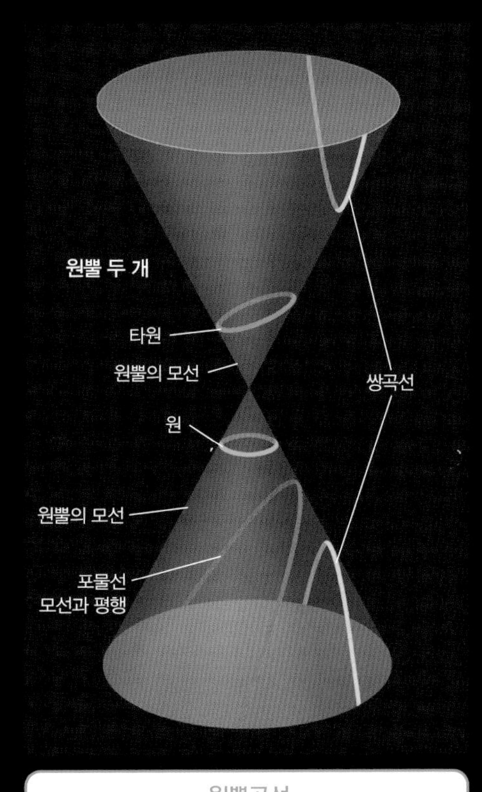

원뿔곡선

같은 원뿔 두 개를 위아래로 뒤집어 꼭짓점끼리 서로 이어 붙인 입체도형을 떠올려 보자. 이때 밑면과 평행하게 자르면, 단면에는 '원'이 나타난다. 약간 기울이고 자르면 '타원'이, 더욱 기울여 모선과 평행하게 자르면 '포물선'이 나타난다. 포물선보다 더 기울여 자르면 위아래 원뿔이 모두 절단돼 '쌍곡선'이라는 한 쌍의 곡선이 나타난다. 이는 곧 이 네 종류의 곡선이 원뿔곡선이라고 불리는 이유다.

SECTION
45

고대부터 가장 아름답다고 여겨진 비율

golden ratio

황금비

황금비란 고대부터 많은 수학자와 예술가를 매료시킨 가장 아름다운 비율이다. 그 비는 '1.618033… : 1'인데, 이 '1.618033…'을 황금수라고 하며, 'ϕ(파이)'라는 기호로 나타낸다.

ϕ는 파르테논 신전과 같은 건축물뿐만 아니라, 잎의 배열 방식이나 해바라기 등의 자연에서도 찾아볼 수 있다. ϕ는 여러 도형에서도 갑자기 출몰하는데, 예를 들어 정오각형의 한 변의 길이가 1일때 그 대각선의 길이는 ϕ이다. 또 정다면체에서도 ϕ가 나타난다.

기원전 300년경 알렉산드리아에서 활약한 수학자 '유클리드'는 다양한 수학 이론을 알기 쉽게 소개하는 책, 『원론』을 집필했다. 이 책에도 황금비가 등장한다.

'황금비'라는 명칭이 붙은 것은 훗날의 일로, 유클리드는 『원론』에서 황금비를 '외중비'라는 단어로 표현했다.

유클리드는 황금비를 가리켜 '어떤 선분의 전체 길이에서 긴 부분의 비가 긴 부분에 대한 짧은 부분의 비와 같아질 때, 그 선분은 황금비로 나누어져 있다'라고 정의했다. 이때 짧은 부분을 1이라고 가정하면, 긴 부분은 ϕ로 나타난다.

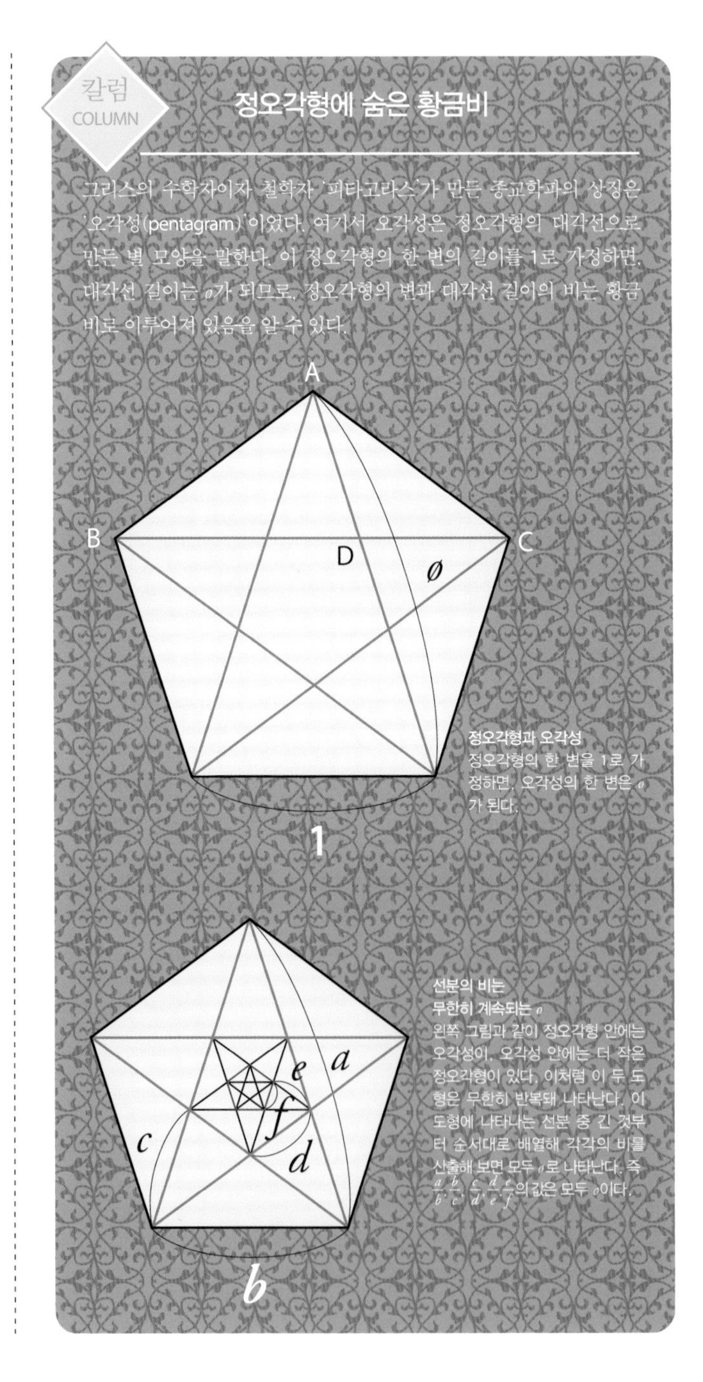

정오각형과 오각성
정오각형의 한 변을 1로 가정하면, 오각성의 한 변은 ϕ가 된다.

선분의 비는 무한히 계속되는 ϕ
왼쪽 그림과 같이 정오각형 안에는 오각성이, 오각성 안에는 더 작은 정오각형이 있다. 이처럼 이 두 도형은 무한히 반복돼 나타난다. 이 도형에 나타나는 선분 중 긴 것부터 순서대로 배열해 각각의 비를 산출해 보면 모두 ϕ로 나타난다. 즉 $\frac{a}{b}, \frac{b}{c}, \frac{c}{d}, \frac{d}{e}, \frac{e}{f}$의 값은 모두 ϕ이다.

정다면체 안에서도 발견되는 ϕ

모든 면이 같은 크기의 정다각형으로 되어 있는 볼록다면체, 즉 정다면체를 2차원이 아닌 3차원으로 생각하면, 그 안에서도 ϕ를 찾아볼 수 있다. 피타고라스의 다음 세대 철학자인 '플라톤'(기원전 427?~기원전 347?)은 다섯 개의 정다면체만 존재한다는 사실을 중요하게 다뤄 이것을 '플라톤의 입체'라고도 부른다.

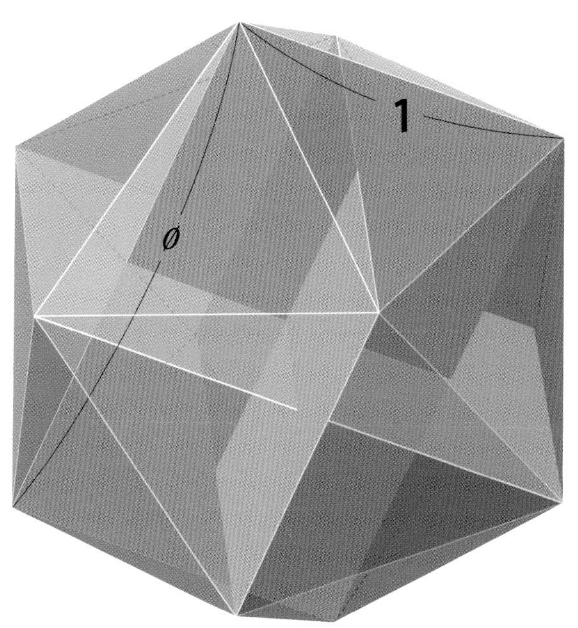

정이십면체 안에 있는 ϕ
위 그림은 면이 20개, 꼭짓점이 12개인 정이십면체다.
마주 보는 변으로 만든 직사각형의 긴 변과 짧은 변의 길이의 비는 'ϕ : 1'이 된다.

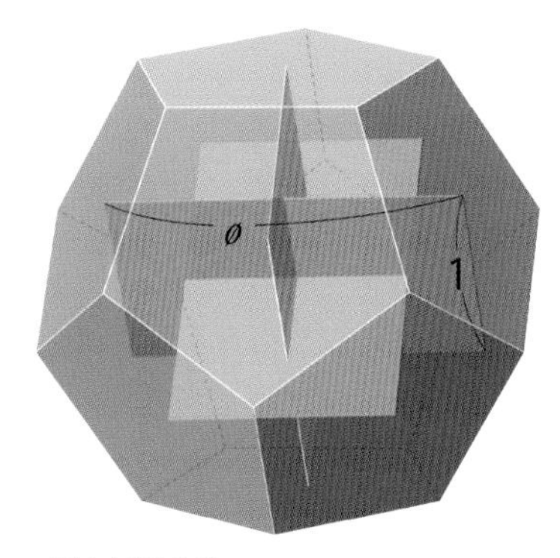

정십이면체 안에 있는 ϕ
위 그림은 면이 12개, 꼭짓점이 20개인 정십이면체다. 마주 보는 면의 중심을 이어서 만든 직사각형의 긴 변과 짧은 변의 길이의 비는 'ϕ : 1'로 나타난다.

유클리드가 정의한 황금비

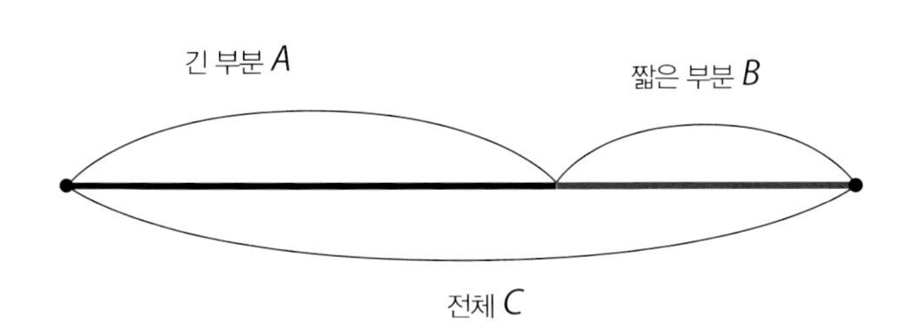

유클리드
(생몰년 미상)

황금비란, $C : A = A : B$ 가 되는 비율

(식을 변형하면, '$A^2 = BC$'가 됨. B가 1일 때 A는 ϕ)

자연 현상에서 볼 수 있는 '피보나치 수열'

이탈리아의 수학자 '레오나르도 피보나치'(1180?~1250?)는 『산반서(Liber Abaci)』에서 다음과 같은 문제를 소개했다.

'토끼 한 쌍이 태어났다. 이 한 쌍은 성장해 부모가 되는 데 1개월이 걸리고, 2개월째부터 매달 한 쌍씩 새끼를 낳는다. 태어난 새끼 한 쌍도 한 달 동안 성장해 2개월째부터 매달 한 쌍씩 새끼를 낳는다면, 12개월째에 이르렀을 때 토끼는 몇 쌍이 되어 있을까?'

토끼 한 쌍을 1로 가정해 보면, 그 수는 '1, 1, 2, 3, 5, …'로 점차 늘어나 12개월째에 이르면 144쌍이 된다. 이처럼 '1, 1로 시작해 앞의 두 항을 합하면 다음 항이 된다'라는 단순한 규칙에 근거하는 수열을 '피보나치 수열'이라고 한다.

이 밖에도 계단 오르는 방식의 패턴이나 수컷 꿀벌의 가계도, 식물의 줄기에 배열된 잎의 수, 파인애플 등 집합과(集合果)의 껍질에 나타나는 나선의 열에서도 피보나치 수열을 찾아볼 수 있다.

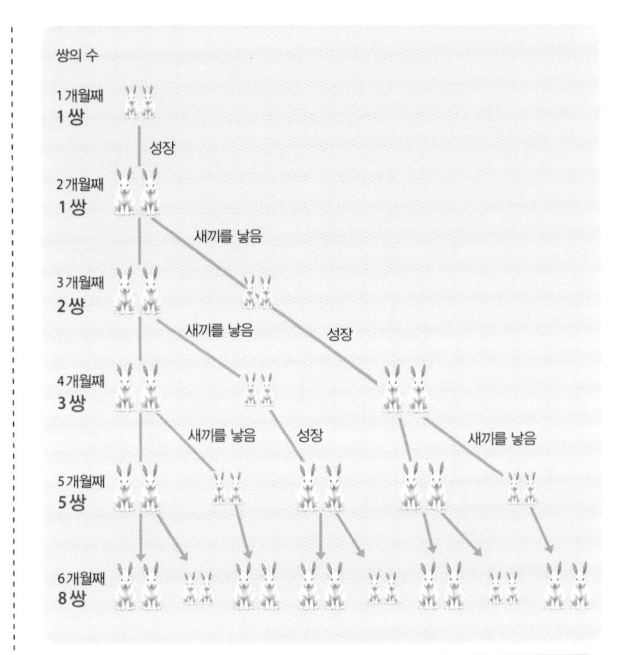

피보나치의 토끼 문제

위 그림은 피보나치가 소개한 토끼 문제를 나타낸 것이다. 작은 토끼는 새끼 토끼, 큰 토끼는 부모 토끼를 나타낸다. 부모 토끼는 매달 한 쌍씩 새끼를 낳는데, 이 새끼 토끼는 태어난 뒤 2개월째부터 새끼를 낳는다. 6개월째에 이르면 토끼 수는 8쌍이 된다.

앞의 두 항을 합하면 다음 항이 되는 피보나치 수열

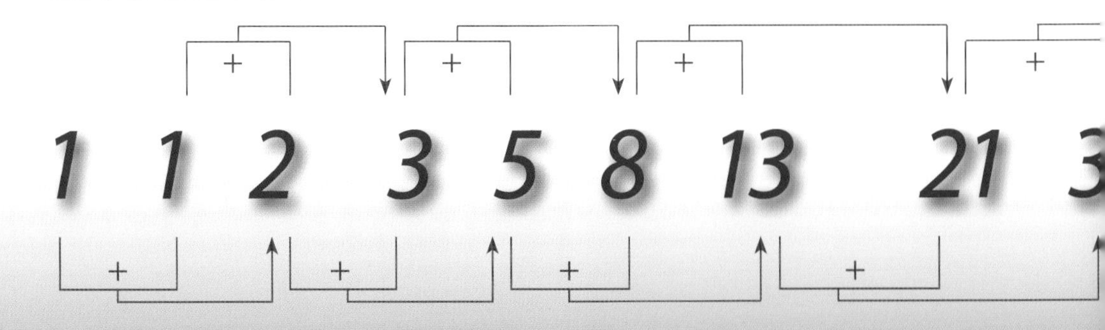

수컷 꿀벌의 가계도

아래 그림은 꿀벌의 가계도이다. 암벌(여왕벌)이 낳은 알은, 수정하면 암벌이 되고, 수정하지 않으면 수벌이 된다. 즉 수벌에게는 어미밖에 없고, 암벌에게는 부모가 존재한다. 이 경우 수벌(그림의 가장 아래)의 부모를 거슬러 올라가며 계산하면, 그 수가 피보나치 수열로 나타난다.

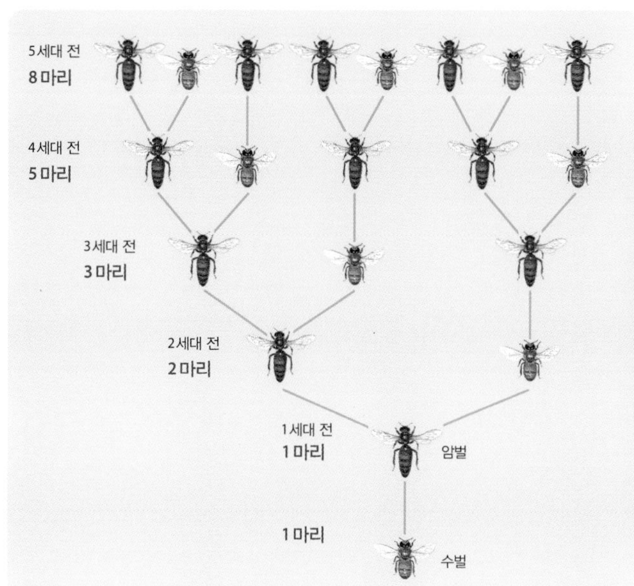

계단을 올라가는 패턴

1단 또는 2단씩 계단을 오를 때, 오르는 패턴에는 몇 가지가 있는지 그림으로 나타냈다. 0단씩 오르는 패턴을 1가지로 삼으면, 계단을 올라가는 패턴의 가짓수는 피보나치 수열로 나타난다.

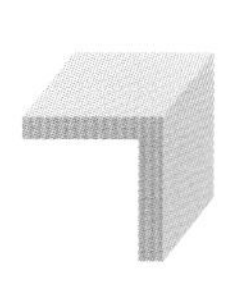

1단
'1단씩 오른다' 뿐이므로
1 패턴

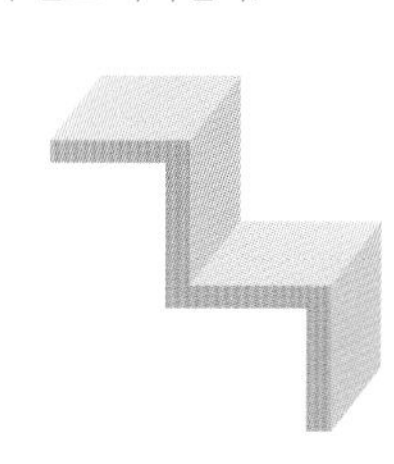

2단
'1단씩 오른다', '2단씩 오른다'로
2 패턴

3단
'1단씩 오른다', '2단씩 → 1단씩 오른다', '1단씩 → 2단씩 오른다'로
3 패턴

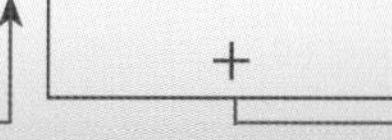
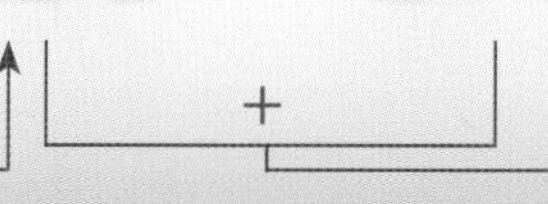

COLUMN

피보나치 수열과 밀접한 관계인 '황금수 (ø)'

피보나치 수와 황금수 사이에는 밀접한 관계가 있다. 먼저 피보나치 수열을 세로로 나열해 보자. 그리고 위아래로 나열한 숫자의 비를 살펴보자.

1 ÷ 1 = 1, 2 ÷ 1 = 2, 3 ÷ 2 = 1.5 …

계산을 계속 반복하다 보면, 점점 어떤 숫자에 가까워지는 것을 알 수 있다. 이 숫자는 바로 '1.618033…', 즉 황금수다. 피보나치 수열에서 서로 이웃하는 수의 비는 수가 커질수록 황금수에 무한히 가까워진다.

피보나치 수열과 황금수의 밀접한 관계가 보이는 예시가 하나 더 있다. 그것은 n번째 피보나치 수를 나타내는 식으로(아래 그림), 이 식에는 황금수($\frac{1+\sqrt{5}}{2}$)가 포함된다.

정수인 피보나치 수를 나타낸 식에 정수가 아닌 무리수가 포함된 것을 생각해 보면 참 불가사의한 일이다. 실제로 n에 정수를 대입해 정수가 산출되는 것을 확인해 보길 바란다.

잎과 과일에 나타나는 피보나치 수와 황금수

자연계에서 찾아볼 수 있는 황금수와 피보나치 수를 살펴보자. 첫 번째는 식물의 줄기에 배열된 잎의 수다. 정확한 용어로는 '잎차례'라고 한다.

잎은 햇빛을 받고 광합성해 식물이 살아가기 위한 양분을 만들기 때문에, 모든 잎에 골고루 빛이 닿는 것은 식물에게 중요한 조건이다.

잎은 줄기를 따라 나선 계단을 오르는 것처럼 자라난다. 이때 잎이 나는 패턴은 주로 3가지가 관찰되는데, 줄기를 중심으로 '1회전에 잎 3장, 2회전에 잎 5장, 3회전에 잎 8장' 등의 양상을 보인다(오른쪽 페이지 그림 참조). 여기서 나타나는 숫자는 모두 피보나치 수와 동일하다.

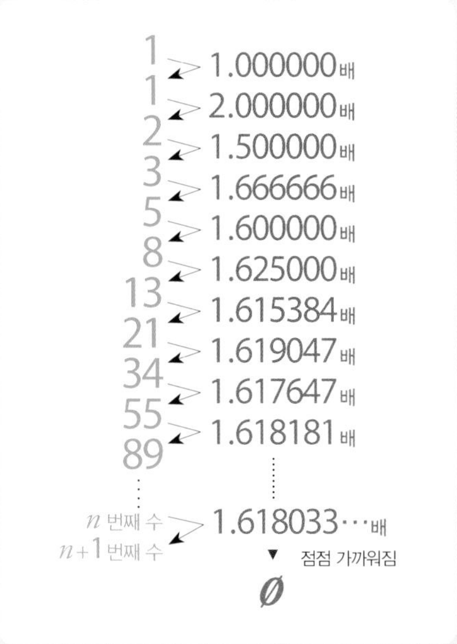

피보나치 수	비
1	
	1.000000배
1	
	2.000000배
2	
	1.500000배
3	
	1.666666배
5	
	1.600000배
8	
	1.625000배
13	
	1.615384배
21	
	1.619047배
34	
	1.617647배
55	
	1.618181배
89	
⋮	⋮
n 번째 수	
	1.618033…배
$n+1$ 번째 수	

▼ 점점 가까워짐

ø

비네의 공식

$$F_n = \frac{1}{\sqrt{5}}\left\{\left(\frac{1+\sqrt{5}}{2}\right)^n - \left(\frac{1-\sqrt{5}}{2}\right)^n\right\}$$

황금수를 써서 나타낼 수 있는 n 번째의 피보나치 수

'1, 1'부터 시작해 앞의 숫자를 두 개씩 합하면 피보나치 수열을 만들 수 있다. 하지만 100번째 피보나치 수를 순서대로 더하지 않고 나타내려면 어떻게 해야 할까? 이럴 때 도움이 되는 것이 바로 '비네의 공식'이다. '자크 비네'(1786~1856)는 프랑스의 수학자 · 물리학자로, 이 공식을 보급한 인물이다(발견자는 따로 있다고 함). 위에 있는 식의 n에 100을 대입하고 계산하면, 산출된 그 수가 100번째 피보나치 수가 된다. 덧붙여 분홍색 글자 부분에서 볼 수 있듯이 이 식에는 황금수가 포함되어 있다.

두 번째는 식물의 '집합과'다. 집합과란 작은 과실이 모여 하나의 과실을 형성한 것을 말하는데, 대표적으로 딸기가 유명하다. 피보나치 수열을 확실히 관찰할 수 있는 집합과에는 파인애플과 솔방울이 있다.

작은 과실 하나하나가 표면에 나선을 그리듯 배열되어 있는데, 각각 시계 반대 방향 또는 시계 방향의 나선 형태로 나타난다. 솔방울의 경우 '5, 8, 13'개, 파인애플의 경우 '8, 13, 21, 34'개와 같이 나선 형태의 껍질을 관찰할 수 있다. 이 숫자 또한 피보나치 숫자와 동일하다.

잎이나 집합과가 줄기를 기준으로 회전을 거듭할 때마다 자라난다면, 얼마큼 겹치지 않고 촘촘하게 날까? 예를 들어 줄기를 기준으로 90° 마다 자라난다면 이 줄기를 위에서 보았을 때 그 잎이나 열매는 네 방향으로 치우쳐 자라나 있을 것이다.

위에서 보았을 때 잎이 겹치지 않고 빽빽하게 자라는 각도는 약 137.5° 이다. 이 각도를 '황금각'이라고 한다.

황금비는 선분을 나누는 비율이고, 황금각은 원을 분할하는 비율이다. 즉 황금각에서는 '360° : 큰 부분의 각도 = 큰 부분의 각도 : 작은 부분의 각도'가 성립한다. 여기서 작은 각도는 약 137.5°, 큰 각도는 약 222.5° 이다. 참고로 137.5° 는 360° 를 황금수의 제곱으로 나눈 값이며, 360° 를 황금수로 나누면 222.5° (360° − 137.5°)가 된다.

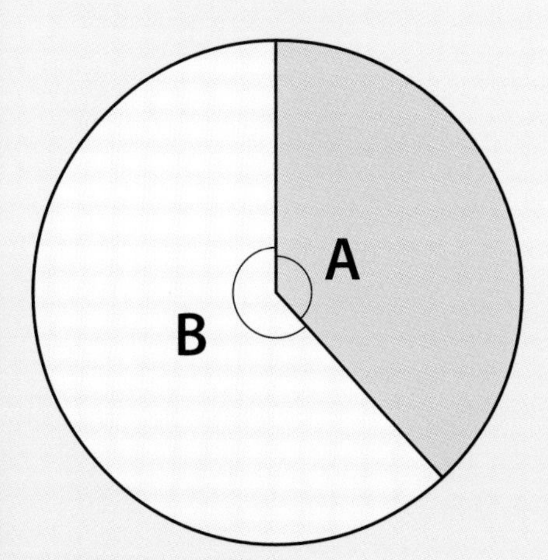

황금각

360° 를 각도 A, 각도 B로 분할했을 때, '360° : B = B : A'가 성립하면, 이를 황금각으로 나누었다고 한다. 위 그림은 황금각을 나타낸 것이다.

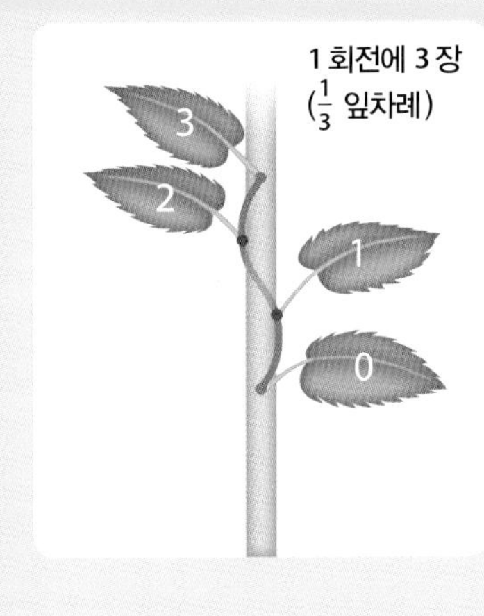

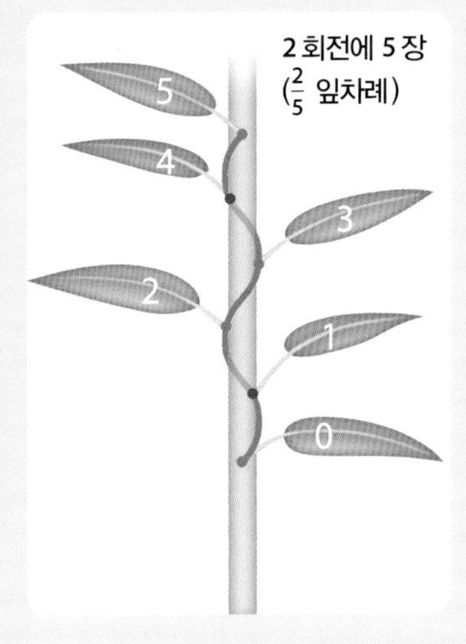

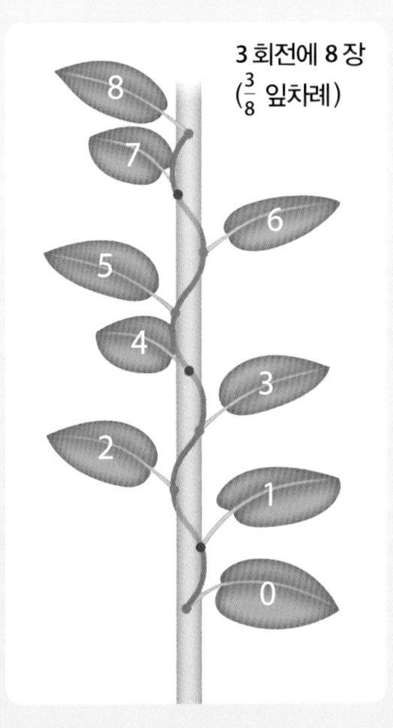

줄기에 배열된 잎에 나타나는 피보나치 수

오른쪽 그림에 일반적으로 잎이 자라나는 패턴을 나타냈다. 순서대로 줄기를 중심으로 1회전에 잎 3장이 나는 패턴(너도밤나무, 느릅나무 등), 2회전에 잎 5장이 나는 패턴(사과나무, 살구나무 등), 3회전에 잎 8장이 나는 패턴(미루나무, 복숭아나무 등)이다. 이 3가지 패턴에 나타나는 숫자 모두 피보나치 수와 동일하다.

SECTION 47

non-Euclidean geometry

비유클리드 기하학

곡면 위의 기하학 '비유클리드 기하학'

인류 문명의 역사가 시작된 이래로 기하학이라고 하면 '유클리드 기하학', 과학적 사고의 표본이라고 하면 『원론』을 떠올렸다. 그러나 이 유클리드 기하학에 의문을 품은 사람들이 나타났다.

유클리드 기하학의 제5 공준(평행선 공준)※은 다른 것에 비해 복잡했기 때문에 '공준이라기보다는 증명할 수 있는 명제이지 않을까?' 하는 의문을 지니고 여기에 도전하는 사람들이 나타났다.

19 세기에 이르러 '니콜라이 로바쳅스키'나 '보여이 야노시'는 이 평행선의 공준으로 만족되지 않는 세계를 구상해 새로운 기하학을 만들었는데, 이 기하학에서는 삼각형의 내각의 합이 180°보다 작다. 또 독일의 수학자 '베른하르트 리만' 역시 새로운 기하학을 만들었는데, 여기서는 삼각형의 내각의 합이 180°보다 크다.

이러한 기하학들을 '비유클리드 기하학'이라고 부른다. 유클리드 기하학은 '평면 위의 기하학'인 데 반해, 비유클리드 기하학은 '곡면 위의 기하학'이다. 우리가 사는 우주 공간은 비유클리드 기하학으로는 성립되지만, 유클리드 기하학으로는 근사적으로만 성립된다고 전해진다.

※ 유클리드 기하학에서 주장하는 증명할 수 없는 명제

유클리드 기하학의 제5공준

한 직선이 두 직선을 교차할 때, 같은 쪽에 있는 두 직선의 측면 모서리(A, B)의 합이 두 직각의 크기(180°)보다 작다면, 두 직선을 무한히 연장했을 때 모서리 2개의 합은 두 직각보다 작은 쪽에서 교차한다.

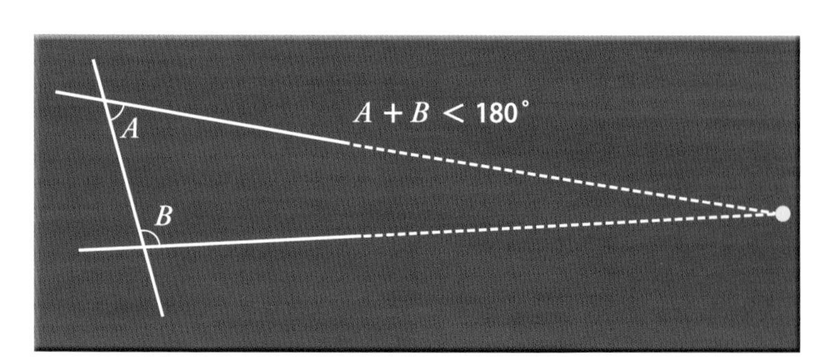

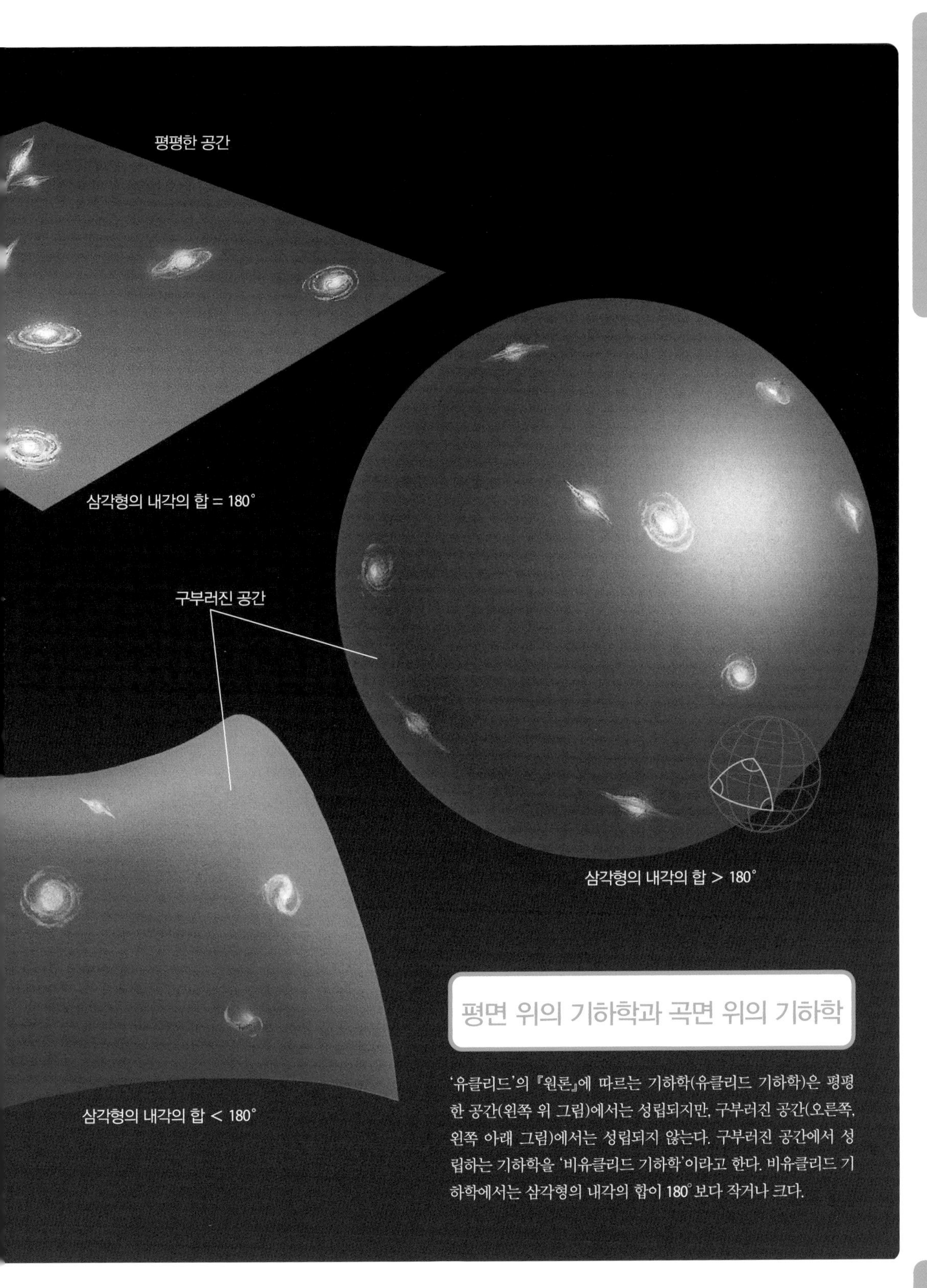

평면 위의 기하학과 곡면 위의 기하학

'유클리드'의 『원론』에 따르는 기하학(유클리드 기하학)은 평평한 공간(왼쪽 위 그림)에서는 성립되지만, 구부러진 공간(오른쪽, 왼쪽 아래 그림)에서는 성립되지 않는다. 구부러진 공간에서 성립하는 기하학을 '비유클리드 기하학'이라고 한다. 비유클리드 기하학에서는 삼각형의 내각의 합이 180° 보다 작거나 크다.

늘이거나 줄이면서 도형을 연구하는 유연한 기하학

토폴로지(topology)를 가리켜 '위상 기하학(위상수학)'※이라고 한다. 여기서 '기하학'은 도형에 관해 연구하는 수학을 말한다. 기하학의 세계에서는 어떤 도형을 어떠한 규칙에 따라 분류하는지가 중요하다.

중학교 수준의 수학에서는 '합동', '닮음'처럼 변의 길이나 각도를 기준으로 도형을 분류한다. 그러나 위상수학에서는 이 기준을 중요하게 여기지 않는다.

위상수학에서 중요한 기준은 도형의 연결 방식이다. 예를 들어 선으로 이루어진 알파벳 'A'에는 그 선이 세 갈래로 갈라지는 점이 2개 있다. 위상수학에서는 연결 방식을 유지한 채 변형시켰을 때(도형을 늘이거나 줄였을 때) 일치하는 두 도형은 같은 도형(위상동형)으로 간주한다.

'A'는 선이 세 갈래로 갈라지는 점을 유지하면서 'R'로 변형할 수 있으므로, 'A와 R'은 위상동형이다. 그러나 'A'를 'P'로 변형하거나, 'H'로 변형하려면, 세 갈래로 갈라지는 점을 하나 줄이거나 선을 잘라야 한다. 이 경우 원래의 도형과 연결되는 방식이 달라지므로 위상수학에서는 'A와 P', 'A와 H'를 다른 도형으로 간주한다.

위상수학의 개념은 DNA 구조를 찾는 연구처럼 현대 과학의 다양한 분야에서 응용되고 있다.

※ 쉽게 말해 도형과 다른 도형의 관계 속에서 위치나 상태를 변형해 도형의 불변적 성질을 연구하는 학문

기하학은 도형의 분류학

삼각형의 특징은 변의 길이나 각도로 결정된다. 도형의 변이나 각도가 모두 같으면 '합동'이고, 확대·축소했을 때 합동이 되는 도형은 '닮음'이다. 변의 길이와 각도가 모두 다른 삼각형이나, 삼각형과는 꼭짓점의 수 등에서 차이를 보이는 사각형·원의 경우 중학교 수준의 수학에서는 다른 도형으로 간주한다. 그러나 위상수학의 개념에 근거하면, 모든 삼각형은 물론 사각형이나 원까지 모두 같은 도형으로 간주할 수 있다.

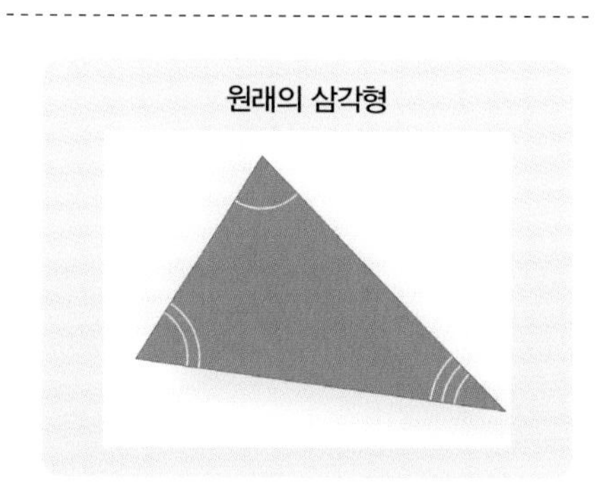

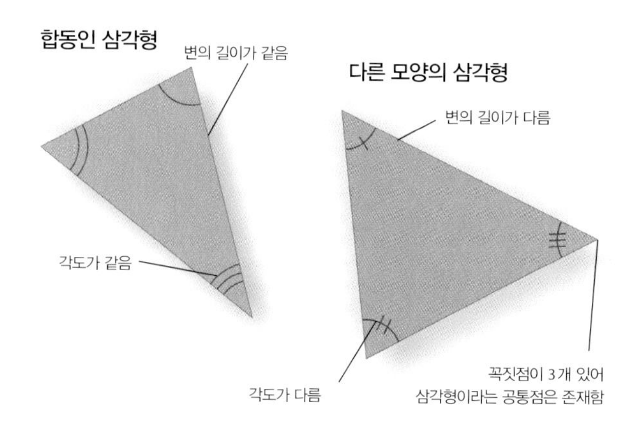

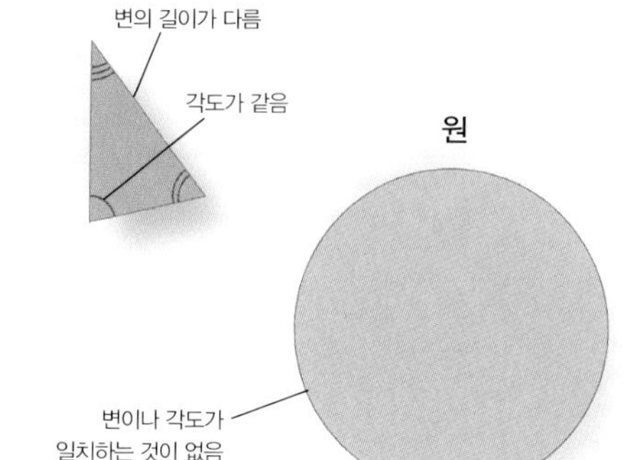

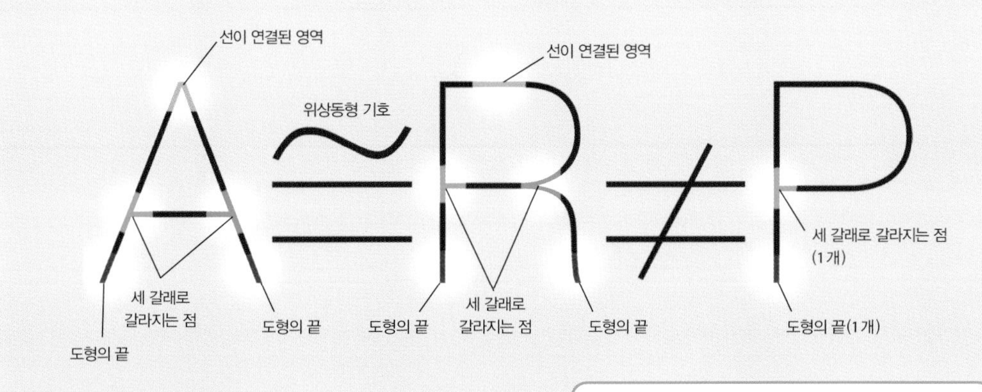

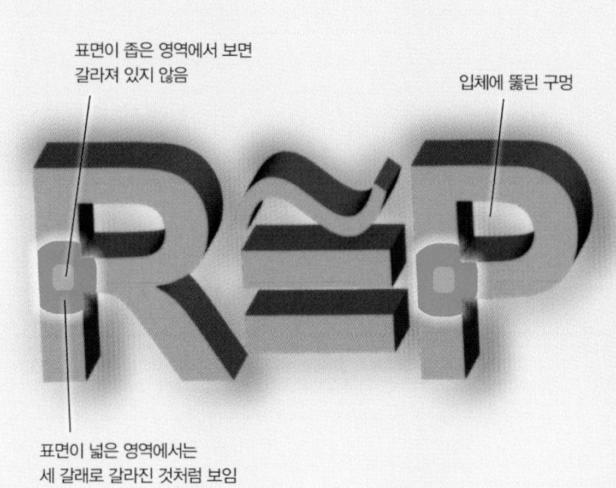

알파벳을 위상수학으로 생각해보기

선으로 이루어진 문자를 위상수학으로 생각할 때는 연결 방식이 특수한 점(위 그림에 색을 칠한 영역)이 분류 기준이 된다. 글자체에 따라 문자의 연결 방식이 다를 때가 있으므로 주의하자.

입체 문자를 위상수학으로 생각할 때는 선으로 그린 문자처럼 갈라지는 수가 아니라, 입체 문자에 뚫린 구멍의 수가 위상동형인지를 분류하는 기준이 된다. 세 갈래로 갈라지는 점의 경우, 선 문자와 달리 표면이 좁은 영역에서 보면 갈라져 있지 않은 것처럼 보일 수 있어서 분류의 기준으로 삼지 않는다.

연결 방식이 같은 커피잔과 도넛

위상수학에서는 커피잔과 도넛을 같은 도형(위상동형)으로 간주한다. 이는 아래 그림과 같이 늘이거나 줄여서 변형시킬 수 있기 때문이다.

덧붙여 손잡이가 2개 있는 냄비는 구멍 또한 2개이므로, 커피잔이나 도넛과는 다른 도형으로 간주한다. 또 튜브와 같이 가운데가 뚫려 있는 물체는 언뜻 보면 도넛과 같은 형태처럼 보이지만 내부 공간을 연결하는 방식까지 생각하면 다른 도형이라고 할 수 있다.

컵 바닥은 구멍이 뚫려 있지 않음

COLUMN

위상수학 퀴즈 〈문제〉

위상수학의 개념에 근거하면, 연결 방식이 같은 도형은 모두 같은 형태(위상동형)로 간주할 수 있다. '연결 방식이 같은 도형'이란 쉽게 말하자면, 늘이거나 줄이는 것만으로도 일치하는 도형을 뜻한다. 위상수학에서 동일한 형태라고 말할 때는 도형을 자르거나 바꿔 붙이는 경우는 제외한다.

창의력을 발휘해 3문제를 풀어보자. 3문제의 답은 다음 페이지에 있으니, 차분히 생각한 다음 페이지를 넘겨 답을 확인하자.

〈문제 1〉 한글을 위상수학으로 분류하기

입체 문자로 표현한 한글을 위상수학 개념에 따라 분류해 보자. 입체감이 있는 볼드체로 변형한 50자의 한글을 위상수학 개념으로 분류하면 과연 몇 개의 그룹으로 나눌 수 있을까?

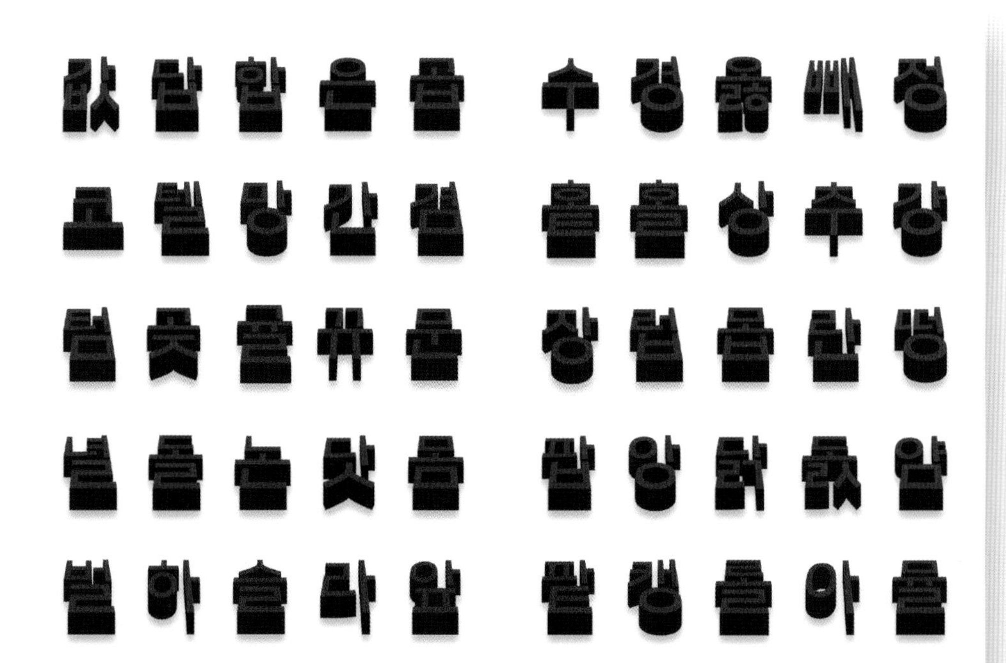

〈문제 2〉 늘이거나 줄이는 방법만으로 양쪽 고리에 걸려있는 고무줄 떼어내기

왼쪽 물체에는 양쪽 고리에 고무줄이 걸려있고, 오른쪽 물체에는 한쪽 고리에만 고무줄이 걸려있다. 두 물체 모두 고무줄을 떼어낼 수 없다. 그러나 위상수학의 개념에 근거하면, 이 좌우에 있는 두 물체는 같은 형태(위상동형)다. 이는 도형을 자르거나 바꿔 붙이지 않고 늘이거나 줄이는 방법만으로도 왼쪽 물체를 오른쪽 물체로 변형할 수 있다는 뜻이다. 그렇다면 이 도형을 어떻게 변형하면 될까?

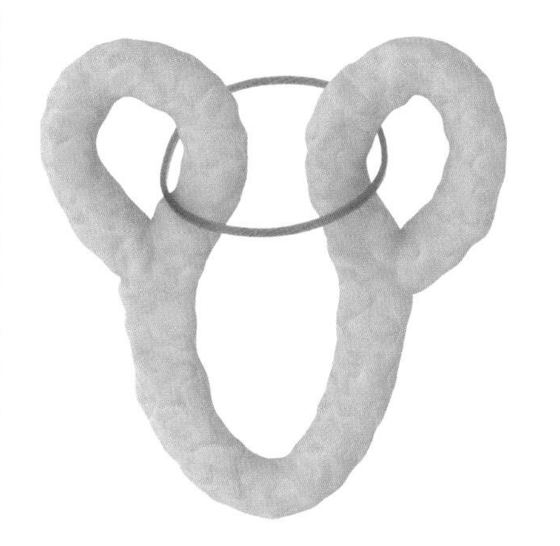

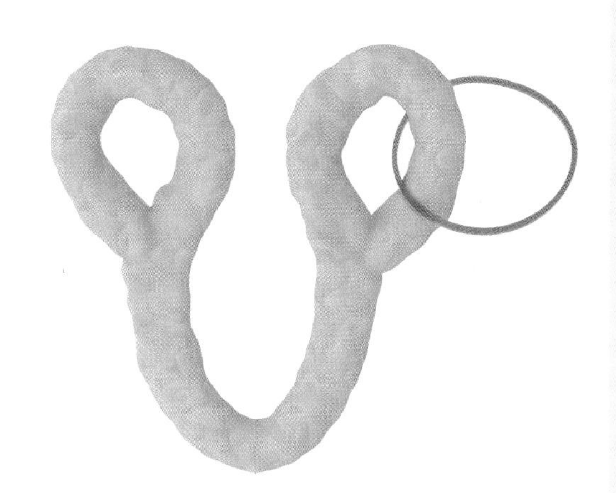

瀬山士郎, 『はじめてのトポロジー つながり方の幾何学』, PHPサイエンス・ワールド親書 / (95~96 쪽 참조)

〈문제 3〉 끈을 움직여 공을 반대쪽으로 이동시키기

이 문제는 '결혼 서약 퍼즐'이라는 유명한 문제를 변형한 것이다. 구멍이 3개 뚫린 판자에 끈이 복잡하게 얽혀 있고 그 끈에는 염주처럼 생긴 구슬 2개가 꿰어져 있다. 왼쪽 그림에는 구슬 2개가 같은 쪽에 있지만, 오른쪽 그림에는 판 중앙에 있는 구멍을 기준으로 구슬 2개가 양쪽으로 나뉘어 있다. 그러나 이 두 그림은 위상수학의 개념에 근거하면 같은 형태다.

판자에 뚫린 구멍은 구슬보다 작아 구슬은 통과할 수 없다. 끈을 움직이는 것만으로도 왼쪽 형태에서 오른쪽 형태로 바꿀 수 있다면 어떻게 조작하면 될까?

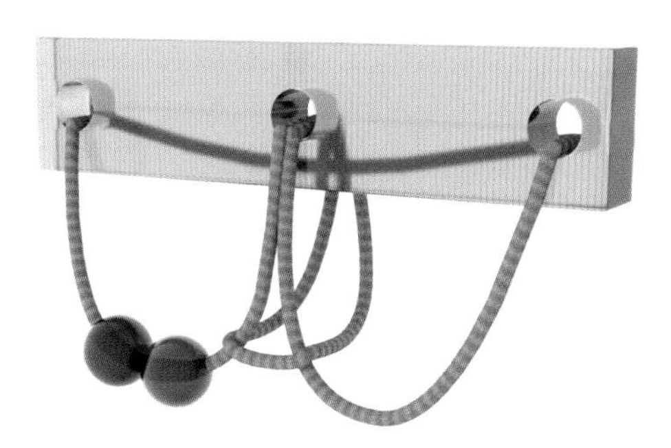

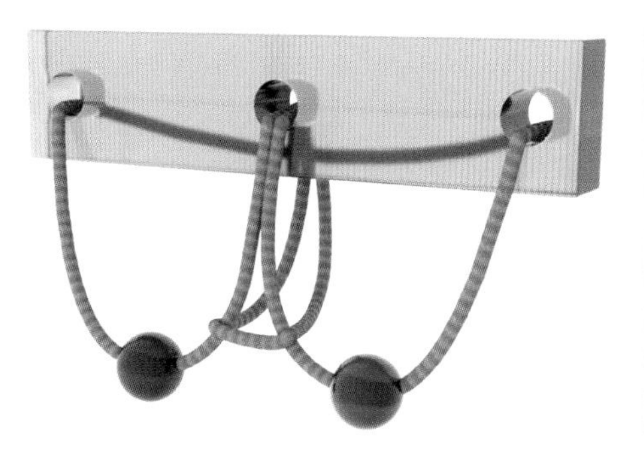

COLUMN

위상수학 퀴즈 〈해답〉

앞 페이지에 있는 문제의 답을 구했는지 궁금하다. 위상수학의 개념에 근거하면 전혀 다른 형태로 보이는 물체도 같은 형태로 간주할 때가 있다. 위상수학의 개념에 근거한 퀴즈는 이 밖에도 많이 존재하므로, 관심 있는 사람은 조금 더 찾아보자.

요소 2개

요소 3개

요소 4개

구멍 1개, 요소 2개

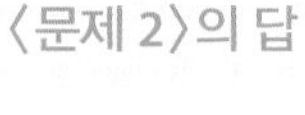

구멍 1개, 요소 4개

구멍 1개, 요소 3개

구멍 2개, 요소 3개

구멍 2개, 요소 4개

구멍 2개, 요소 5개

〈문제 1〉의 답

입체 문자를 분류할 때는 뚫린 구멍의 수, 그리고 자음 · 모음처럼 하나의 글자를 이루지만 떨어져 있는 요소를 분류의 기준으로 삼는다. 이를 바탕으로 나누면 총 9가지 그룹으로 분류할 수 있다.

〈문제 2〉의 답

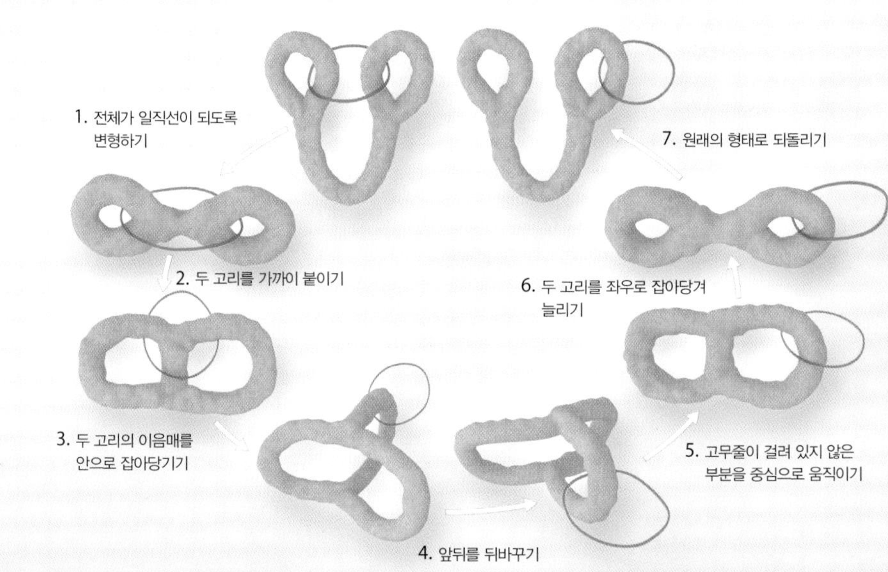

〈문제 3〉의 답

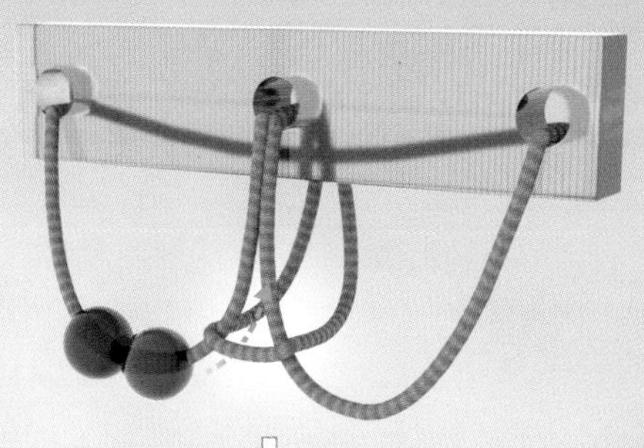

1. 파란색 구슬을 움직여
끈 밑을 빠져나가게 하기

2. 끈이 교차하는 지점을
한 곳으로 모아 묶기

묶은 끈이 교차하는 지점

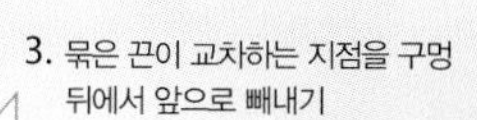

3. 묶은 끈이 교차하는 지점을 구멍
뒤에서 앞으로 빼내기

구멍

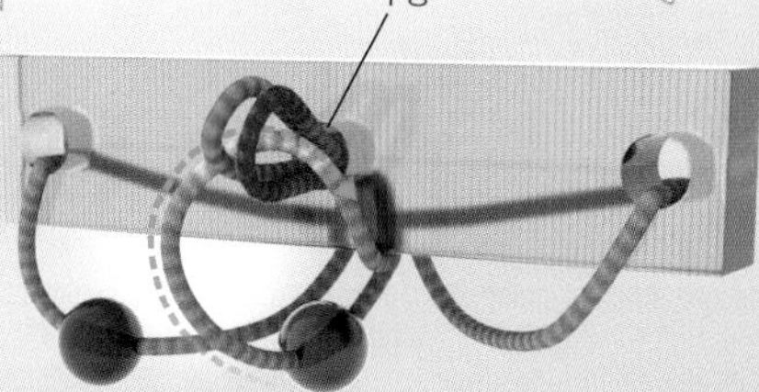

4. 파란 구슬을 움직여 끈의 녹색
부분과 빨간색 부분의 아래를
빠져나가게 하기

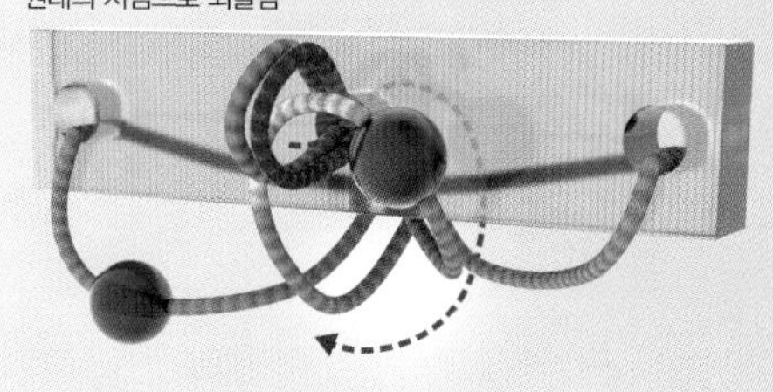

5. '3.'의 구멍 뒤에서 앞으로
빼낸 끈이 교차하는 지점을
원래의 지점으로 되돌림

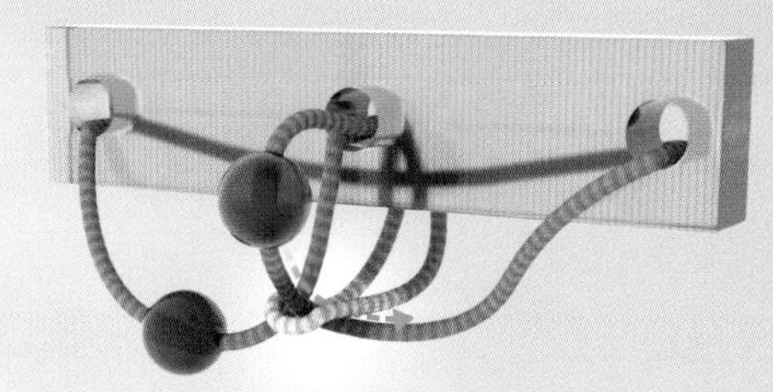

6. 파란색 구슬을 움직여,
끈의 노란 부분 밑을
빠져나가게 하기

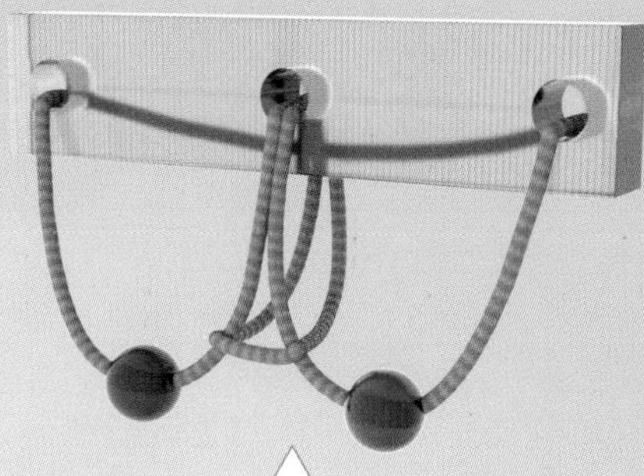

SECTION 49

chaos & fractal

카오스와 프랙털

복잡한 현상을 풀어내는 이론

우리 주위에는 미래를 예측할 수 없는 불안정한 현상이 많다. 이런 현상을 '카오스(chaos)'라 하는데, 이는 '혼돈'이라는 뜻이다.

예를 들어 진자 1개의 궤적은 단순하지만, 진자 2개를 연결하면 그 움직임은 예측할 수 없는 카오스 상태가 된다. 이처럼 예측할 수 없는 현상을 잘 설명한 이론이 바로 카오스 이론이다.

카오스 이론과 관련된 분야로 '프랙털(fractal)'이 있다. 나뭇가지가 복잡하게 뻗어있는 나무, 뭉게뭉게 피어오르는 뭉게구름 등 자연계의 조형은 복잡하기 짝이 없는 것처럼 보인다. 그러나 사실 이러한 형태에는 공통적인 특징이 있다.

나무의 줄기에서 뻗어 나온 큰 나뭇가지에는 작은 나뭇가지가 뻗어 나오고, 작은 나뭇가지에서는 더 작은 나뭇가지가 뻗어 나온다. 또 뭉게뭉게 피어오른 뭉게구름의 덩어리를 관찰하면, 큰 덩어리 안에 작은 덩어리 여러 개가 보인다.

즉 전체 모습의 일부분을 확대했을 때 비슷한 패턴이 반복된다는 것이다. 이처럼 '자기유사성'※을 지닌 패턴을 프랙털이라고 정의한다.

프랙털이 먼저 활용된 분야는 CG(Computer Graphics)의 세계다. 프랙털을 활용하면 고사리 잎이나 입체적인 지형도처럼 복잡한 도형도 비교적 단순한 프로그램으로 그릴 수 있다.

이러한 프랙털은 복잡한 현상을 다루는 카오스 이론과 함께, 지금까지 해석하거나 예측할 수 없다고 여겨지던 문제를 이해하기 위한 강력한 도구가 될 것으로 기대되고 있다.

※ 일부분과 전체가 서로 닮은 성질

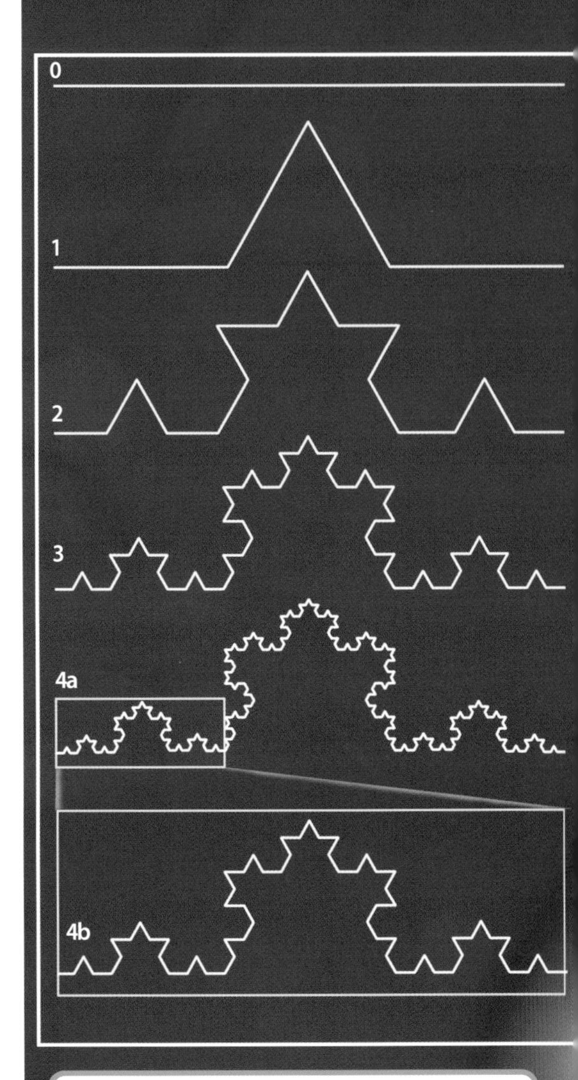

전형적인 프랙털 도형

프랙털의 가장 전형적인 예시는 '코흐 곡선(Koch Curve)'이다. 선분 1개가 있을 때(0), 이것을 3등분하고, 정삼각형을 그리듯 중앙에 있는 선분이 튀어나오게 한다(1). 4개의 선분에 (1)의 작업을 반복하고(2), 이어서 16개의 선분에 (1)의 작업을 반복한다(3). 이 작업이 반복될수록 도형은 점점 복잡해진다(4a). (4a)의 일부분을 확대하면 (3)과 같은 도형이 나타난다(4b). 이를 볼 때 코흐 곡선은 전형적인 프랙털 도형이라 할 수 있다.

오른쪽 지도는 리아스식 해안으로 유명한 한반도 남서 해안 일대의 해안선이다. 이 지도의 해안선 일부를 확대하면, 리아스식 해안 특유의 복잡한 형태를 볼 수 있다. 이를 볼 때 리아스식 해안은 프랙털적인 도형이라 할 수 있다.

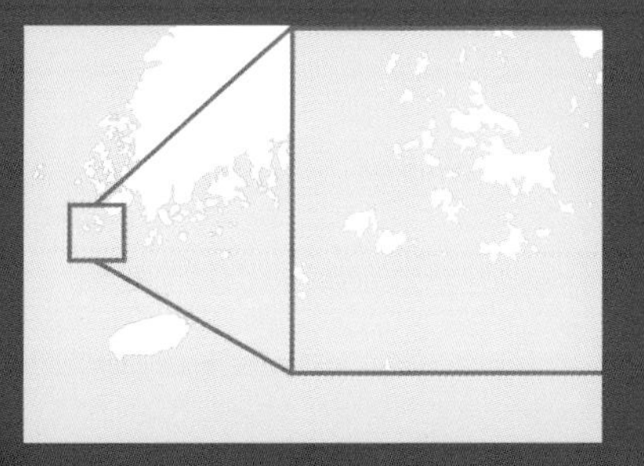

자연에도 프랙털적인 입체도형이 많다. 예를 들어 '콜리플라워'는 크고 작은 꽃이 뭉게뭉게 뭉쳐있는 것처럼 보이는데, 프랙털 이론은 이렇게 복잡한 자연의 조형을 이해하는 열쇠라고 할 수 있다.

양쪽 페이지에 걸쳐 있는 그림은 프랙털을 바탕으로 CG로 그린 도형※이다. 이처럼 비교적 단순한 프로그램으로도 변화가 많은 도형을 그릴 수 있다. 그림은 커다란 검은 동그라미에 중간 크기의 동그라미가 생겨나고, 여기에 더욱 작은 동그라미가 생겨난 것처럼 보인다. 이를 볼 때 이 도형은 프랙털적인 도형이라 할 수 있다.

※ 망델브로 집합(Mandelbrot set)

크기와 방향을 가지는 양 '벡터'

일상 주변에는 수로 나타낼 수 있는 다양한 양(量)이 존재한다. '온도, 기압, 체중, 신장' 등은 수의 크기 하나로 나타낼 수 있다.

한편 바람에는 '초속 5m' 등의 크기와 '동향(서풍)' 등의 방향이 있다. 즉 바람의 양은 수의 크고 작음으로는 나타낼 수 없는 방향을 가진다. 이처럼 크기와 방향을 가지는 양을 '벡터(vector)'라고 한다.

벡터는 화살표를 사용해 나타낼 수 있다. 바람의 경우 풍속을 화살표 길이로 나타내고, 바람이 나아가는 방향을 화살표 머리로 나타낸다.

이 밖에도 벡터로 나타낼 수 있는 양의 예시는 주변에 다양하게 존재한다. 예를 들어 사물의 '속도', 중력이나 마찰력 등 물체에 작용하는 '힘'도 크기와 방향을 가진다. 던진 공의 운동에서 지구의 공전 운동까지 모든 물체의 운동을 이해하는 데는 벡터의 개념이 필요하다.

또 모터의 구조 등 전기와 자기를 이해하는 데도 벡터가 필요하다. 덧붙여 우리에게 익숙한 존재인 빛 또한 그 정체가 벡터와 밀접하게 연관돼 있다.

벡터의 예시

일상에서 볼 수 있는 벡터의 예시를 박스 안에 적어 나타냈다. 벡터는 크기와 방향을 가지는 양이다. 각각의 크기는 화살표 길이로, 방향은 화살표 머리로 나타낸다.

바람
바람이 부는 방향
화살표 머리로 바람의 방향을 나타냄
화살표 길이로 바람의 세기를 나타냄
속도
중력(힘)
힘
속도

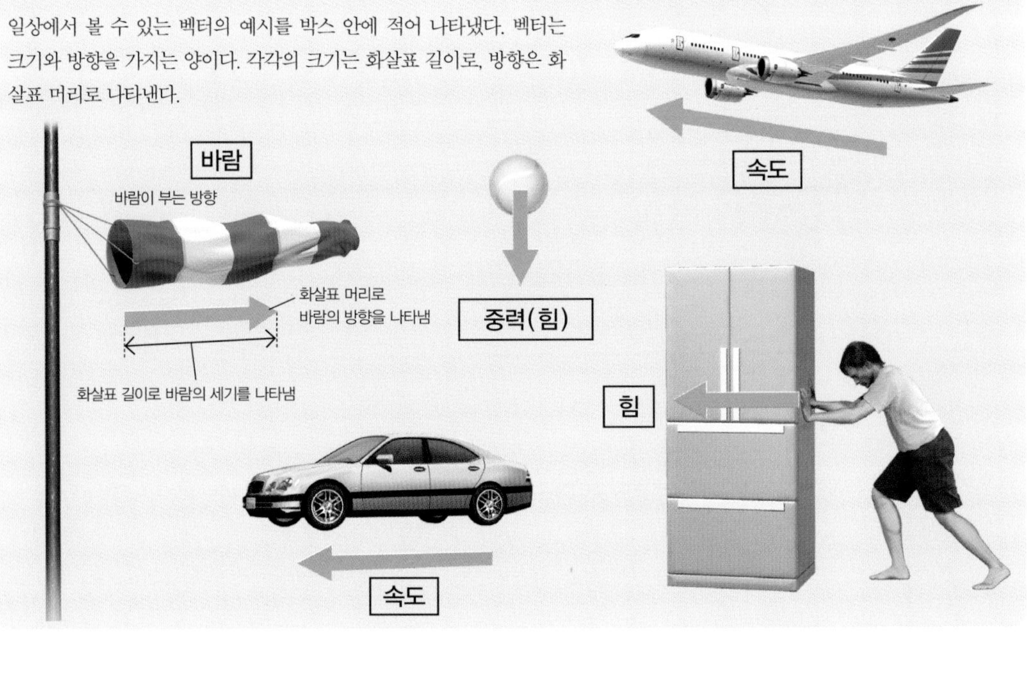

칼럼 COLUMN

벡터의 덧셈 방법

흐르는 강을 가로지르는 보트를 예시로 들어 벡터의 덧셈 방법을 소개한다.

보트는 흐르는 강을 가로질러 초속 1m의 속도로 위쪽으로 나아가고, 강은 초속 1m의 속도로 우측 방향으로 흐른다고 가정하자. 벡터를 표시할 때는 글자 위에 화살표(→)를 적어 나타내므로, 물을 가로지르는 보트의 속도를 $\vec{a}$(벡터 a), 유속을 $\vec{b}$(벡터 b)로 나타낸다.

이때 한 사람이 해안에 서서 강을 가로지르는 보트를 보고 있다면, 이 사람이 느끼는 보트의 속도는 얼마나 될까? 보트는 $\vec{a}$만큼 나아가는 동안에 $\vec{b}$만큼 강물에 떠내려 간다. 즉 보트가 도착하는 지점은 $\vec{a}$의 화살표에 $\vec{b}$의 화살표를 더한 값이라고 할 수 있다. 이것이 벡터의 덧셈 방법이며, $\vec{a}+\vec{b}$로 나타낸다.

$\vec{a}$와 $\vec{b}$는 초속 1m로 같지만, 이를 더해도 단순히 초속 2m(1 + 1)로 산출되진 않는다. 벡터의 덧셈에는 피타고라스 정리를 이용하는데, 이를 통해 보트가 초속 약 1.4m(초속 $\sqrt{2}$m)의 속도로 이동 중인 것을 알 수 있다.

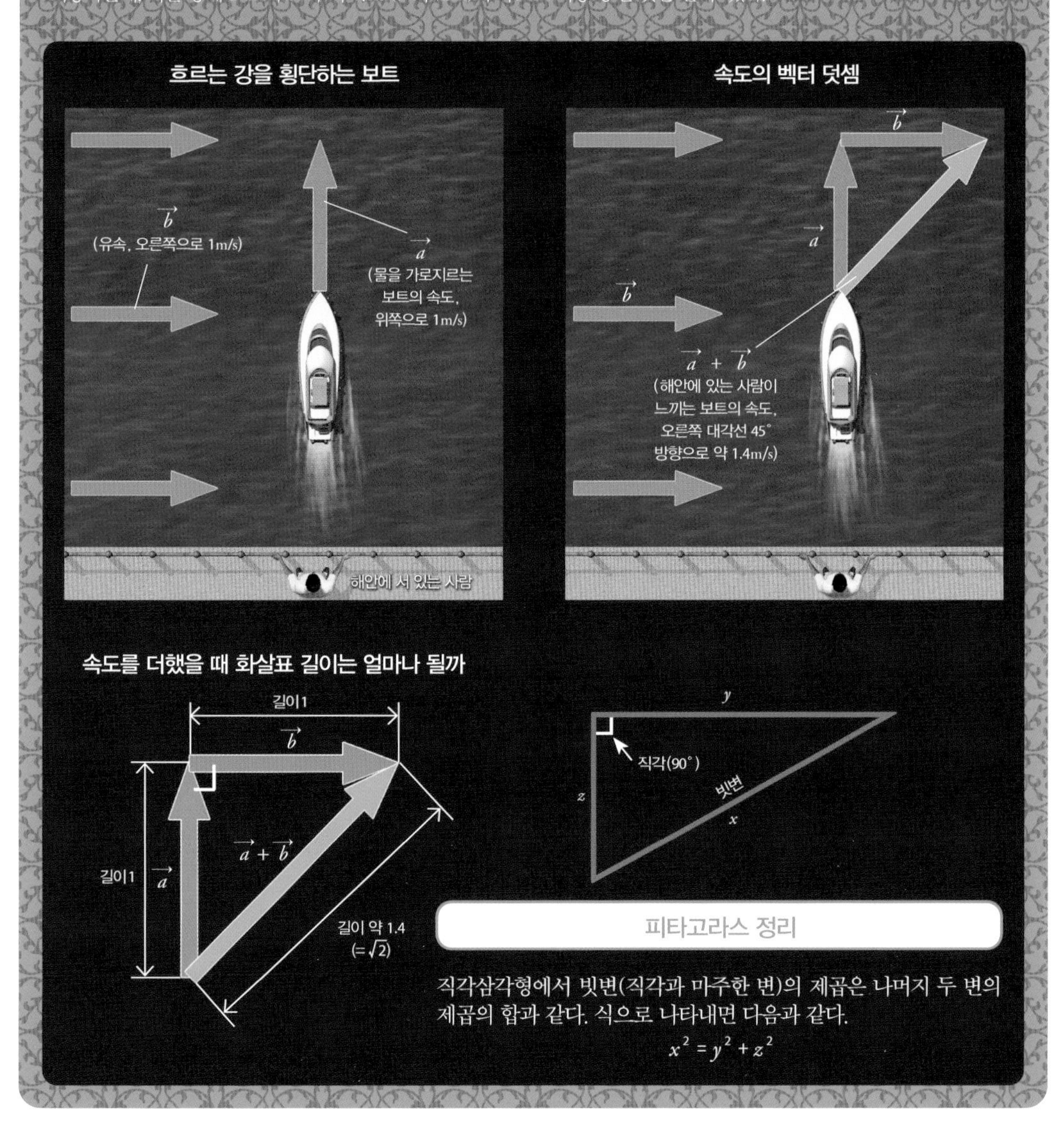

피타고라스 정리

직각삼각형에서 빗변(직각과 마주한 변)의 제곱은 나머지 두 변의 제곱의 합과 같다. 식으로 나타내면 다음과 같다.

$$x^2 = y^2 + z^2$$

SECTION 51

무수히 많은 3차원 공간이 겹쳐져 생기는 '4차원 공간'

텔레비전의 가로 방향을 x축, x축과 수직인 방향을 y축으로 설정하면, 화면에 보이는 산 정상의 위치를 x축과 y축이 교차하는 점(원점)으로부터 오른쪽으로 50, 위로 30만큼 이동한 위치에 있다고 표현할 수 있다. 이처럼 2개의 수로 점의 위치를 나타낼 수 있는 평면을 '2차원 공간'이라고 한다.

텔레비전 리모컨의 앞쪽 끝 위치는 텔레비전 화면 앞에 수직으로 뻗는 방향(z축)을 고려하면, 원점으로부터 오른쪽으로 50, 위로 30, 화면에서 앞으로 300만큼 이동한 위치에 있다고 표현할 수 있다. 이렇듯 우리가 살아가는 일반적인 공간은 3개의 수를 조합함으로써 점의 위치를 나타낼 수 있어 '3차원 공간'이라고 한다.

'4차원 공간'은 4개의 수로 점의 위치를 나타낼 수 있는 공간이다. 4차원 공간에서는 x축과 y축, z축 모두와 수직으로 교차하는 축을 만들 수 있다.

맨아래 그림으로 나타낸 좌표축 3개는 각각 수직으로 교차한다. 이제 이 좌표의 원점 위에 지면과 수직으로 교차하는 또 하나의 축을 떠올려 보자. 이렇게 나타낸 4번째 축(w축)은 다른 축 3개와 수직으로 교차한다. 이 좌표축 3개와 수직으로 교차하는 좌표가 바로 4차원 좌표다. 즉 w축 방향으로 3차원 공간이 무수히 쌓여 있는 세계가 곧 '4차원 공간'인 것이다.

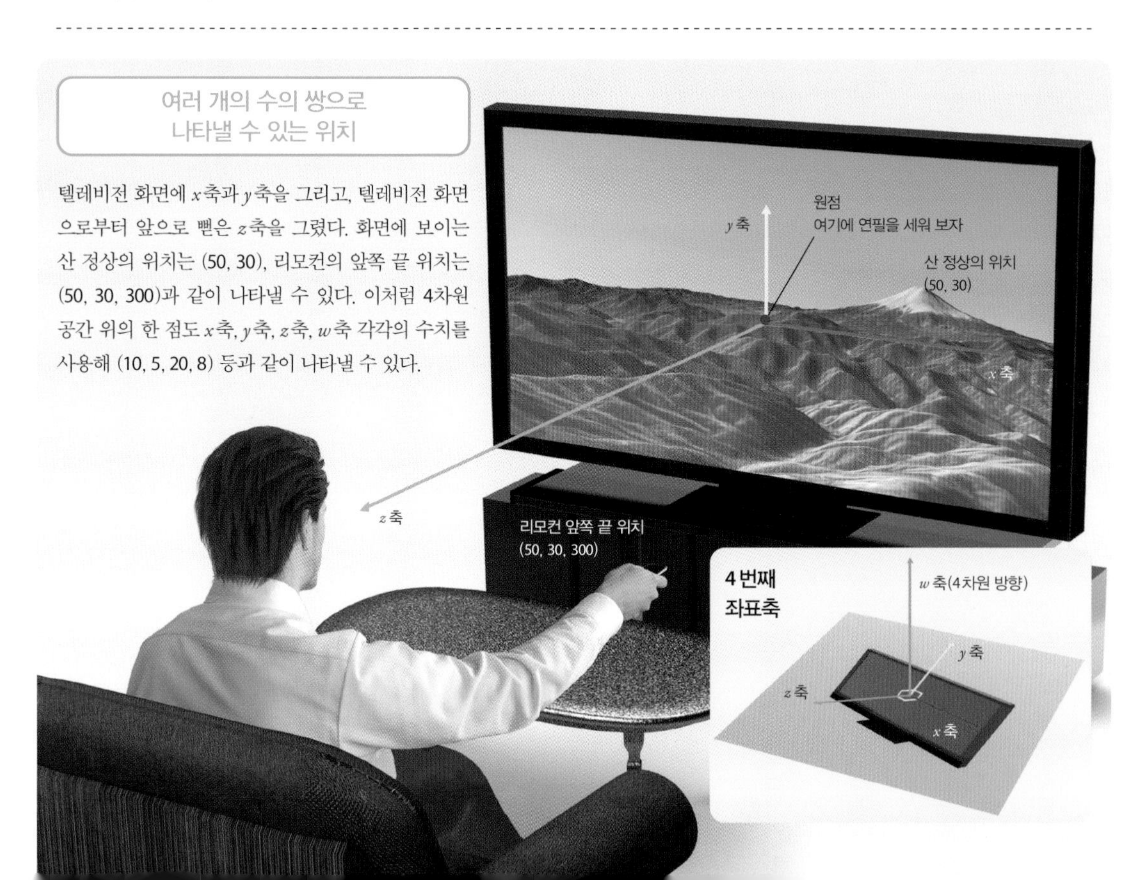

텔레비전 화면에 x축과 y축을 그리고, 텔레비전 화면으로부터 앞으로 뻗은 z축을 그렸다. 화면에 보이는 산 정상의 위치는 (50, 30), 리모컨의 앞쪽 끝 위치는 (50, 30, 300)과 같이 나타낼 수 있다. 이처럼 4차원 공간 위의 한 점도 x축, y축, z축, w축 각각의 수치를 사용해 (10, 5, 20, 8) 등과 같이 나타낼 수 있다.

4차원 공간에 무수히 '채워 넣을 수 있는' 3차원 공간

4차원 공간에 우리가 살아가는 3차원 공간을 무수히 쌓은 그림이다. 4차원 공간 속에서 가로 · 세로 · 높이(분홍색, 노란색, 청록색 화살표)를 가지는 3차원 공간은 4차원 방향(회색 화살표)에서 보면 두께가 0인 판과 같다. 이 때문에 4차원 공간에 무수히 많은 3차원 공간을 채워 넣을 수 있다.

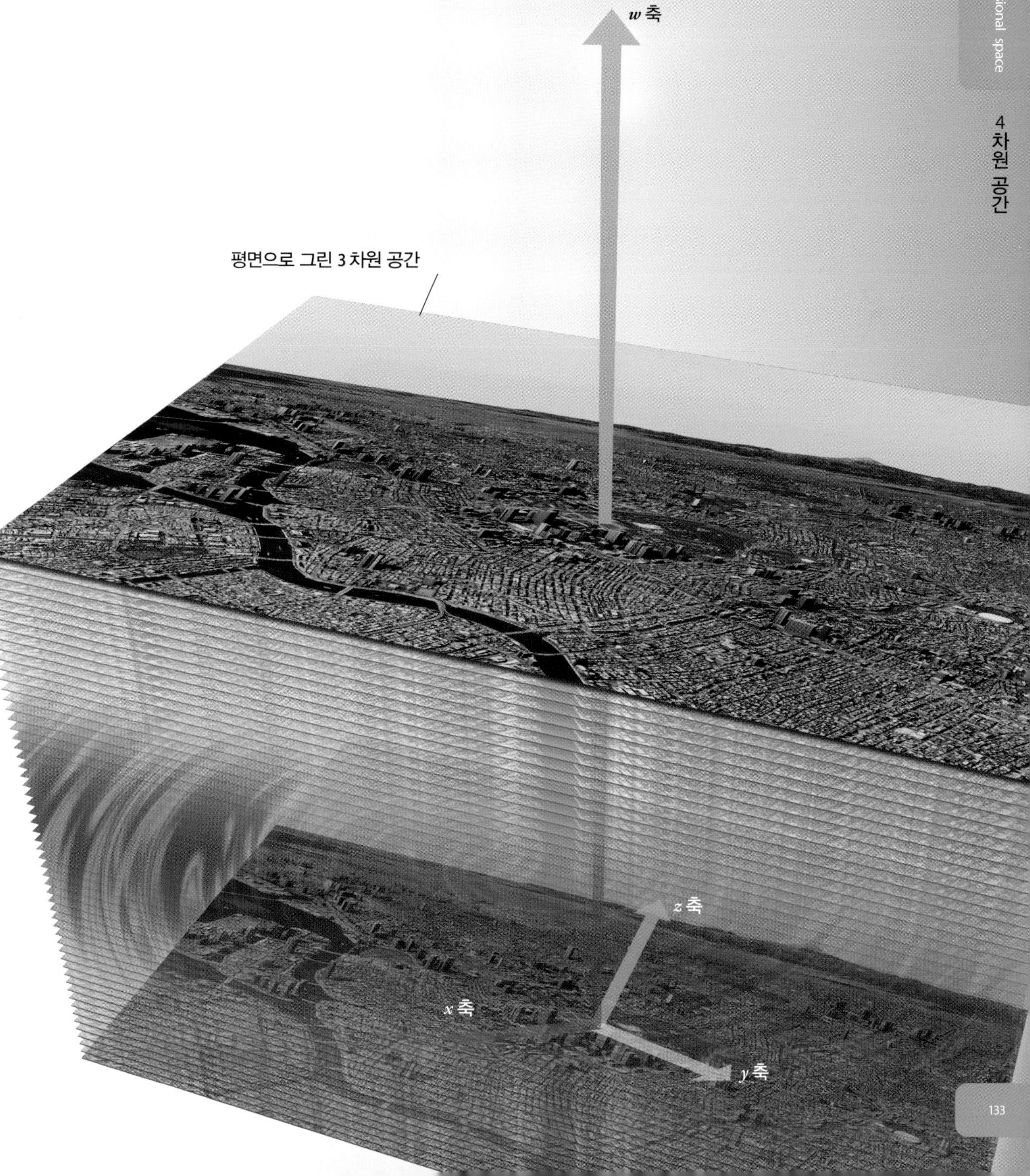

4차원 공간 안에 존재하는 불가사의한 도형 '4차원 정육면체'

4차원 물체를 떠올려 보자. 먼저 x축 방향으로 놓인 길이가 1인 선분을 떠올린다(1). 이 선분을 y축으로 1만큼 움직인다. 이때 선분이 움직이는 궤적을 보면 한 변의 길이가 1인 정사각형이 된다(2). 다음으로, 이 정사각형을 z축으로 1만큼 평행이동시키고, 궤적을 보면 한 변의 길이가 1인 정육면체가 된다(3).

여기서 더 나아가면 정육면체를 x축, y축, z축과 수직으로 교차하는 w축 방향으로 1만큼 이동시켰을 때, 그 궤적이 만드는 도형을 떠올려 볼 수 있다(4). 이것이 바로 '4차원 정육면체'인데, '초정육면체'나 '정팔포체'라고도 부른다.

정육면체를 바로 위(z축 방향)에서 내려다보면, 작은 정사각형이 큰 정사각형에 둘러싸인 형태로 보인다(3′). 이는 멀리 있는 정사각형은 작게 보이고, 가까이 있는 정사각형은 크게 보이기 때문이다. 여기서 상하좌우에 있는 4개의 사다리꼴은 이 정육면체의 옆면이다.

이와 동일하게 4차원 공간 안에 3차원 정육면체의 모식도(模式圖)를 그릴 수 있다. 4차원 정육면체를 w축 방향에서 내려다보면, 작은 정육면체($w = 0$)가 큰 정육면체($w = 1$)에 둘러싸인 형태로 보일 것이다(4′).

1. 점에서 선(1차원)

점을 똑바로 1만큼 움직이면, 그 궤적은 길이가 1인 선분이 된다.

2. 선에서 정사각형(2차원)

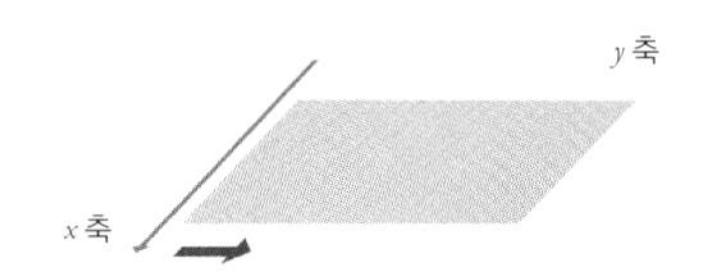

x축 방향으로 놓인 길이가 1인 선분을 y축 방향으로 1만큼 평행이동시키면, 그 궤적은 한 변의 길이가 1인 정사각형이 된다.

3. 정사각형에서 정육면체(3차원)

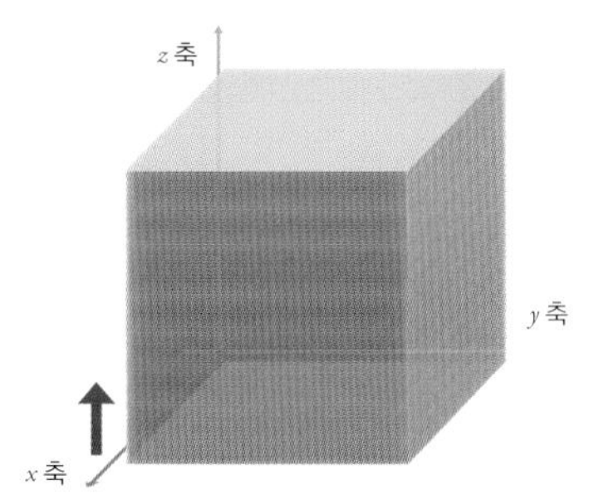

xy 평면에 놓인 한 변의 길이가 1인 정사각형을 z축 방향으로 1만큼 평행이동시키면, 그 궤적은 한 변의 길이가 1인 정육면체가 된다.

3′.

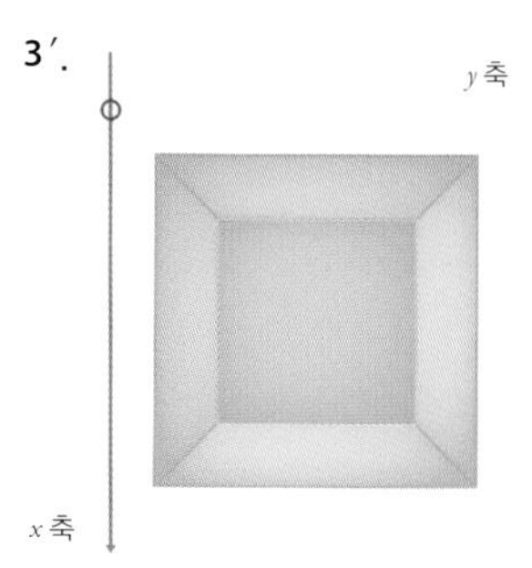

정육면체를 z축 방향에서 똑바로 내려다본 모습이다. 정육면체 안쪽의 작은 정사각형은 '$z = 0$'(xy 평면) 위에 있는 안쪽 면이고, 바깥쪽 큰 정사각형은 '$z = 1$'의 평면 위에 있는 바깥쪽 면이다. 마치 작은 정사각형과 큰 정사각형의 꼭짓점을 이은 것처럼 보인다.

4차원 정육면체의 전개도

4차원 정육면체의 전개도는 정육면체 8개를 이은 입체도형이다. 이 전개도를 보면, 아무리 노력해도 4차원 정육면체를 만들 수는 없을 것 같다는 생각이 든다. 그러나 3차원 공간 안에서 평면 정육면체의 전개도를 접을 수 있듯이, 4차원 공간 안에서는 3차원 공간에 있는 4차원 정육면체의 전개도를 접을 수 있다.

4. 정육면체에서 4차원 정육면체 (4차원)

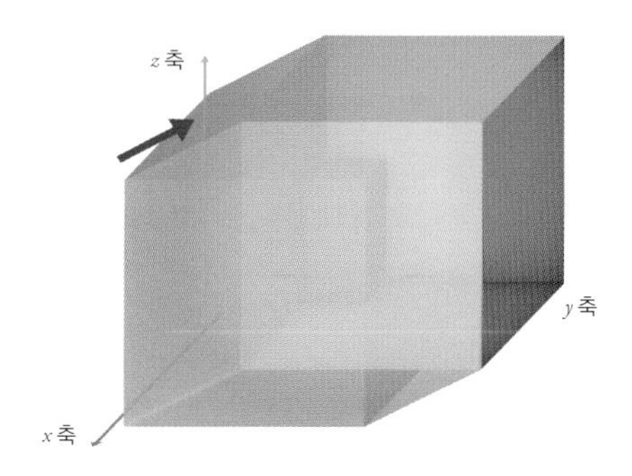

한 변의 길이가 1인 정육면체를 w축 방향으로 1만큼 평행이동시키면, 그 궤적은 한 변의 길이가 1인 4차원 정육면체가 된다.

4′.

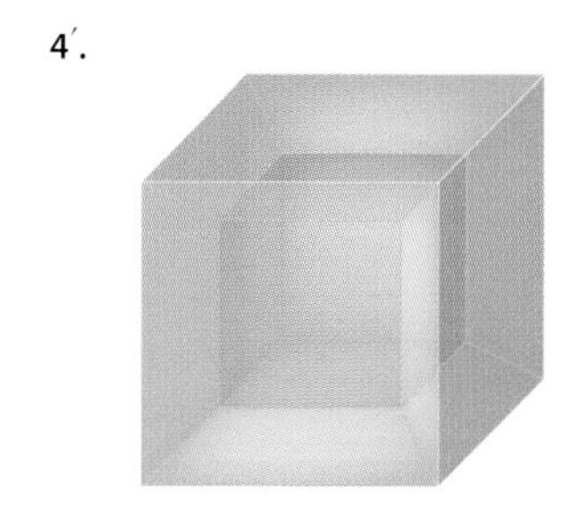

4차원 정육면체를 w축 방향에서 내려다본 모습이다. 안쪽에 있는 작은 정육면체는 '$w = 0$'인 3차원 공간에 있는 정육면체, 바깥쪽에 있는 큰 정육면체는 '$w = 1$'인 3차원 공간에 있는 3차원 정육면체다. 이 정육면체 사이의 각 꼭짓점을 이어 주면 4차원 정육면체가 된다.

도형이 평행 이동하면 증가하는 차원

그림은 점, 정사각형, 정육면체, 4차원 정육면체로 도형이 평행이동해 차원이 늘어나는 모습을 나타냈다. 여기서 4차원 정육면체의 경우, 3차원 공간에서는 작은 정육면체가 큰 정육면체에 둘러싸인 형태로 그릴 수 있다.

4′ 그림은 w축 원점으로부터 약간 떨어진 위치에서 4차원 정육면체를 바라본 모습이다. 큰 정육면체 안에 실제로 작은 정육면체가 있는 것이 아니라, w축 방향 안쪽이 작은 정육면체로 나타나며, w축 방향의 바깥쪽이 큰 정육면체로 나타난다. 4차원 공간에서는 작은 정육면체나 큰 정육면체 모두 한 변의 길이가 1인 크기가 같은 정육면체다.

또 작은 정육면체와 큰 정육면체 사이에는 6개의 사다리꼴 피라미드가 있는데, 이것은 4차원 정육면체의 옆면에 해당한다. 사다리꼴 피라미드 역시 4차원 공간에서는 한 변의 길이가 1인 완전한 정육면체다.

4차원의 정다면체 '정다포체'

정다면체는 총 5개로, '정사면체, 정육면체, 정팔면체, 정십이면체, 정이십면체' 외에는 존재하지 않는다. 한편 이 정다면체는 꼭짓점으로 모이는 면의 수가 모두 일정하다.

4차원의 정다면체를 떠올려 보자. 이것은 정다면체로 둘러싸여 있고, 꼭짓점이나 변의 주위에 일정한 수의 정다면체가 모여 있는 4차원 도형이다. 마치 세포처럼 작은 방이 모인 도형 같아 보인다는 의미에서 이를 '정다포체'라고 한다.

정다포체는 총 6개로, '정오포체, 정팔포체(4차원 정육면체), 정십육포체, 정이십사포체, 정백이십포체, 정육백포체'가 존재한다. 이 중 정육백포체는 4차원 공간에 정사면체 600개를 배치해 만드는 대칭적인 형태의 4차원 도형이다.

3차원 도형인 정육면체를 2차원인 평면으로 그릴 수 있듯이, 4차원 도형인 정다포체 역시 3차원 공간에 입체로 그릴 수 있다.

정육면체를 평면에 그리면 정사각형이었던 각각의 면이 평행사변형이나 사다리꼴 같은 모습으로 그려진다. 마찬가지로 4차원 도형인 정다포체를 3차원 공간에 그리면 정다면체의 일부분이 일그러진 다면체로 그려진다.

정백이십포체 종이모형

그림은 3차원 공간에 정백이십포체를 그려 나타낸 입체 종이모형의 전개도다. 정백이십포체는 120개의 정십이면체로 이루어진 4차원 도형이다. 이 페이지를 여러 장 복사한 뒤, 오려 붙이면 입체 도형을 만들 수 있다.

A. 필요한 수 : 1장

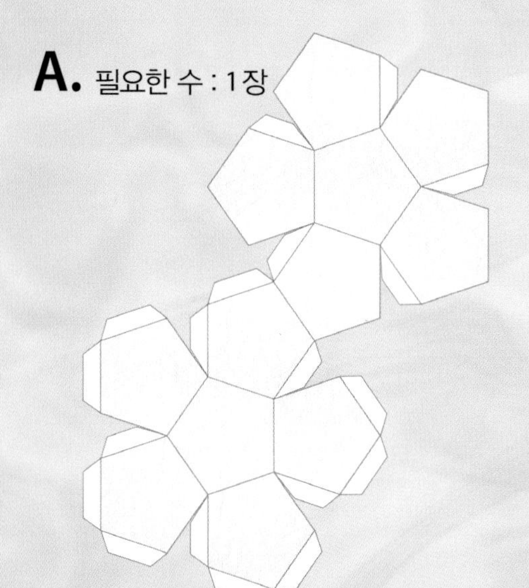

B. 필요한 수 : 12장

〈주의〉 이 종이모형은 4차원 공간에 있는 정백이십포체를 3차원 공간에 그린(투영한) 것. 이 때문에 2개가 1개로 겹쳐 있거나 납작하게 찌부러진 게 있어, 필요한 다면체 수는 120개가 아닌 45개로 줄어듦

종이모형 만드는 법

A 1장, B 12장, C 20장, D 12장을 조합한다. 먼저 A를 중심으로 노란색 면에 맞춰 B 12장을 붙여 준다. 이어서 B의 하늘색 면에 C의 하늘색 면이 맞닿도록 C 20장을 붙여 준다. 그러면 C 5장에 둘러싸인 우묵한 곳이 생기는데, 이 우묵한 곳의 밑면은 B의 노란색 면일 것이다. 마지막으로 그 우묵한 곳에 D의 노란색 면을 맞춰 붙이면 완성이다.

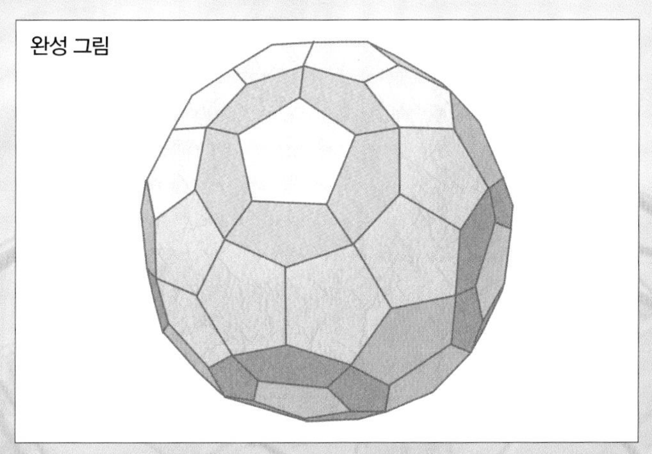

종이모형이라 안이 비치지는 않지만, 정백이십포체를 구성하는 다면체가 안에 존재한다.

A ~ D는 각각의 바깥 둘레를 따라 자르고, 실선(–) 표시가 있는 곳을 접는다. 하얀색 부분에 풀칠한 다음 맞춰 붙이면서 입체도형으로 조합하자.

C. 필요한 수 : 20장

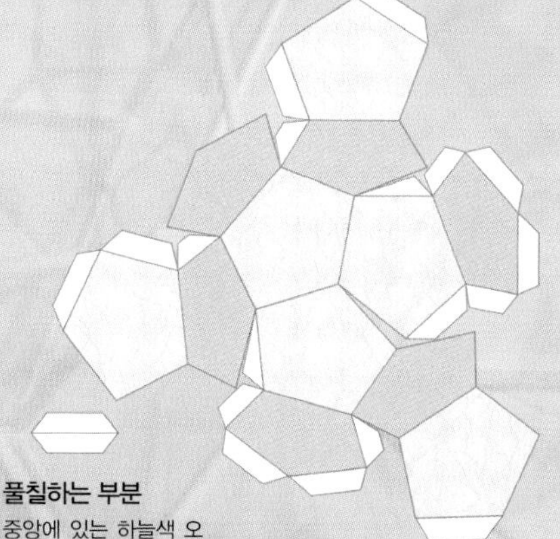

풀칠하는 부분

중앙에 있는 하늘색 오각형 중, 연결되어 있지 않은 2개의 뒷면에는 종이를 붙여 연결하기

D. 필요한 수 : 12 장

풀칠하는 부분

이웃하는 오렌지색 오각형의 뒷면에는 종이를 붙여 연결하기

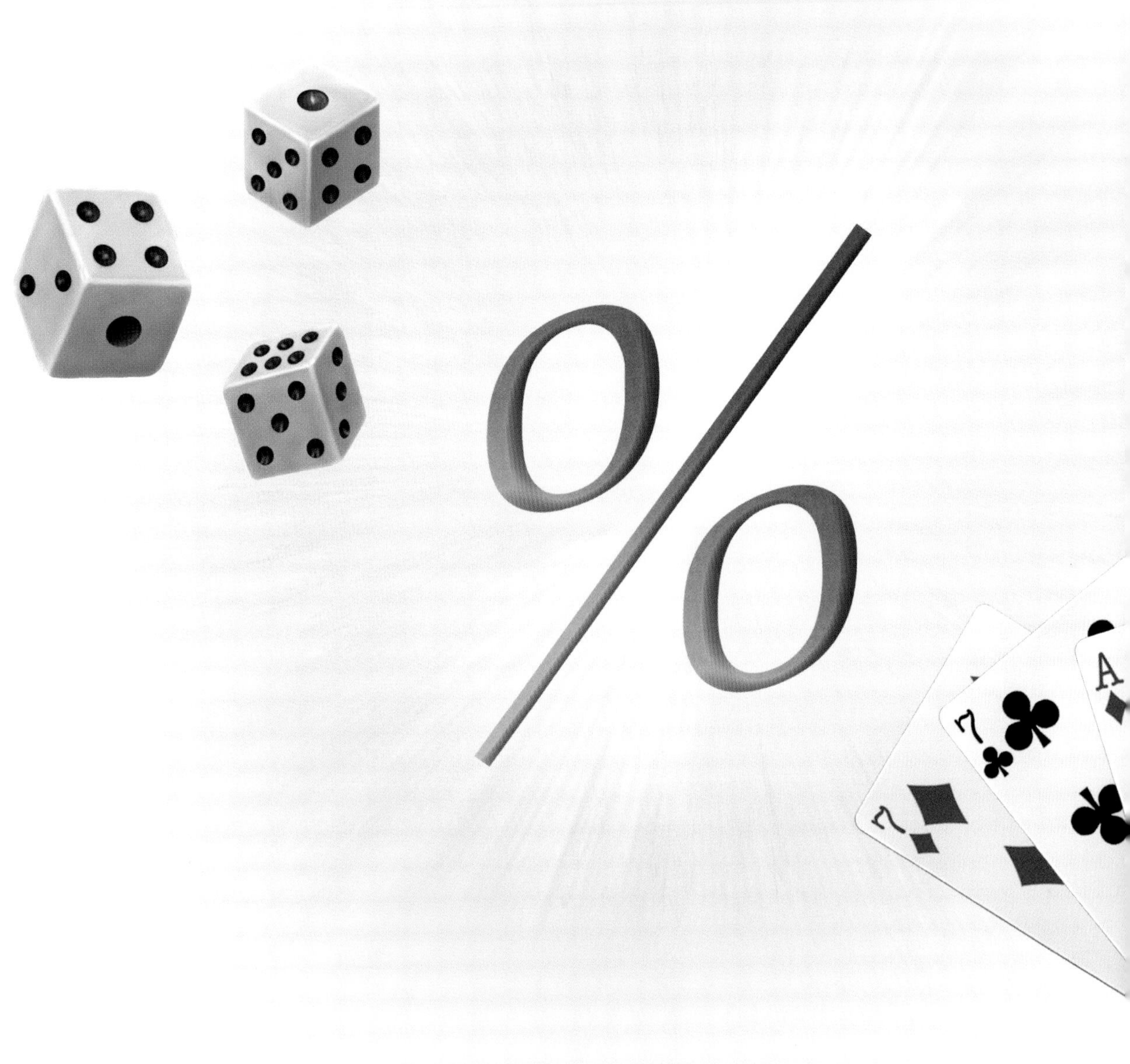

6
확률
Probability

우연을 설명하는 수학 '확률'

'확률'이라고 하면 무엇이 떠오를까? 우리 주변에 볼 수 있는 가까운 예시로는 일기 예보를 꼽을 수 있을 것이다. 또 복권 1등에 당첨될 확률을 곰곰이 떠올려 보는 사람도 있을 것이다.

확률은 데이터를 분석하는 '통계'와 함께 일상생활 여기저기에 활용된다. 그 예시로는 도박이나 보험료 설정, 시청률 조사 등을 들 수 있겠다.

인류와 우연한 사건과의 인연은 생각보다 오래되었다. 적어도 기원전 3,000년경의 이집트나 인더스 문명에서는 신을 위한 제사나, 게임 등에 주사위를 만들어 사용했다. 다만 당시에는 주사위 눈과 같은 우연한 사건을 신의 의지로 생각했던 것으로 보인다.

확률이란 어떤 우연한 사건이 일어나는 비율을 숫자로 나타낸 것이다. 다음에 나올 주사위 눈을 구체적으로 예측할 수 없다는 점은 고대나 현대 확률론이나 크게 다를 바 없다. 그러나 이런 우연 속에도 심오한 법칙이 숨어 있다. 확률을 이해하면 예측할 수 없는 사건에 대처하는 방법을 터득할 수 있을 것이다.

우리 주변에서 흔히 볼 수 있는 확률

확률은 우리의 일상과 밀접한 관계를 맺고 있다. 일기예보나 복권, 주사위나 트럼프 게임, 보험 등은 확률과 관련이 있다.

주사위 눈
주사위를 던졌을 때 각각의 눈이 나올 확률은 $\frac{1}{6}$(약 16.7%)로 나타남

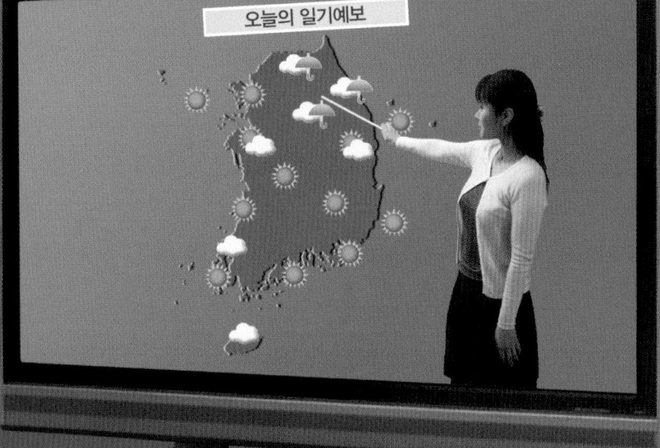

일기예보
강수확률 등을 확률로 계산함

추첨기

복권
일본의 드림 점보 복권은 당첨되는 장수를 미리 정해놓는데, 1등은 1,000만 장에 1장이므로, 1등의 당첨 확률은 1,000만분의 1로 나타남

트럼프
트럼프 게임에도 확률이 여러 번 나타나는데, 예를 들어 포커에서 처음 나눠 준 5장으로 풀하우스(같은 숫자의 카드가 2장 + 3장)를 만들 수 있는 확률은 $\frac{1}{694}$ (약 0.144%)로 나타남

SECTION
55

law of large number

대수의 법칙

횟수가 늘어날수록 가까워지는 본래의 확률

앞·뒤가 나올 확률이 같은 동전(앞면은 검은색, 뒷면은 흰색)이 있다고 치자. 이 동전을 던져 앞이 나오는지 뒤가 나오는지 기록하는 실험을 1,000번 반복해 보았다.

처음 10번 던졌을 때 앞의 비율이 $\frac{3}{10}$, 뒤의 비율이 $\frac{7}{10}$로 나타나 본래의 확률($\frac{1}{2}$)에서 상당히 벗어났다. 그다음 100번을 던졌을 때 그 결과는 앞이 45번, 뒤가 55번으로 본래의 확률 $\frac{1}{2}$에 가까워졌다. 그리고 1,000번을 던졌을 때 그 결과는 앞이 508번, 뒤가 492번으로 본래의 확률($\frac{1}{2}$)에 더욱 가까워졌다.

이처럼 어떤 우연한 사건을 반복할 때, 그 결과가 본래의 확률에 점점 가까워지는 것을 가리켜 '대수의 법칙'이라고 한다. 이는 확률론의 기본적인 법칙이다. 동전을 무한 번 던진다고 가정하면 앞면과 뒷면의 확률은 각각 50%로 나타난다.

확률은 단기적으로 보면(동전 던지기 횟수 적음), 본래의 확률에서 동떨어진 결과가 나와 당황할 때가 종종 있다. 그러나 장기적으로 보면(동전 던지기 횟수 많음), 본래의 확률에 가까운 안정적인 결과가 나온다. 확률론을 잘 활용하려면 장기적인 시각이 필요하다는 뜻이다.

동전을 1,000번 던진 결과

동전을 1,000번 던졌을 때 그 결과는 그림과 같았다. 앞면은 검은색, 뒷면은 흰색으로 상단 왼쪽에서 오른쪽 순으로 나타냈다. 가끔씩 앞이 연달아 나오거나 뒤가 연달아 나올 때가 있었지만, 결과적으로 앞이 508번, 뒤가 492번으로 나타나 각각의 확률은 $\frac{1}{2}$에 가까웠다.

임의로 설정한 녹색 테두리 부분은 10번 던진 결과이고, 빨간색 테두리 부분은 100번 던진 결과이다. 이 앞뒷면의 비율을 알아보기 쉽게 재배열한 것이 오른쪽 페이지다.

확률이 $\frac{1}{2}$에 가까워지는 경향이 있는 것은 사실이지만 우연이 겹쳐 앞면과 뒷면 어느 한쪽만 극단적으로 치우쳐 나타날 때도 있었다.

횟수가 증가할수록 가까워지는 $\frac{1}{2}$의 확률

왼쪽 페이지의 실험 결과에서 임의로 10번(녹색 테두리 부분), 100번(빨간색 테두리 부분), 1,000번 던진 결과를 잘라내 앞뒷면이 나오는 비율을 알아보기 쉽게 재배열했다. 10번, 100번, 1,000번으로 횟수가 늘어남에 따라 확률이 점차 $\frac{1}{2}$에 가까워진다는 사실을 뚜렷하게 볼 수 있다.

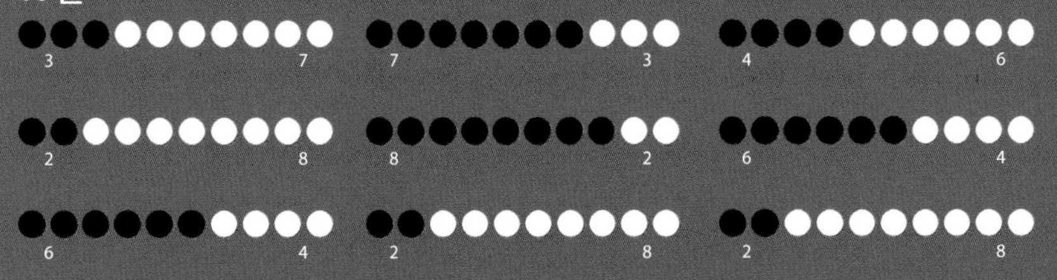

100번

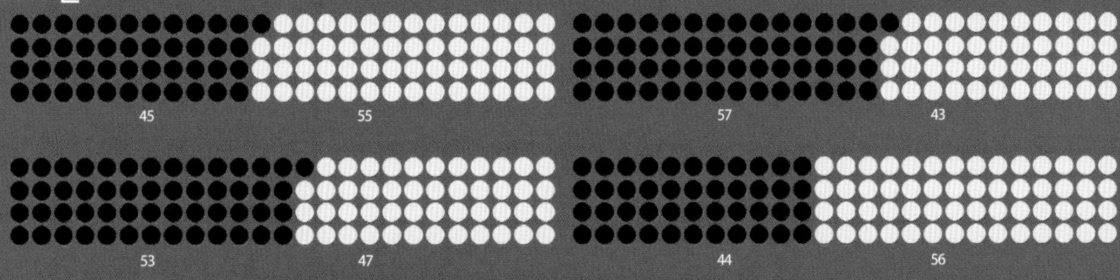

1,000번

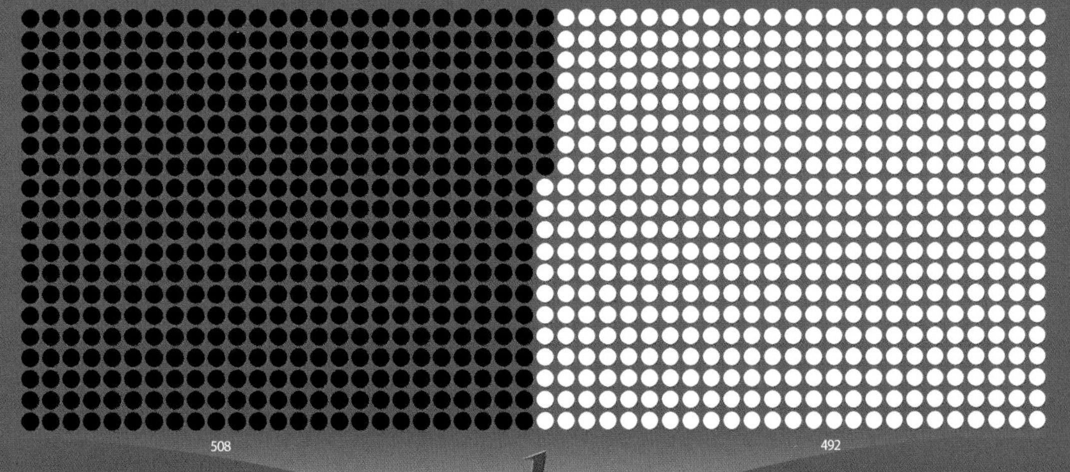

동전을 무한 번 던진다고 가정하면
앞뒷면이 나올 확률은 각각 $\frac{1}{2}$이 된다.

SECTION
56

구별해서 사용해야 하는 '순열'과 '조합'

주사위 3개의 눈의 합이 9가 되는 경우와 10이 되는 경우 중 어느 쪽이 더 많을까?

합해서 9가 되는 조합은 '(1, 2, 6), (1, 3, 5), (1, 4, 4), (2, 2, 5), (2, 3, 4), (3, 3, 3)'으로 6가지다. 한편 10이 되는 조합은 '(1, 3, 6), (1, 4, 5), (2, 2, 6), (2, 3, 5), (2, 4, 4), (3, 3, 4)'로 이것 또한 6가지다. 그렇다면 이 둘의 확률은 같을까?

이탈리아의 과학자 '갈릴레오 갈릴레이'는 주사위 3개를 개별적으로 따져야 한다는 사실을 깨달았다. 예를 들어 합계가 9가 되는 (1, 2, 6) 조합은 '(1, 6, 2), (2, 1, 6), (2, 6, 1), (6, 1, 2), (6, 2, 1)'의 총 6가지 패턴으로 나타나는데, (3, 3, 3) 조합은 1가지 패턴으로만 나타난다. 이처럼 주사위를 구별하면 합이 9가 되는 패턴은 25가지, 10이 되는 패턴은 27가지로 나타난다. 즉 9보다 10이 나오기 쉽다.

이는 '순열'과 '조합'의 차이다. 순열이란 예를 들어 '1, 2, 6'이라는 숫자 3개를 배열했을 때 그 순서까지 고려하는 개념으로, (1, 2, 6)과 (1, 6, 2)는 별개라고 생각한다. 한편 조합이란 순서를 고려하지 않는 개념이다. 확률을 다룰 때는 상황을 본 다음 순열과 조합 어느 쪽을 사용해야 할지 판단할 필요가 있다.

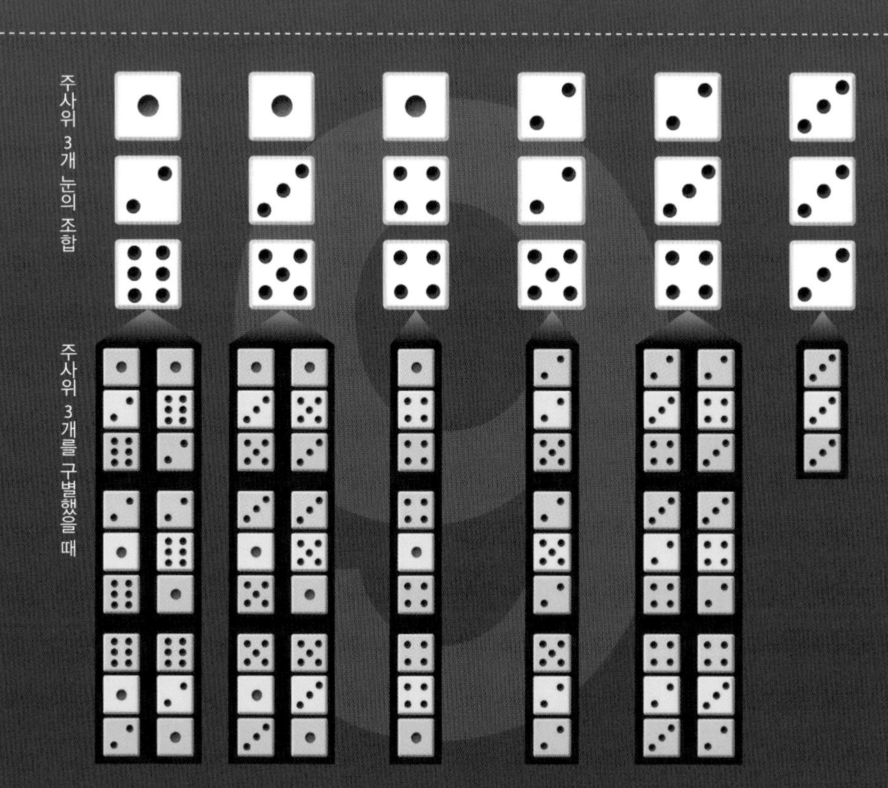

칼럼 COLUMN 순열과 조합의 공식

n개의 집단에서 r개를 꺼내 순서대로 나열했을 때, 순열의 총수는 '$_nP_r$'로 나타내며, 공식 '$_nP_r = \frac{n!}{(n-r)!}$'을 이용해 이 총수를 구할 수 있다. 이때 '!'은 '팩토리얼'을 나타내는 기호로, '$3! = 3\times2\times1$, $4! = 4\times3\times2\times1$'와 같은 계산식을 의미한다. 예를 들어 4명이 있는 집단에서 3명을 선택할 때의 순열은 '$_4P_3 = \frac{4\times3\times2\times1}{(4-3)!} = 24$'로 24가지다. 한편 조합의 총수는 '$_nC_r$'로 나타내며, 공식 '$_nC_r = \frac{_nP_r}{r!}$'을 이용해 이 총수를 구할 수 있다. 4명이 있는 집단에서 3명을 선택할 때 순서를 고려하지 않으면, 조합은 '$_4C_3 = \frac{_4P_3}{3!} = \frac{24}{3\times2\times1} = 4$'로 4가지다. 이러한 공식은 확률 문제를 풀 때 자주 활용된다.

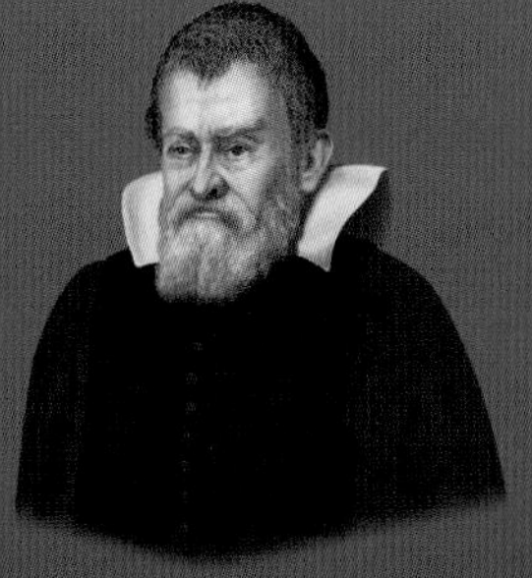

갈릴레오 갈릴레이
17세기의 천문학자로, 확률에 대해서도 고찰했다.

9가 되는 패턴 25가지, 10이 되는 패턴 27가지

왼쪽 페이지 아래의 그림은 주사위 3개의 합이 9가 되는 패턴을 나타낸 것이다. 상단은 주사위 3개를 구별하지 않고 생각한 경우(조합)로, 그 패턴은 6가지다. 다만 실제로는 하단과 같이 주사위 3개를 구별하는 순열의 개념을 적용해야 하는데, 그 경우 25가지의 패턴이 나타난다. 한편 아래 그림은 주사위 3개의 합이 10이 되는 패턴을 나타낸 것이다. 상단은 주사위 3개를 구별하지 않을 때, 하단은 구별할 때를 나타냈다. 합이 10이 되는 패턴은 27가지가 있으므로, 결국 주사위 3개의 눈의 합으로는 9보다 10이 나오기 쉽다는 사실을 알 수 있다. 참고로 합이 11인 패턴도 27가지이며, 주사위 3개의 눈의 합으로 가장 나오기 쉬운 수는 10과 11이다.

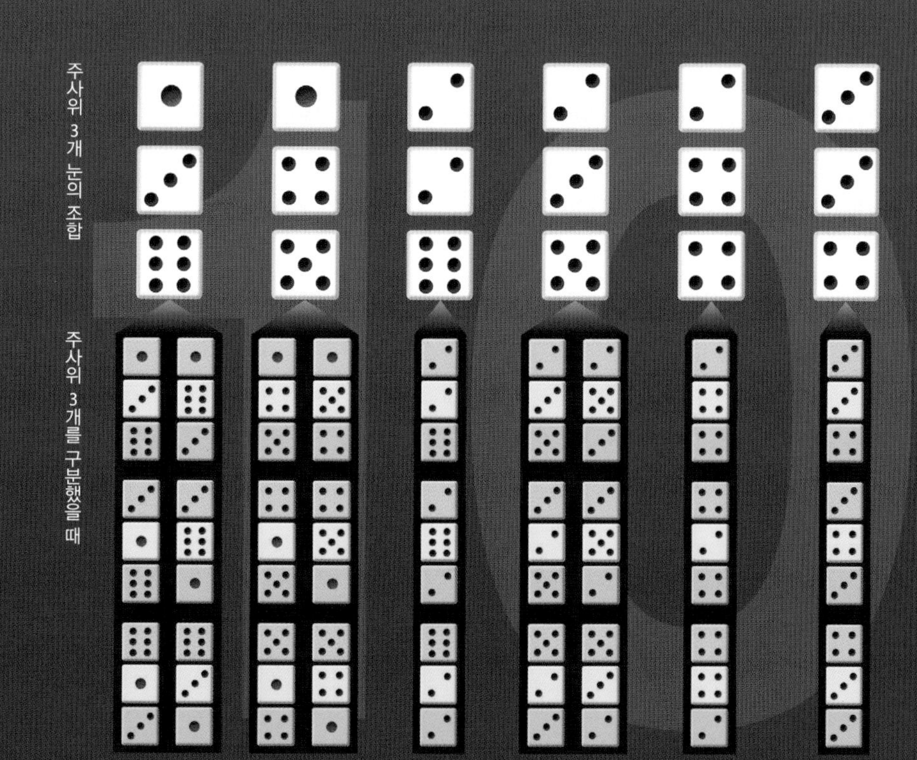

올바른 확률을 구하기 위한 '곱셈정리'와 '덧셈정리'

17세기의 수학자 '블레즈 파스칼'과 '피에르 드 페르마'는 아래 문제에 대해 고찰했다.

'A와 B는 3번 먼저 이긴 쪽이 승리하는 승부를 겨룬다. A가 2번 이기고, B가 1번 이겼을 때 승부를 중지한다면 A와 B에게 건 판돈은 각각 얼마씩 돌려줘야 공평할까?'

치르지 않은 4번째 경기에서 A가 이길 확률은 $\frac{1}{2}$이고, 4번째 경기에서는 B가 이기고 5번째 경기에서 A가 이길 확률은 '$(\frac{1}{2}) \times (\frac{1}{2}) = \frac{1}{4}$'이다. 즉 A가 승리할 확률은 이 둘을 더한 '$(\frac{1}{2}) + (\frac{1}{4}) = \frac{3}{4}$'이다.

한편 B가 승리하는 경우는 4번째 경기에서 B가 이기고, 5번째 경기에서도 B가 이기는 경우뿐이다. 그 확률은 '$(\frac{1}{2}) \times (\frac{1}{2}) = \frac{1}{4}$'이 된다. 따라서 두 사람에게 걸린 판돈을 더한 다음 3 : 1로 나누면 된다.

확률론에서는 A가 4번째 경기에서 지고, 5번째 경기에서 이기는 경우인 '$(\frac{1}{2}) \times (\frac{1}{2})$'과 같은 곱셈을 '곱셈정리'라고 한다. 또 A가 승리할 확률을 구하기 위해, 4번째 경기에서 승리할 경우와 5번째 경기에서 승리할 경우를 더하는 '$(\frac{1}{2}) + (\frac{1}{4})$'과 같은 덧셈을 '덧셈정리'라고 한다. 확률에 있어 곱셈정리, 덧셈정리는 매우 중요하다.

판돈을 공평하게 나누려면 어떻게 해야 할까

그림은 파스칼과 페르마가 편지를 주고받으면서 고찰한, 판돈을 공평하게 나누는 방법이다. A의 승리는 흰색 동그라미, B의 승리는 검은색 동그라미로 나타냈다. 왼쪽 그림은 승부의 3번째 경기, A가 2승 1패인 상태에서 내기가 종료된 상황이다. 오른쪽 그림은 각각 A가 2승 0패일 때, A가 1승 0패일 때 내기가 종료된 상황이다. 파스칼과 페르마는 각 상황에서 A, B가 3승을 거둘 확률을 구한 뒤 그 비율에 따라 판돈을 나눠 갖는 방법이 공평하다고 생각했다. 단, 이때 경기 1번의 승률은 A, B 모두 $\frac{1}{2}$로 가정한다.

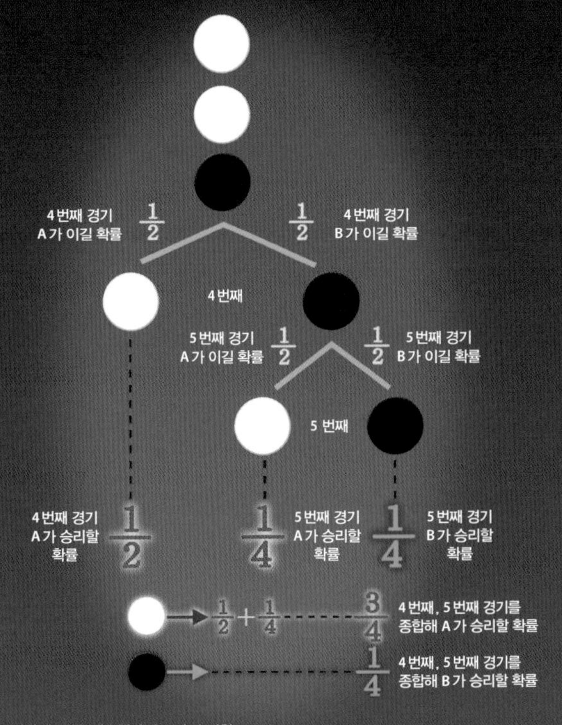

A가 2승 1패인 상태로 내기 종료

4번째, 5번째 경기는 치르지 않았지만, 치렀다 가정하고 승률을 구해 보자. 그 결과 승부를 계속했다면 A가 승리할 확률은 $\frac{3}{4}$, B가 승리할 확률은 $\frac{1}{4}$로 나타난다. 즉 A가 B보다 3배 더 유리할 때 내기가 종료된 것을 알 수 있다.

블레즈 파스칼
(1623 ~ 1662)

피에르 드 페르마
(1607 ~ 1665)

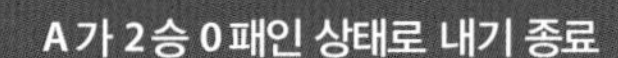

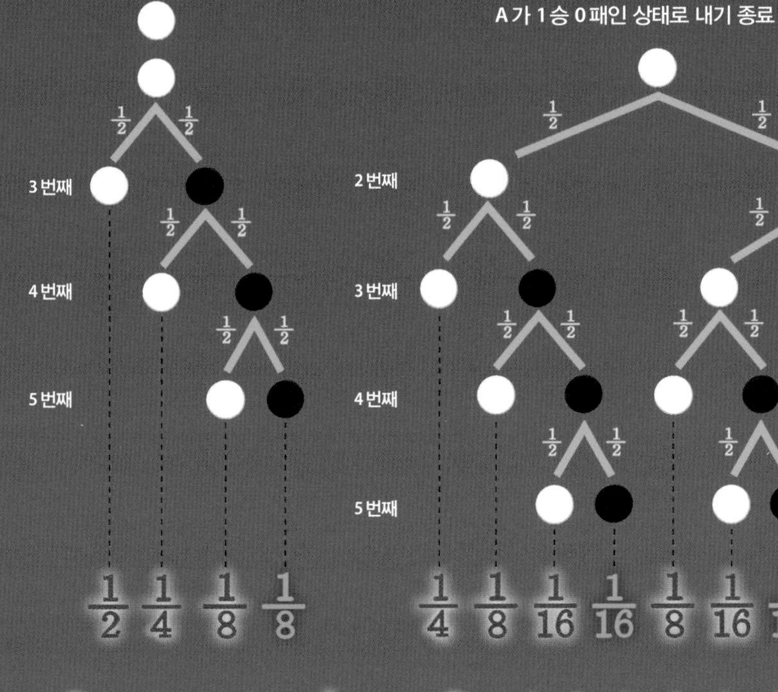

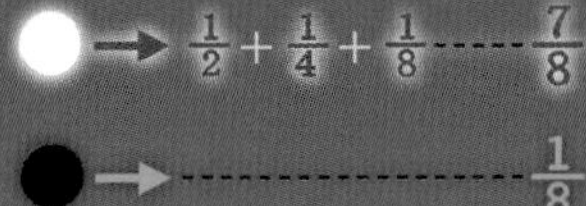

3번째, 4번째, 5번째 경기를 치렀다 가정하고 A, B의 승률을 구한다. 계산하면 A는 $\frac{7}{8}$, B는 $\frac{1}{8}$의 승률을 가진다. 따라서 A와 B에게 걸린 판돈은 7 : 1의 비율로 나누는 것이 공평하다.

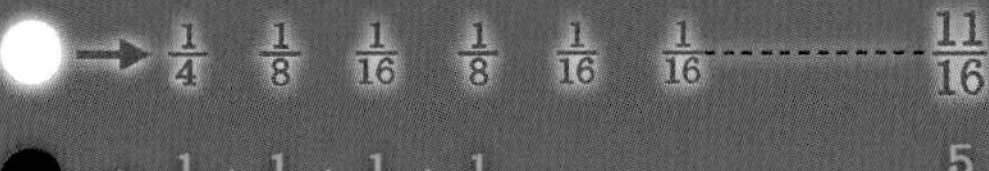

2번째 이후의 경기를 치렀다 가정하고 A, B의 승률을 구한다. 계산하면 A는 $\frac{11}{16}$, B는 $\frac{5}{16}$의 승률을 가지므로, A와 B에게 걸린 판돈은 11 : 5의 비율로 나누는 것이 공평하다.

어떤 사건이 발생하지 않을 확률

어떤 수험생이 A, B, C, D, E, F 대학 6곳에 입학시험을 치른다고 치자. 수험생의 합격 확률은 대학 순으로 '30%, 30%, 20%, 20%, 10%, 10%'로 예상된다. 수험생이 적어도 대학 1곳에 합격할 확률은 얼마나 될까?

물론 적어도 대학 1곳에 합격할 확률을 모든 경우로 나누고 그것들을 더하면 답을 도출할 수 있지만, 이 방법은 매우 복잡하다(오른쪽 페이지 참조).

이 문제는 '여사건'의 개념을 활용하면 간단하게 구할 수 있다. 여사건이란 어떤 사건(현상)에 대해서 그것이 발생하지 않는 사건을 말한다.

예를 들어 적어도 대학 1곳에 합격할 확률은 확률 전체를 나타내는 '1(= 100%)'에서 모든 대학에 불합격할 확률을 빼면 구할 수 있다.

여사건을 활용한 계산 방법은 다음과 같다. 먼저 모든 대학에 불합격할 확률은 각 대학에 불합격할 확률을 곱한 것이므로, 곱셈정리로 나타내면 '$\frac{7}{10} \times \frac{7}{10} \times \frac{8}{10} \times \frac{8}{10} \times \frac{9}{10} \times \frac{9}{10}$'이다. 백분율로 환산하면 약 25.4%가 산출된다. 따라서 적어도 대학 1곳에 합격할 확률은 '100% - 약 25.4% = 약 74.6%'가 된다.

모든 대학에 불합격할 확률은 얼마나 될까

A 대학 불합격 확률 $\frac{7}{10}$
×
B 대학 불합격 확률 $\frac{7}{10}$
×
C 대학 불합격 확률 $\frac{8}{10}$
×
D 대학 불합격 확률 $\frac{8}{10}$
×
E 대학 불합격 확률 $\frac{9}{10}$
×
F 대학 불합격 확률 $\frac{9}{10}$
=
25.4016%

적어도 대학 1곳에 합격할 확률
= 확률 전체(100%) − 모든 대학에 불합격할 확률

100% − 25.4016%
= 74.5984%

어떤 수험생이 적어도 대학 1곳에 합격할 확률은 얼마나 될까

어디까지나 계산상의 이야기지만, 각각의 합격률은 낮아도 많은 대학에 입학시험을 치를수록 합격할 가능성이 높아진다는 사실을 알 수 있다.

참고로 여사건 개념을 정밀한 공업 제품을 만드는 일에 적용하면 큰 문제가 될 수 있다. 예를 들어 부품 100개로 어떤 제품을 만들었는데, 그중 불량품이 1개라도 있으면 작동하지 않는다고 치자. 각 부품이 정상일 확률을 99%라고 가정하면, 이 제품이 작동하지 않을 확률(적어도 부품 1개가 불량품일 확률)은 '$1-(\frac{99}{100})^{100}$ = 약 63.4%'로 산출된다.

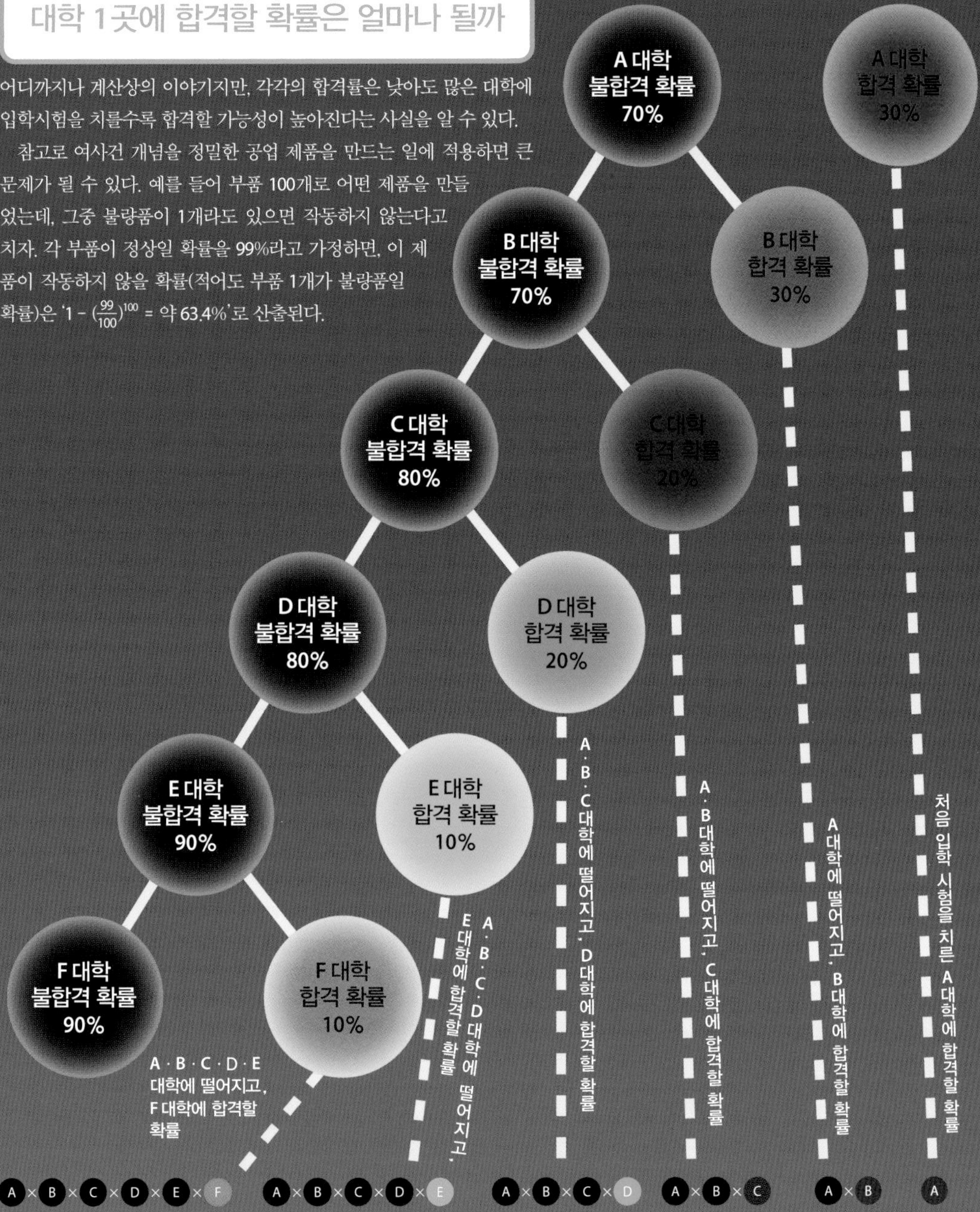

A 대학 불합격 확률 70%
A 대학 합격 확률 30%
B 대학 불합격 확률 70%
B 대학 합격 확률 30%
C 대학 불합격 확률 80%
C 대학 합격 확률 20%
D 대학 불합격 확률 80%
D 대학 합격 확률 20%
E 대학 불합격 확률 90%
E 대학 합격 확률 10%
F 대학 불합격 확률 90%
F 대학 합격 확률 10%

A·B·C·D·E 대학에 떨어지고, F 대학에 합격할 확률
A·B·C·D 대학에 떨어지고, E 대학에 합격할 확률
A·B·C 대학에 떨어지고, D 대학에 합격할 확률
A·B 대학에 떨어지고, C 대학에 합격할 확률
A 대학에 떨어지고, B 대학에 합격할 확률
처음 입학 시험을 치른 A 대학에 합격할 확률

A×B×C×D×E×F　A×B×C×D×E　A×B×C×D　A×B×C　A×B　A

$$\frac{28,224}{1,000,000}+\frac{3,136}{100,000}+\frac{784}{10,000}+\frac{98}{1,000}+\frac{21}{100}+\frac{3}{10}$$

= 74.5984%

그러나 이 방법은 계산이 복잡함

SECTION 59

expected value

기댓값

예측할 수 없는 사건에도 따질 수 있는 득실

1 ~ 13까지의 다이아몬드 카드가 뒤집어져 있다. 이 중에서 1장을 무작위로 골랐을 때, 그 숫자가 당신이 얻는 점수가 된다. 이 게임에서 당신은 몇 점을 득점할 수 있을까?

이럴 때는 모든 카드를 '(득점) × (확률)' 방법으로 계산하고 더하면 된다. 이렇게 산출된 값을 가리켜 '기댓값'이라고 한다.

구체적으로 계산해 보자. '(1점 × $\frac{1}{13}$) + (2점 × $\frac{1}{13}$) + … + (13점 × $\frac{1}{13}$) = 7'이 산출된다. 즉 기댓값은 7점이다. 단, 이것은 계산상의 값으로, 실제로는 2점이 나오기도 하고 10점이 나오기도 하는 등, 그 결과는 제각각이다. 그러나 이 게임을 여러 번 반복하면 득점의 평균 점수는 7점에 가까워진다.

1 ~ 13의 카드에 적힌 숫자와 같은 점수를 얻을 때

1점을 얻을 확률은 $\frac{1}{13}$이고, 2점을 얻을 확률 또한 $\frac{1}{13}$이다. 이밖에도 3점 ~ 13점 모두 $\frac{1}{13}$의 확률로 얻을 수 있다. '(1점 × $\frac{1}{13}$) + (2점 × $\frac{1}{13}$) + … + (13점 × $\frac{1}{13}$) = 7', 즉 이 규칙으로 게임을 했을 때의 기댓값은 7이다.

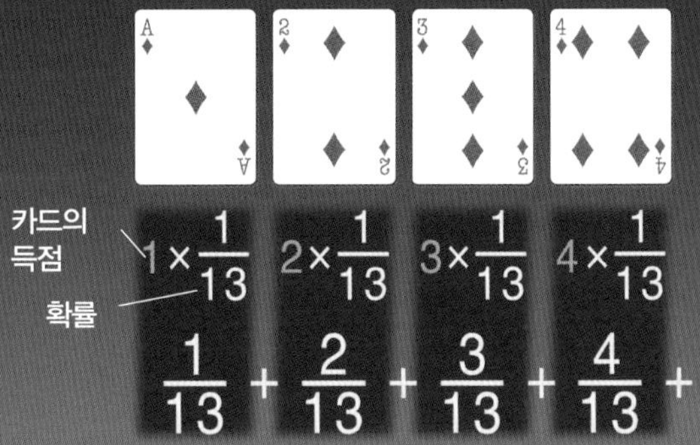

카드의 득점

확률

$1 \times \frac{1}{13}$ $2 \times \frac{1}{13}$ $3 \times \frac{1}{13}$ $4 \times \frac{1}{13}$

$\frac{1}{13} + \frac{2}{13} + \frac{3}{13} + \frac{4}{13} +$

규칙을 바꾼 경우

규칙을 바꿔 1은 4장, 2 ~ 13은 각 1장씩, 총 16장의 카드로 게임을 한다. 1이 나오면 15점, 2 ~ 9는 숫자 그대로, 10 ~ 13은 10점의 점수를 얻는다고 치자. 카드 1을 골라 15점을 얻을 확률은 $\frac{4}{16}$이므로 '15 × $\frac{4}{16}$'이다. 동일한 방식으로 카드 13까지 계산한 다음, 산출된 값을 모두 더하면 기댓값은 9점이다. 높은 점수를 얻을 수 있는 카드 1이 4장으로 늘어나고, 잭·퀸·킹의 점수는 낮아졌지만, 처음 규칙과 비교해 기댓값은 올라갔다.

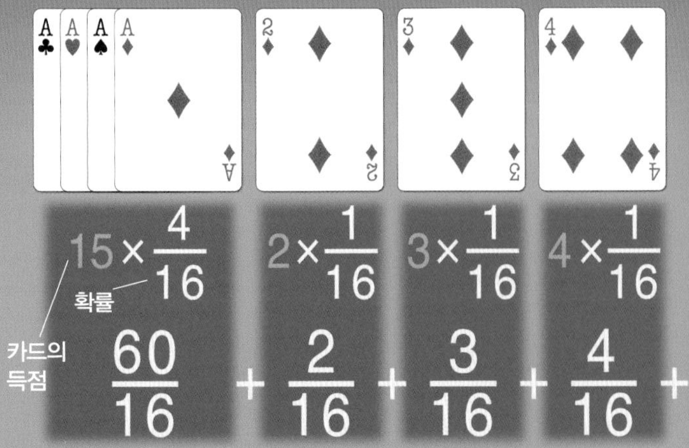

확률

카드의 득점

$15 \times \frac{4}{16}$ $2 \times \frac{1}{16}$ $3 \times \frac{1}{16}$ $4 \times \frac{1}{16}$

$\frac{60}{16} + \frac{2}{16} + \frac{3}{16} + \frac{4}{16} +$

게임 규칙이 복잡해져도 기댓값을 계산하는 방법은 같다. 예를 들어 다이아몬드 카드 13장 외에 하트, 스페이드, 클로버를 1장씩 더해 총 16장의 카드가 있다고 치자. 카드 1이 나오면 15점, 2 ~ 9는 숫자 그대로, 10 ~ 13은 10점의 점수를 얻는다고 가정했을 때, 그 기댓값을 구하면 9점이 산출된다.

기댓값은 예측할 수 없는 사건의 득실(得失)을 따질 때 반드시 필요하다.

무작위로 카드 1장을 선택하기

카드에 득점을 할당하고, 무작위로 카드를 선택했을 때의 기댓값은 확률론을 사용해 계산할 수 있다. 다만 이 계산의 결과는 어디까지나 확률에 근거한 것이기 때문에 시행횟수가 적으면 기댓값과 다르게 나타난다.

$5\times\frac{1}{16}$ $6\times\frac{1}{16}$ $7\times\frac{1}{16}$ $8\times\frac{1}{16}$ $9\times\frac{1}{16}$ $10\times\frac{4}{16}$

기댓값

$$\frac{5}{16}+\frac{6}{16}+\frac{7}{16}+\frac{8}{16}+\frac{9}{16}+\frac{40}{16}=9$$

SECTION 60

conditional probability

조건부 확률

정보가 더해지면 변하는 확률

'자녀가 2명인 어떤 가족이 있다. 이 자녀 2명 중 1명이 남자일 때, 다른 1명의 자녀도 남자일 확률은 얼마나 될까?'

직감적으로 $\frac{1}{2}$을 떠올리는 사람도 많을 것이다. 그러나 정답은 $\frac{1}{3}$이다.

먼저 자녀가 2명인 상황에서 '둘 중 1명은 남자'라는 정보를 제외하고 생각해 보자. 이때 성별의 패턴은 태어난 순서대로 '(남 · 남), (남 · 녀), (여 · 남), (여 · 여)'의 4가지로 나타난다.

이 상황에 '둘 중 1명은 남자'라는 정보를 더하면 둘 중 적어도 1명은 남자여야 하므로, 위의 4가지 패턴에서 (여 · 여)일 가능성은 제외된다.

그러면 '(남 · 남), (남 · 여), (여 · 남)'의 3가지 패턴이 남는다. 둘 중 1명이 남자일 때, 다른 1명도 남자인 패턴은 (남 · 남)뿐이다. 따라서 확률은 $\frac{1}{3}$이 된다.

이 문제와 같이 어떤 조건이나 정보가 더해졌을 때 확률이 변하기도 한다. 18세기경 영국의 목사이자 수학자인 '토머스 베이즈'가 발견한 '조건부 확률'이 바로 그것이다.

정보에 따라 변하는 확률

자녀가 2명인 어떤 가족이 있을 때 자녀 2명 중 적어도 1명은 남자라는 정보를 주고 다른 1명의 자녀도 남자일 확률을 묻는 문제다. 먼저 자녀 2명의 성별 패턴은 나이 순서대로 '(남 · 남), (남 · 여), (여 · 남), (여 · 여)'의 4가지로 나타난다. 여기서 2명 중 적어도 1명은 남자이므로, (여 · 여) 패턴은 가능성에서 제외된다. 나머지 3가지 패턴 중 1명이 남자일 때, 다른 1명도 남자인 패턴은 (남 · 남)뿐이다. 따라서 확률은 $\frac{1}{3}$이 된다. 참고로 첫째가 남자일 때, 둘째도 남자일 확률은 $\frac{1}{2}$이다.

자녀가 2명이라는 정보만 있을 때

1명은 남자라는 정보가 더해졌을 때

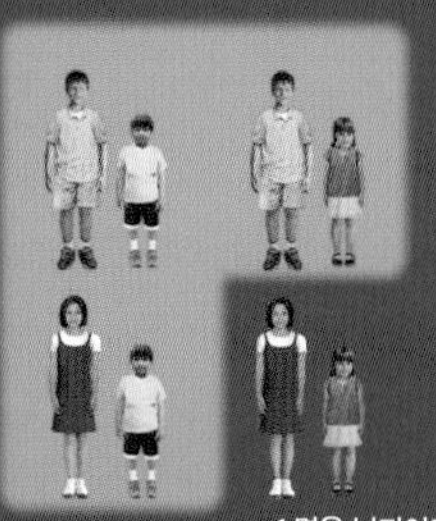

1명은 남자이므로 (여 · 여)는 제외

$$P(A \mid B) = \frac{P(A \cap B)}{P(B)}$$

조건부 확률은 B라는 조건에서 A가 일어날 확률을 의미하며, 기호로는 'P(A | B)'로 나타낸다. 토마스 베이즈는 왼쪽과 같은 조건부 확률 공식을 발견했는데, 여기서 'P($A \cap B$)'란 A와 B 양쪽 모두가 일어날 확률, 'P(B)'는 B가 일어날 확률을 의미한다. 위의 성별 문제에 이 공식을 활용해 보자. 적어도 1명은 남자일 때 다른 1명도 남자인 확률을 구하고자 한다. 즉 A는 다른 1명도 남자, B는 적어도 1명은 남자인 확률을 나타낸다. 따라서 $P(B) = \frac{3}{4}$, $P(A \cap B) = \frac{1}{4}$이므로, $P(A \mid B) = \frac{1}{3}$이 된다.

남자아이 1명의 이름을 알면 변화하는 '다른 1명도 남자아이'일 확률

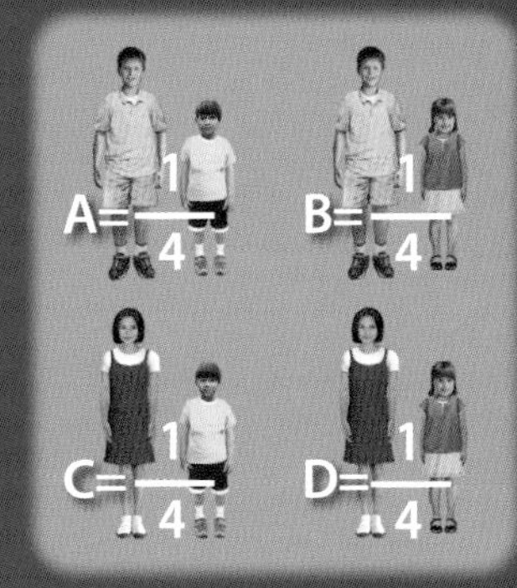

1. 성별만으로 형제를 구별했을 때

왼쪽 페이지에서 생각한 것처럼 2명의 자녀를 남녀로 구별하면 '(남 · 남), (남 · 녀), (여 · 남), (여 · 여)'의 4가지 패턴이 나타나며, 그 확률은 각각 $\frac{1}{4}$이다.

2. 성별과 남자아이 1명의 이름으로 형제를 구별했을 때

남자아이의 이름을 '톰'이라고 가정한 다음, '톰'일 때와 '톰'이 아닐 때로 구별해 생각해 보자. 그러면 A는 3가지, B와 C는 2가지로 나뉘므로, 합계 8가지 패턴으로 나뉜다.

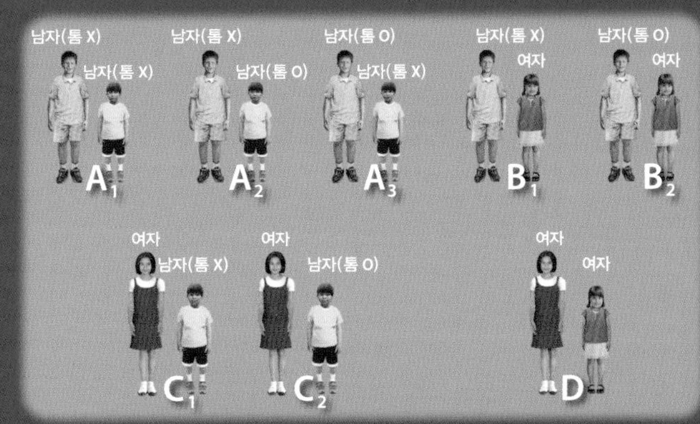

3. '남자아이 1명이 톰일 때'로 범위를 축소해 보자

자녀 중 남자아이 1명이 '톰'일 경우로 범위를 축소하면, 4가지 패턴으로 압축된다. 위에서는 D만 제외됐지만, 이번에는 A_1, B_1, C_1 도 제외된다. 아래의 3.1, 3.2와 같이 A_1 ~ C_2 의 확률을 가정한 다음, 조건부 확률 공식에 따라 '$\frac{A_2+A_3}{A_2+A_3+B_2+C_2}$'를 계산하면, 남자아이 1명이 '톰'일 때 다른 1명도 남자아이일 확률은 $\frac{1}{2}$ 또는 $\frac{2}{5}$로 산출된다.

3.1 남자아이 이름으로 '톰'이 나올 확률이 낮은 경우(흔하지 않은 이름일 때)

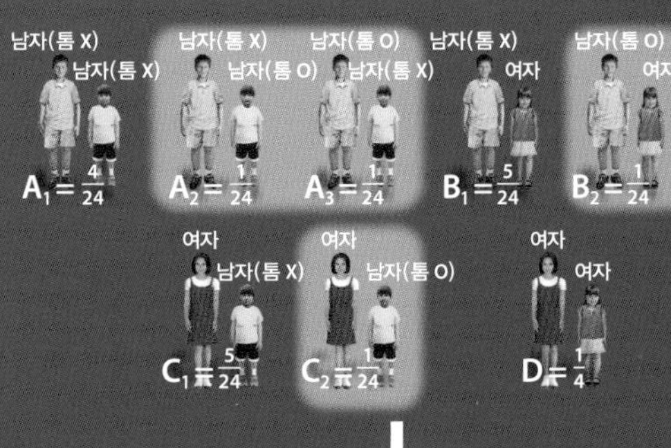

↓

$\frac{1}{2}$

3.2 남자아이 이름으로 '톰'이 나올 확률이 높은 경우(흔한 이름일 때)

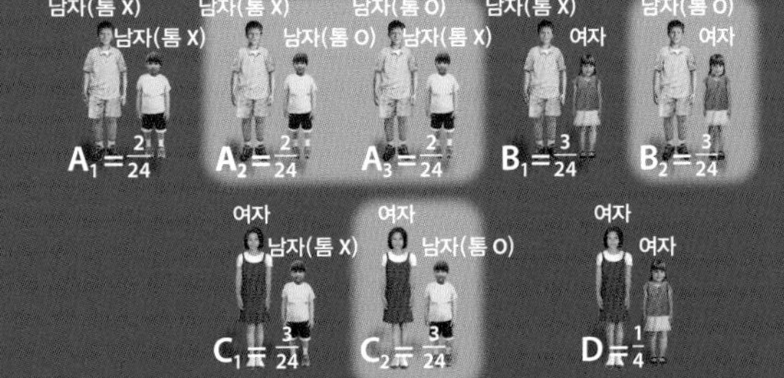

↓

$\frac{2}{5}$

남자아이 중 1명이 톰일 때, 다른 1명도 남자아이일 확률은?

COLUMN

조건부 확률의 난제 '몬티 홀 문제'

귀한 상품을 받을 수 있는 게임에서 도전자 앞에 A, B, C가 적힌 문 3개가 있다. 3개의 문 중 1개의 뒤에는 상품이 있고, 나머지 2개는 꽝이다. 사회자는 상품이 어디 있는지 알고 있지만 도전자는 모른다. 도전자가 문 A를 골랐다고 치자.

그러자 사회자가 남은 문 2개 가운데 문 B를 열어 그 문이 꽝임을 도전자에게 보여주고는 '그대로 문 A를 선택하거나, 문 C로 바꾸시겠습니까?' 하고 제안한다면, 이때 도전자는 문을 바꿔야 할까? 답은 바꿔야 한다.

이것은 조건부 확률의 난제로 알려진 '몬티 홀 문제'이다. 실제 미국의 한 퀴즈 프로그램에서 출제된 문제로, 그 명칭은 해당 프로그램 사회자의 이름에서 따왔다.

B가 꽝임을 알고 있으므로 고를 수 있는 문은 A와 C이다. 정답일 확률은 둘 다 $\frac{1}{2}$이니 문을 바꾸든 바꾸지 않든 마찬가지라고 생각하는 사람이 많을 것이다. 그러나 사실 A가 정답일 확률은 $\frac{1}{3}$, C가 정답일 확률은 $\frac{2}{3}$이다.

3개의 문 중 상품은 어디에 있을까(몬티 홀 문제)

[상황 1] 도전자가 문 A를 고름

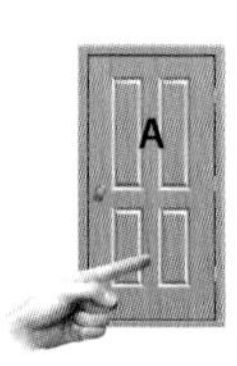

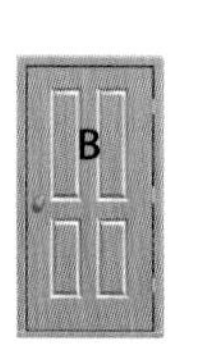

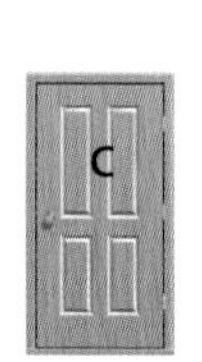

[상황 2] 사회자는 문 C를 남기고 문 B를 열어 보임

[상황 2]에서 'A가 정답일 확률'과 'C가 정답일 확률'을 계산해 보자

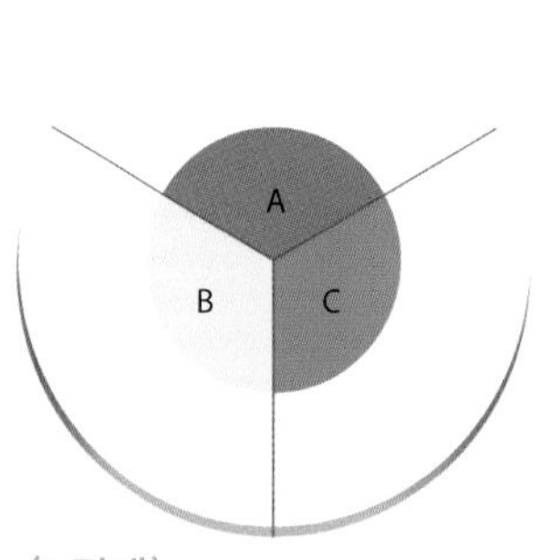

〈1단계〉

[상황 1]에서 A, B, C가 정답일 확률은 각각 3분의 1이다. 이것을 안쪽에 3등분한 원그래프로 나타냈다.

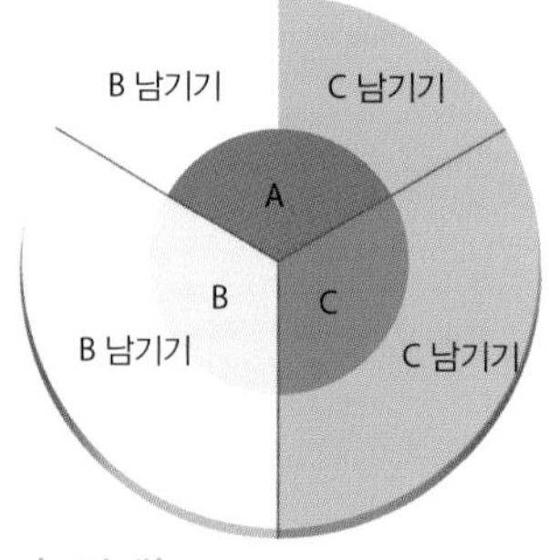

〈2단계〉

사회자는 어떤 문을 남길지 생각한다. A가 정답이면 B나 C를 남긴다(단, 어느 쪽이든 같은 확률로 선택함). 이때 B가 정답이라면 반드시 B를, C가 정답이라면 반드시 C를 남긴다. 이를 바깥쪽 원그래프로 나타냈다.

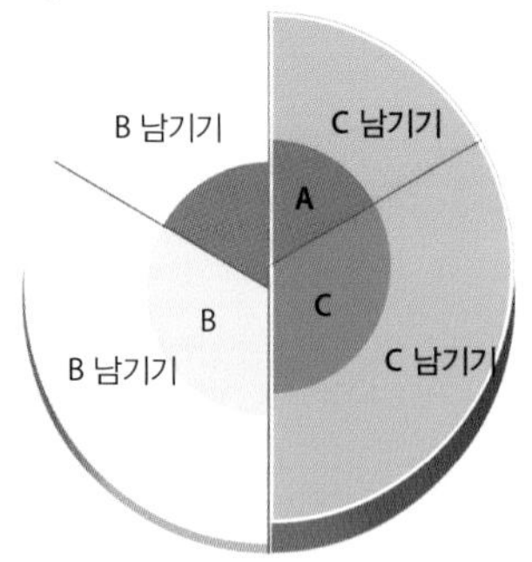

〈3단계〉

[상황 2]에서 C가 남았다면(원그래프에서 튀어나온 부분), 이때 A가 정답일 확률은 $\frac{1}{3}$이고, C가 정답일 확률은 $\frac{2}{3}$이다.

문제를 풀어보자. 사회자가 문 B를 연다는 조건이 붙기 전까지 A가 정답일 확률은 $\frac{1}{3}$, A가 꽝일 확률은 $\frac{2}{3}$였다. 즉 문 B나 C가 정답일 확률이 $\frac{2}{3}$라는 뜻이다. 여기까지는 이견이 없을 것이다.

여기서 사회자가 문 B는 꽝이라고 알려 줬다. 이로써 문 B와 C가 정답일 확률 $\frac{2}{3}$에서 B가 제외돼, 문 C가 정답일 확률이 $\frac{2}{3}$로 증가한다. 따라서 A에서 C로 바꾸는 것이 유리하다.

이해하기 어렵다면 다음의 설명을 보자. 극단적인 예시로 문이 100만 개 있다고 가정하자. 도전자가 문 A를 고르자 사회자는 문 A를 제외한 문 99만 9,998개를 열어 보이며 꽝임을 알려 줬다(꽝 1개를 남김). 이때 처음 고른 문 A와 99만 9999개에서 남은 문 1개를 비교하면 후자의 문이 정답일 확률이 높다는 생각이 들지 않는가?

그래도 이해하기 어렵다면 트럼프 카드 등을 이용해 두 사람이 실험해 보는 것도 효과적인 방법이다. 문제와 같은 조건에서 A를 그대로 고를 때와 A에서 C로 바꿀 때를 각각 반복해 실험한 뒤, 이를 비교해 보면 바꿨을 때가 정답일 확률이 더 높다는 사실을 알 수 있다.

문을 5개로 늘려 보자

[상황 1] 도전자가 문 A를 고름

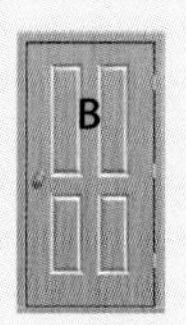

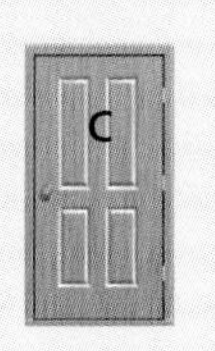

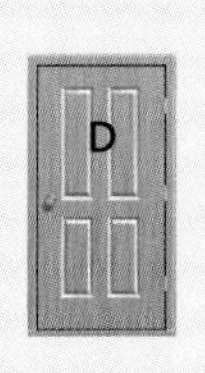

[상황 2] 사회자는 문 E를 남기고 문 B, C, D를 열어 보임

[상황 2]에서 'A가 정답일 확률'과 'E가 정답일 확률'을 계산해 보자

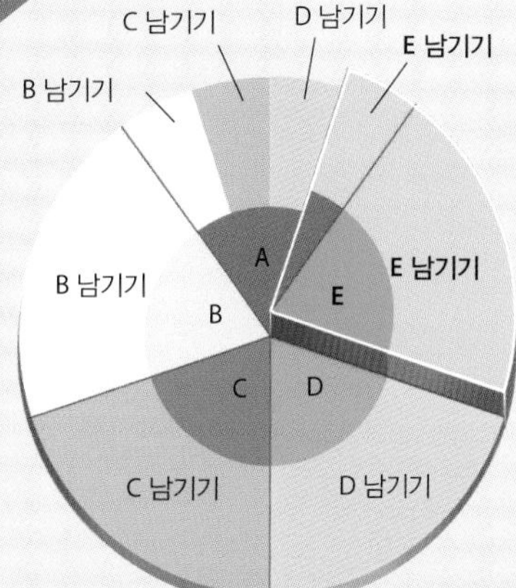

문이 3개일 때와 동일한 방식으로 생각하면, 오른쪽과 같은 원그래프로 나타낼 수 있다. 사회자가 E를 남겼을 때 A가 정답일 확률은 $\frac{1}{5}$, E가 정답일 확률은 $\frac{4}{5}$이다.

SECTION 61

random walk

불규칙하며 예측할 수 없는 움직임 '랜덤워크'

원점 위에 점 P가 있는 수직선을 떠올려 보자. 점 P는 동전을 던져 앞면이 나오면 오른쪽으로, 뒷면이 나오면 왼쪽으로 간다고 치자. 이 조작을 반복하면, 원점에 있던 점 P는 왔다갔다하는 움직임을 반복한다.

이처럼 불규칙하고 예측할 수 없는 움직임을 '랜덤워크'라고 하며, 술 취한 사람이 비틀거리면서 걷는 모습과 비슷하다고 해서 '취보(醉步)'라고도 부른다.

좌우로 이동할 확률은 반반이므로, 점 P는 원점 근처에서 왔다갔다할 것으로 생각되지만, 실제로 계산해 보면 그렇지 않다. 점 P가 서서히 원점에서 멀어져 가는 모습이 확률적으로 자주 보인다.

자연현상이나 일상에서 볼 수 있는 현상 중에는 랜덤워크와 같은 움직임을 보이는 것이 많다. 예를 들어 홍차가 든 컵에 우유를 넣으면, 숟가락으로 섞지 않아도 시간이 지나면 우유는 홍차와 섞이며 서서히 퍼져 나간다. 이 확산현상은 우유의 입자가 랜덤워크의 일종인 '브라운 운동(Brownian motion)'에 의해 불규칙하게 운동해 원래 위치에서 멀어짐으로써 발생하는 결과다.

또 주가의 변동이나 가상 화폐와 같은 금융 상품의 시세 변동은 정확하게 예측할 수 없어 랜덤워크처럼 움직이는 성질이 있다고 여겨진다. 그 밖에도 소문이나 감염증의 확산, 차량 정체 시뮬레이션 등 실로 다양한 현상을 해석하는 데 활용된다.

랜덤워크

1 ~ 3차원의 격자 위에 랜덤워크를 나타냈다. 2차원의 경우 상·하·좌·우 방향으로 각각 $\frac{1}{4}$의 확률, 3차원의 경우 전·후·상·하·좌·우 방향으로 각각 $\frac{1}{6}$의 확률로 이동한다고 설정했다.

실제 컴퓨터로 시뮬레이션해보면, 어떤 경우라도 시간이 지나면 원점에서 멀어져 가는 경향※이 나타난다. 홍차와 섞이는 우유 입자 등의 확산현상은 이러한 랜덤워크에 의해 일어나는 것이다.

※ 확률적인 움직임이므로, 원점 부근에 머무르는 일도 낮은 확률로 나타남

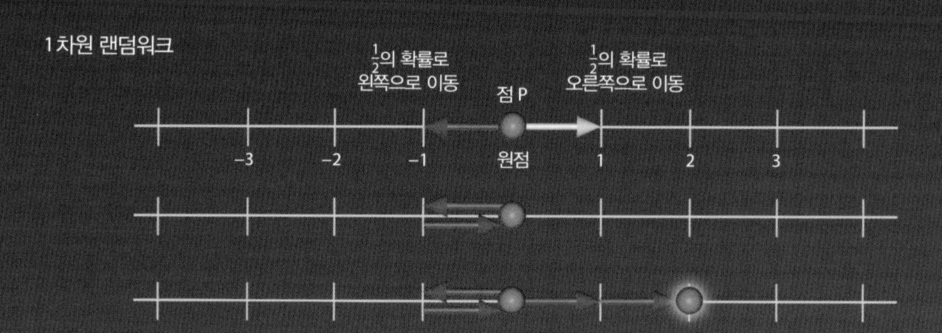
1차원 랜덤워크
$\frac{1}{2}$의 확률로
왼쪽으로 이동
$\frac{1}{2}$의 확률로
오른쪽으로 이동
점 P
−3
−2
−1
원점
1
2
3

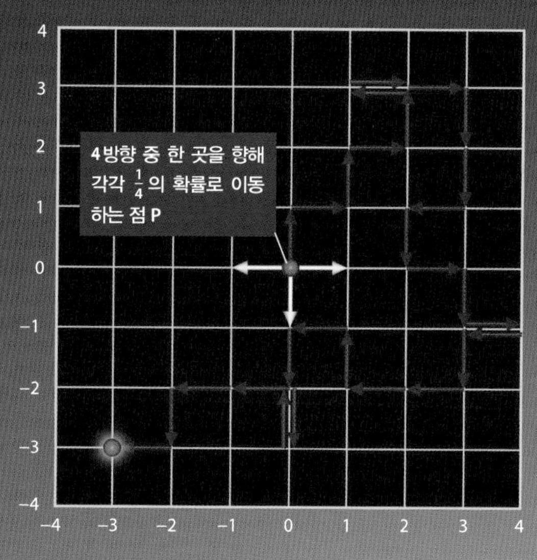
2차원 랜덤워크
4방향 중 한 곳을 향해
각각 $\frac{1}{4}$의 확률로 이동
하는 점 P

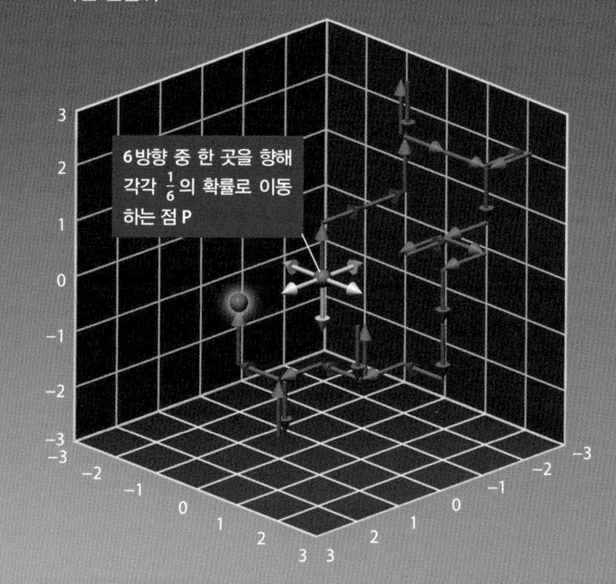
3차원 랜덤워크
6방향 중 한 곳을 향해
각각 $\frac{1}{6}$의 확률로 이동
하는 점 P

TOMATO

7
통계
Statistics

SECTION 62

Statistics

통계

통계 없이는 이해할 수 없는 세상

'200년 동안 세계 각국은 얼마나 부유해졌을까?', '어떻게 하면 원인 모를 질병을 규명할 수 있을까?' 통계를 활용하면 이러한 물음에 대답할 수 있다.

통계의 역할은 크게 두 가지다. 하나는 일상 주변에 일어나는 현상의 데이터를 모아 데이터가 무엇을 의미하는지 한눈에 알 수 있도록 나타내는 것이다. 데이터의 특징은 그래프나 평균, 표준편차 등의 통계값으로 나타낸다.

또 하나는 미지의 결과를 추정하는 것이다. 선거 당선자 예측을 그 예로 들 수 있겠다. 출구조사에서 일부 유권자를 인터뷰하는 것만으로도 당선자를 예상할 수 있다. 이처럼 통계는 일부 데이터를 근거로 어떤 확률을 통해 전체 모습을 예측하는 것을 의미한다.

쉽게 말해 통계는 한정된 정보로 **복잡한 사회에 무슨 일이 일어나고 있는지를 알기 쉽게 나타내고, 앞으로 무슨 일이 일어날지 확률적으로 추계(推計)※ 하는 수학이다.**

경제나 정치, 의료 등 세상의 모든 현상이 **통계의 분석 대상이라고 할 수 있다.**

※ 일부로 전체를 미루어 계산하는 것을 말함

여러 분야에서 힘을 발휘하는 통계

미국의 통계 전문가 '네이트 실버'는 각 주의 대선 결과를 모두 예측했다(A). 스웨덴의 의사 '한스 로슬링' 박사는 지난 200년 동안 일어난 각국의 경제적 변화를 애니메이션 그래프로 해설했다(B). IPCC(기후 변화에 관한 정부 간 협의체)는 지구에 온난화가 진행되고 있는지 추정했다(C).

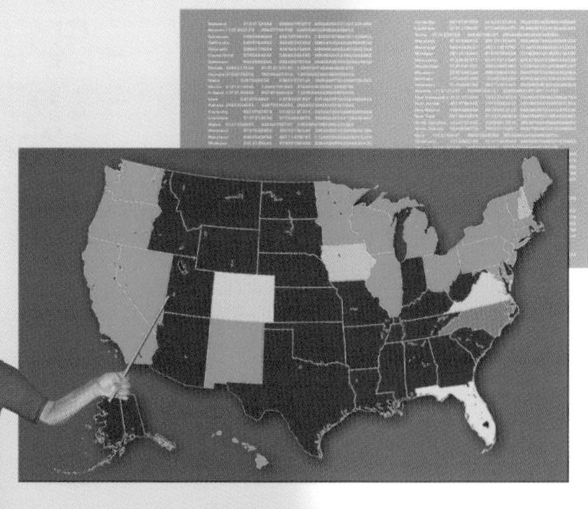

A. 대선 결과의 정확한 예측

미국의 대선은 예측하기 매우 어려워 정치 평론가들의 의견도 빗나갈 때가 많다. 2012년 대선 당시, '버락 오바마' 후보와 '밋 롬니' 후보가 박빙의 승부를 벌일 것이라는 의견이 많았다. 그런 가운데 미국의 통계 전문가인 '네이트 실버'는 독자적으로 여론 조사 결과와 과거의 선거 결과를 종합 평가해, 오바마 후보가 유리하다고 예측했으며, 각 주에서 어떤 후보가 승리할지 모두 맞혔다.

C. 지구의 기온은 올라가고 있을까

지난 100년간 지구에는 온난화가 진행됐을까? 세계 각 지역의 기온은 서로 다른 측정 방법으로 기록됐고, 기록이 없는 지역 · 시대도 있었다. 그래서 IPCC 과학자들은 여러 정보를 조합해 1906 ~ 2005년까지 100년 간 평균기온이 약 0.74℃ 정도 상승했다고 추정했다. 이 추정의 오차는 0.18℃ 이내로 추측된다.

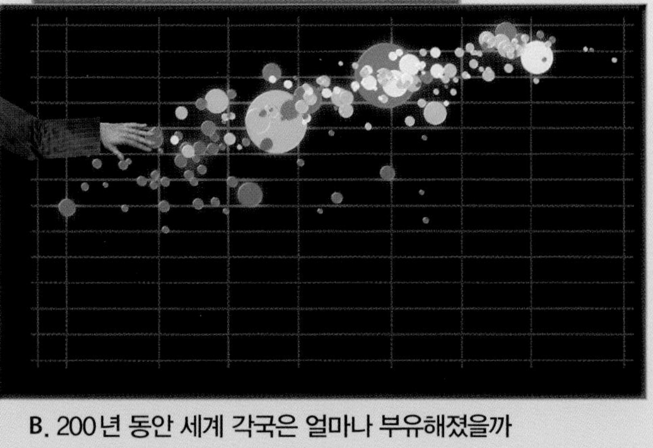

B. 200년 동안 세계 각국은 얼마나 부유해졌을까

'한스 로슬링' 박사는 세계 각국이 경제적으로 얼마나 변화했는지 위와 같은 그래프로 해설했다. 세로축은 평균 수명, 가로축은 1인당 수입이며, 각 나라는 원, 원의 크기는 인구를 나타낸다. 이 그래프를 보면 수입이 많으면 평균 수명도 길다는 사실을 알 수 있다.

조심해야 하는 '평균값의 속임수'

통계학의 첫걸음은 데이터의 '평균값'을 조사하는 것부터 시작된다. 평균값이란 모든 값의 합계를 데이터의 개수로 나눈 것을 말한다. 이를 통계학에서는 '상가평균'이나 '산술평균'이라고 부른다.

평균값이라고 하면 중간 정도의 값이라고 생각할 수 있다. 그러나 평균값이 '중간값'에 해당하지 않는 경우도 있다.

예를 들어 5명이 가진 돈이 각각 3만 원, 4만 원, 5만 원, 6만 원, 7만 원일 때 평균값은 5만 원이다. 여기에 23만 원을 가진 사람 1명이 더해지면 평균값은 8만 원으로 올라 6명 중 5명이 평균값 이하의 돈을 가진 상태가 된다. 이처럼 평균값은 극단적인 값에 영향을 받기 쉽기 때문에 주의가 필요하다.

전형적인 예시로는 저축액, 연 수입 등의 평균값을 들 수 있다. 일본의 경우 2인 이상 가구의 평균 저축액(2017년)은 '1,812만 엔'이다. 일본 사람 대부분은 이 평균값이 상당히 높은 금액이라고 여길 것이다. 실제 이 평균 저축액을 웃도는 가구는 전체의 3분의 1(약 33%) 정도밖에 되지 않는다. 고액을 저축한 일부 사람들과 합쳐져 전체의 평균값이 올라간 것이다.

시소가 평형을 이루는 지점이 '평균값'

수직선 위에 각각 다른 액수의 돈을 가진 사람을 늘어놓는다. 이 수직선을 시소라고 가정했을 때, 좌우가 평형을 이루는 지점이 바로 평균값(상가평균)이다. 여기에 극단적인 값을 더하면 시소의 균형은 크게 무너진다. 다시 균형을 잡으려면 평형을 이루는 지점(평균값)을 멀리 이동시켜야 한다. 이처럼 평균값은 극단적인 값에 영향을 받기 쉽다.

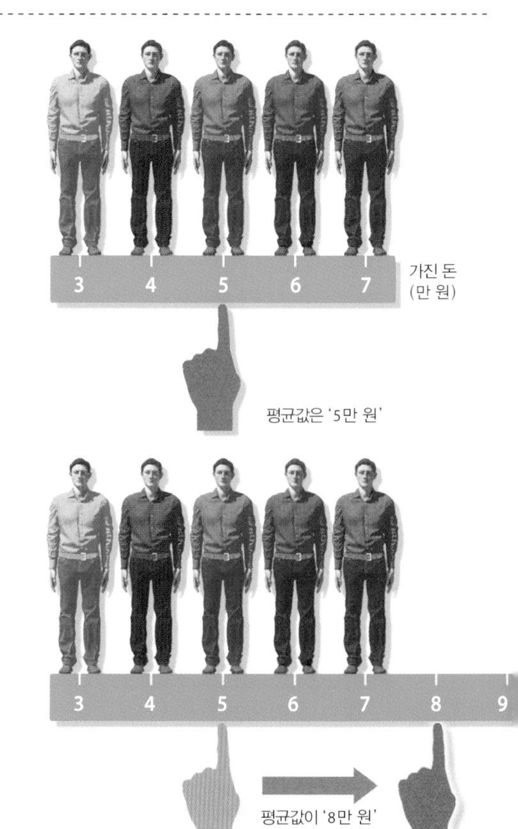

〈평균(상가평균 · 산술평균) 계산식〉

$$\text{평균} = \frac{\text{데이터}_1 + \text{데이터}_2 + \cdots + \text{마지막 데이터}}{\text{데이터 개수}}$$

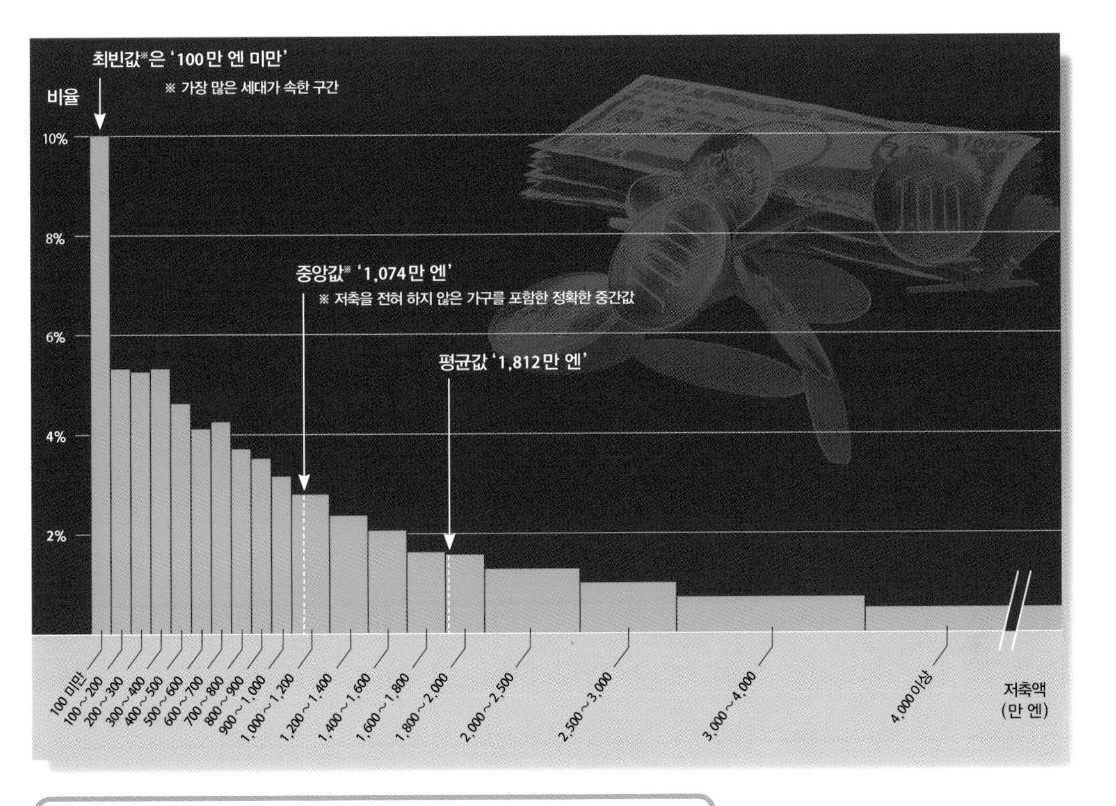

일본의 가구별 평균 저축액은 얼마나 될까

그래프는 2인 이상 가구의 저축액(2017년) 분포도※이다. 평균값은 1,812만 엔이지만, 실제로는 67%에 해당하는 대다수 가구가 평균값을 밑돌고 있다. 저축액으로 순위를 매겼을 때, 전체의 정확히 중간 순위에 속하는 가구의 저축액은 1,074만 엔으로, 이것을 '중앙값'이라고 한다. 가장 많은 가구가 속한 곳은 100만 엔 미만으로, 이것을 '최빈값'이라고 한다. 평균값 · 중앙값 · 최빈값 등을 통틀어 '대푯값'이라고 한다.

※ 일본 총무성, 「家計調査報告 貯蓄·負債編」, 2018

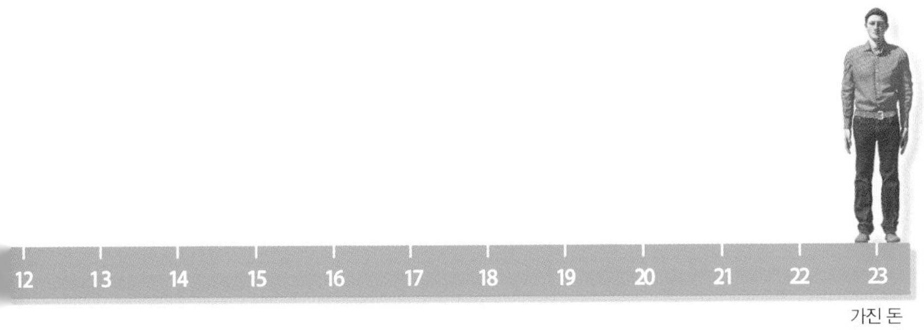

SECTION 64

variance

분산과 표준편차

'불균형'을 조사하면 파악할 수 있는 데이터의 특징

평균값을 아는 것만으로는 데이터의 특징을 충분히 파악할 수 없다. 여기서 주목해야 할 부분은 데이터의 '불균형'이다.

아래 그림은 도넛 체인점 A, B 체인점의 도넛을 비교한 것이다. 도넛 무게의 평균값은 100g으로 A와 B 모두 동일하지만, 그 상태는 꽤 불균형해 보인다.

두 체인점에서 만든 도넛의 불균형 상태를 조사하기 위해 각 도넛의 '편차(평균값과의 차이)'※에 주목하자. 편차에는 '양의 편차'나 '음의 편차'가 존재하는데, 이 편차가 정확하게 평형을 이룰 때 확실한 평균값이 된다. 양·음의 편차를 더하면 0이 되므로 의미 없는 지표가 된다. 따라서 편차를 제곱한 다음 평균을 구하면 불균형한 정도를 나타내는 지표를 얻을 수 있다. 이것을 '분산'이라고 한다. 분산을 계산하면 A 체인점이 308.5, B 체인점이 3.8로 B 체인점보다 A 체인점의 불균형이 심하다는 사실을 알 수 있다.

불균형을 나타내는 지표에는 '표준편차'도 있다. 표준편차는 분산의 제곱근이다. A 체인점의 분산은 308.5이므로, 표준편차는 '$\sqrt{308.5} \fallingdotseq 17.56$'이다. 또 B 체인점의 분산은 3.8이므로, 그 제곱근인 표준편차는 1.96이다.

※ 단순하게는 '차이값'이라고도 부름

A가게 도넛
평균 : 100g
분산 : 308.5
표준편차 : 17.56

도넛의 '분산'과 '표준편차'를 알아보자

왼쪽은 A 체인점, 오른쪽은 B 체인점의 도넛이다. 도넛의 평균 무게는 A, B 체인점 모두 100g으로 동일하지만, 각 도넛의 무게는 불균형해 보인다. 이 불균형을 수치화한 것이 분산과 표준편차다. 분산을 구하려면, 먼저 각 도넛 무게의 편차(평균값과의 차이)를 계산한다. A 체인점의 경우, 왼쪽 위의 도넛은 127g이므로 평균값(100g)과 '+ 27g' 차이가 난다. 이렇게 모든 도넛의 편차를 구한 다음, 편차를 제곱한 값의 평균(분산)과 이 분산의 제곱근(표준편차)을 구한다.

A 체인점의 분산은 308.5이므로 표준편차는 '$\sqrt{308.5} \fallingdotseq 17.56$'이다. 이는 A 체인점에서 파는 도넛의 약 70%가 '100 ± 17.56g'의 넓은 범위 안에 들어가고, 나머지 약 30%는 그 범위 밖에 있다는 것을 의미한다. 한편 B 체인점의 분산은 3.8이므로, 표준편차는 1.96이다. 이는 B 체인점에서 파는 도넛의 약 70%가 '100 ± 1.96g'이라는 좁은 범위에 있다는 것을 의미한다.

〈분산 계산식〉

$$\text{분산} = \frac{\text{데이터}_1\text{ 의 편차}^2 + \text{데이터}_2\text{ 의 편차}^2 + \cdots + \text{마지막 데이터의 편차}^2}{\text{데이터 개수}}$$

〈표준편차의 계산식〉

$$\text{표준편차} = \sqrt{\text{분산}}$$

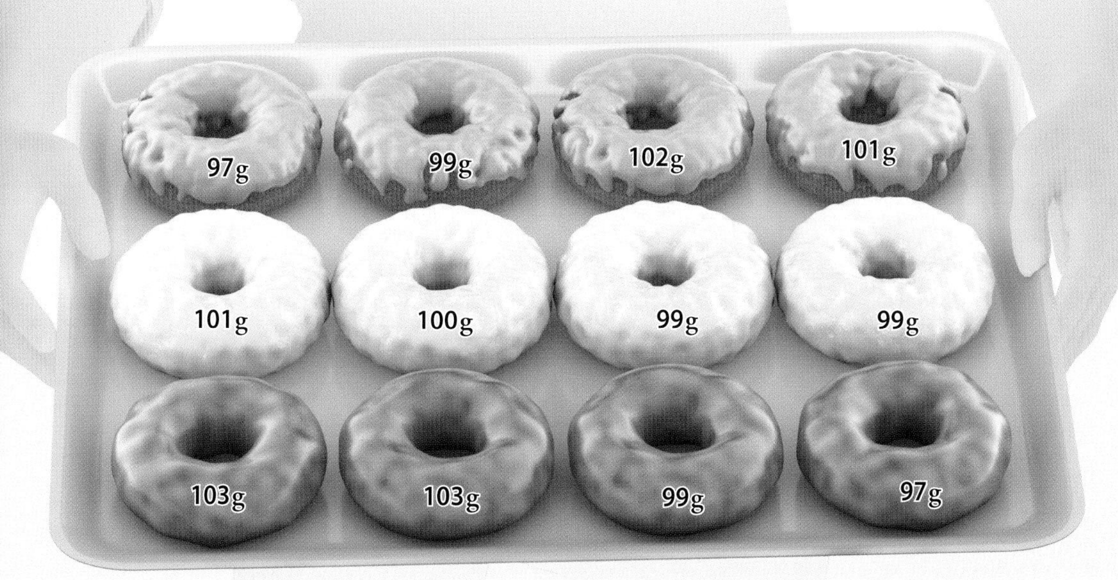

B 가게 도넛
평균 : 100g
분산 : 3.8
표준편차 : 1.96

SECTION 65

deviation value

편차값

편차값 계산

수능을 본 수험생의 성적을 표시할 때 사용하는 것이 바로 '편차값'이다. 편차값은 앞 페이지에서 소개한 표준편차를 사용해 계산한다.

표준편차는 데이터 전체(예를 들어 모든 수험생의 점수)의 불균형을 나타내는 지표이다. 편차값은 이 불균형한 상황에서 어떤 수험생의 점수가 평균으로부터 어느 방향으로, 얼마나 떨어져 있는지를 나타낸다.

구체적으로 편차값을 구해 보자. 100명의 시험 점수를 아래 왼쪽 그림으로 나타냈다. 평균 점수는 59.0점으로, 분산(편차의 제곱의 평균)은 약 292.5, 그 제곱근인 표준편차는 17.1이다.

우선 편차값은 50으로 설정한다. 그 다음 평균값보다 표준편차 1배를 넘으면 10을 더하고, 낮으면 10을 빼 산출한다. 이 시험에 100점을 받은 사람은 평균값 59점보다 41점을 웃돈다. 이것은 표준편차(17.1)의 약 2.4배에 해당하므로, 편차값은 앞서 설정한 50에 '10 × 2.4 = 24'를 더한 74가 된다.

오른쪽 페이지 아래의 그래프를 보면 평균 점수 부근 약 70%는 편차값 40 ~ 60에 머물고, 편차값 70 이상은 전체 상위 2.3%에 포함된다는 사실을 알 수 있다.

혼자만 100점일 때 편차는 얼마일까

그림은 100명이 치른 시험 A(왼쪽), B(오른쪽)의 성적과 그 편차값의 분포를 나타낸 막대그래프다. 평균 점수가 극단적으로 낮은 시험 B의 경우 100점을 받은 사람의 편차값은 약 148이나 된다.

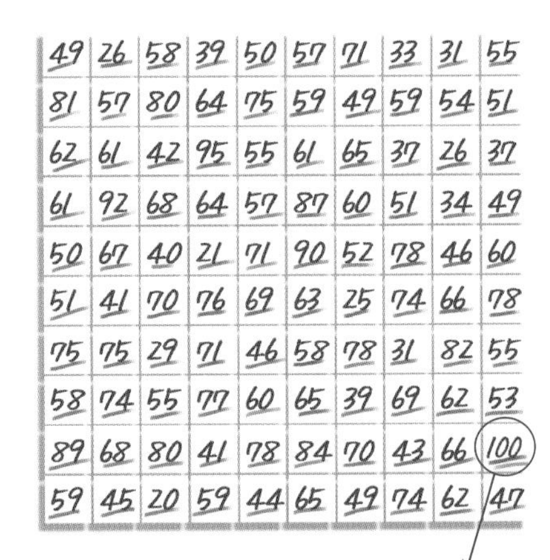

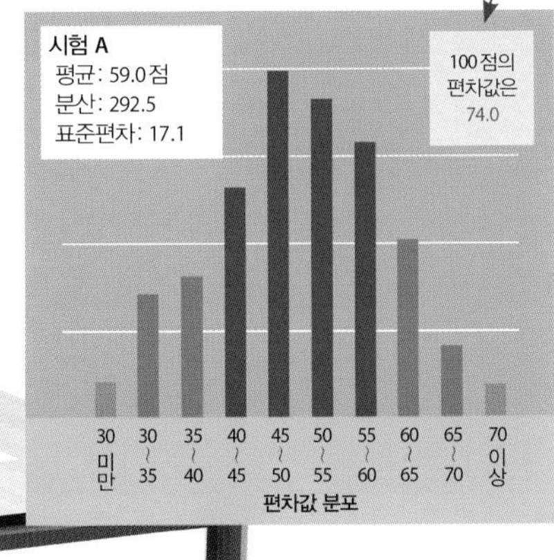

'편차값 200'도 원리적으로는 가능하다

어떤 점수가 평균 점수보다 극단적으로 크면 그 편차는 100을 넘을 수도 있다. 아래 그림처럼 100명이 치른 시험의 평균 점수가 6.41점이고, 한 사람만 100점을 받았다고 치면 그 사람의 편차값은 약 147.8이 된다. 이처럼 극단적인 경우를 가정한 경우, 편차는 200이든 1,000이든 얼마든지 커질 수 있다.

다만 현실적인 시험 점수는 대개 다음 페이지에 소개하는 '정규분포'를 따른다※. 이 때문에 대부분의 시험 점수 편차는 80 이상을 넘지 않는다.

※ 정규분포 형태로 나타나는 데이터를 대개 '정규분포를 따른다'라고 표현함

〈편차값 계산식〉

$$편차값 = 50 + 10 \times \frac{점수 - 평균}{표준편차}$$

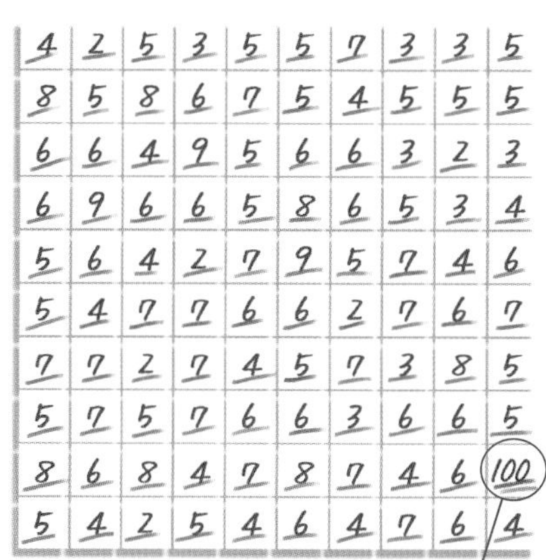

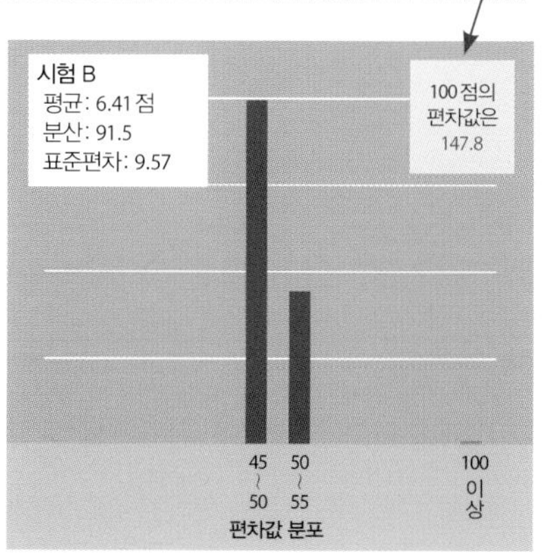

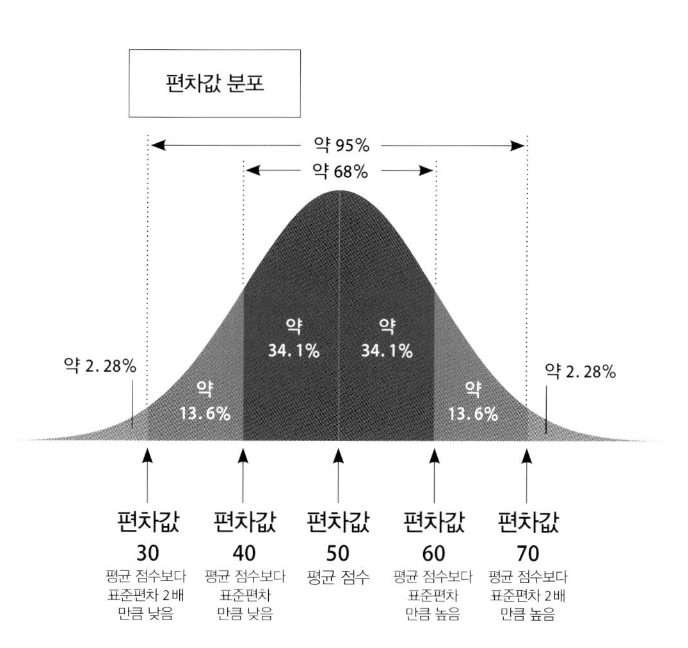

위 그래프는 시험 점수의 편차값을 '정규분포'로 나타낸 것이다(정규분포는 다음 페이지 참조). 전체의 약 68%가 편차값 40 ~ 60의 범위에 해당하며, 전체의 약 95%가 편차값 30 ~ 70의 범위에 해당한다.

SECTION 66

normal distribution

정규분포

통계에서 가장 중요하고, 가장 '흔한' 분포인 '정규분포'

'정규분포(正規分布)'는 통계에 있어 매우 중요하다. 예시를 통해 정규분포가 무엇인지 알아보자.

100점이 만점인 ○× 시험에서 연필을 굴려 모든 답을 찍었다고 치자. ○나 ×가 나올 확률은 각각 50%이다. 이때 시험 문제가 1문제밖에 없다면 0점이나 100점이 될 확률 역시 각각 50%이다.

만약 문제 수가 늘어나면 어떻게 될까? 2문제로 늘어나면, 0점을 맞을 확률은 25%, 50점을 맞을 확률은 50%, 100점을 맞을 확률은 25%가 된다. 10문제로 늘어났을 때 각각의 점수를 맞을 확률을 아래와 같은 산 모양의 그래프로 나타낼 수 있다.

문제 수를 계속해서 늘리면 오른쪽 페이지 그래프처럼 산 형태가 완만해지는 것을 알 수 있다. 이것을 '정규분포'라고 하며, 정규분포를 나타내는 곡선을 '종형곡선(bell curve)'이라고 한다. 참고로 정규분포라는 명칭은 올바르다는 뜻이 아니라 흔하다는 뜻으로 붙여졌다고 전해진다.

정규분포를 '나타내는 법'

찍어서 푼 ○× 시험(100점 만점)의 문제 수가 2문제일 때와 10문제일 때, 얻을 수 있는 점수와 그 확률을 아래의 그래프로 나타냈다. 문제 수가 늘어날수록 완만한 형태의 그래프가 돼 오른쪽 페이지에 나타낸 정규분포 그래프의 형태에 가까워진다.

문제 수를 더 늘려보자

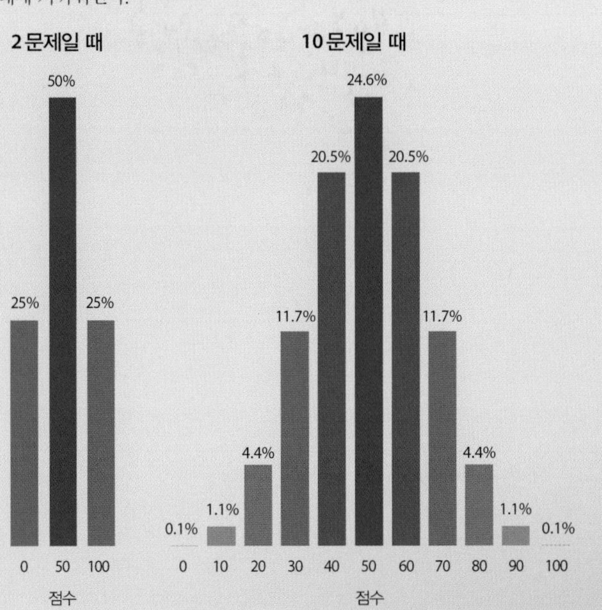

약 2.2

칼럼
COLUMN

정규분포의 중요성을 깨달은 케틀레

앞서 말한 것처럼 시험 점수는 일반적으로 정규분포를 따른다. 자연현상이나 사회의 다양한 데이터 또한 정규분포를 따른다. 신장이나 가슴둘레 등 인체의 데이터를 조사해, 그것이 정규분포를 따른다는 사실을 처음 밝힌 사람은 근대 통계학의 아버지라 불리는 벨기에의 수학자 · 천문학자 '아돌프 케틀레'이다.

어떤 데이터가 있을 때, 그 데이터 전체의 약 68%가 '평균치 ± 표준편차'의 범위에 들어간다면 대개 이 데이터가 정규분포를 따른다고 가정할 수 있다.

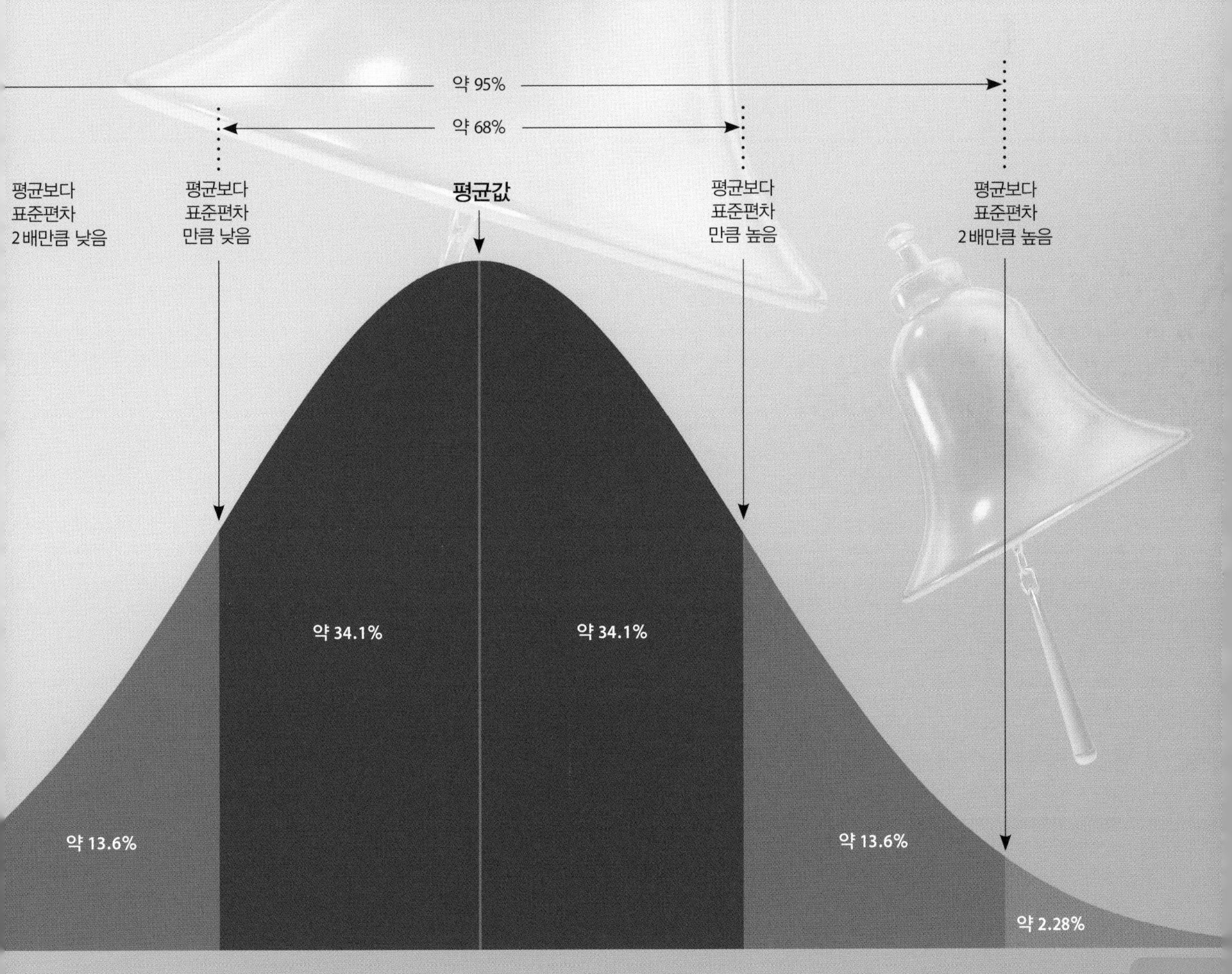

불량품의 비율을 알고자 할 때, 필요한 샘플의 양

통조림 공장에서 품질기준을 만족하지 않는 불량품의 비율을 알고 싶을 때, 한 치의 오차 없이 조사하는 유일한 방법은 통조림을 모두 열어 조사하는 '전수조사'뿐이다. 그러나 그것은 현실적이지 않으므로 조사에 필요한 최소한의 통조림만 열어 보고자 한다. 이때 몇 개의 통조림을 열어야 할까?

전체(모집단)에서 일부 샘플(표본)을 골라내 진행하는 조사를 '표본조사'라고 한다. 표본조사는 어디까지나 전체의 일부인 표본을 조사하는 것이므로 반드시 오차가 생긴다.

표본조사로 조사하는 샘플의 양을 '샘플 사이즈'라고 하는데, 샘플 사이즈를 늘릴수록 오차는 0에 가까워진다. 따라서 미리 정한 오차 범위에 따라 필요한 샘플 사이즈를 정할 수 있다. 오른쪽 페이지 아래에 샘플 사이즈를 계산하는 구체적인 방법을 소개한다.

오차는 샘플 사이즈의 제곱근에 반비례하기 때문에 만약 오차 범위를 10분의 1로 정하려면 샘플 사이즈를 100배 늘려야 한다.

표본조사

그림은 공장에서 만든 통조림 중 일부를 골라내 불량품의 비율을 조사하는 모습이다. 통조림의 품질 검사처럼 조사에 의해 상품 가치를 잃는 검사(파괴검사)나, 모집단의 수가 너무 많은 검사의 경우 표본조사로 진행하는 것이 적합하다.

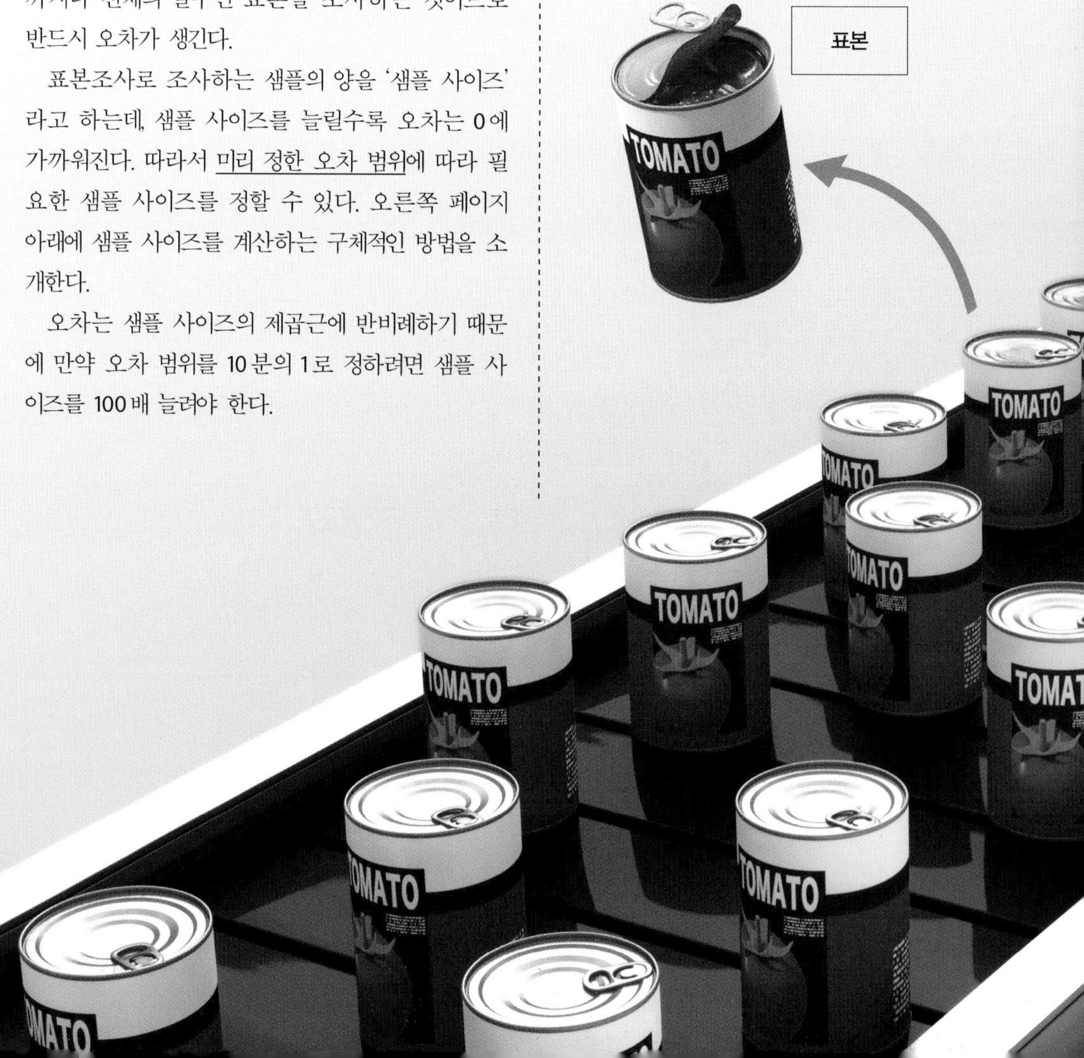

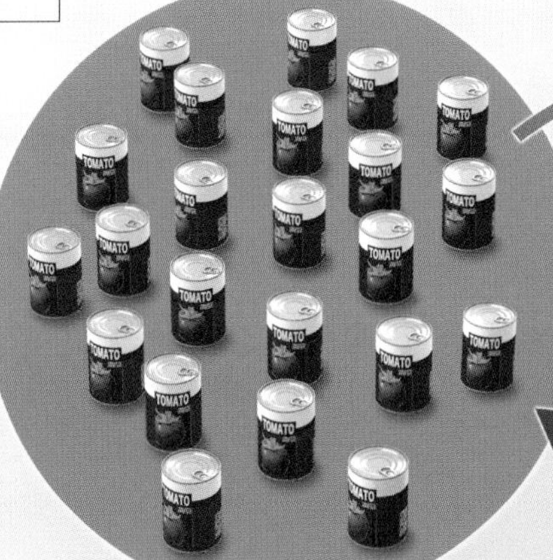

샘플 사이즈를 정하는 방법

표본을 추출할 때는 골고루 추출하지 못할 가능성이 있으므로 표본조사로 얻은 비율에는 오차가 생길 수밖에 없다. 이 오차를 '표본오차'라고 한다. 표본조사로 얻은 비율(표본 통조림에 포함되는 불량품의 비율)을 p라고 하면, 모집단의 비율(모든 통조림에 포함되는 불량품의 비율)은 'p ± 표본오차'의 범위에서 추정한다.

허용할 수 있는 표본오차를 2%로 설정하고 필요한 샘플 사이즈를 구해보자. p는 아직 알 수 없으나, 이전에 조사한 결과 등이 있으면 그 값으로 하고, 없으면 0.5로 가정한다. 이전에 조사한 결과가 5%였다고 치면, 'p = 0.05'이다. 이때 다음 계산 방법으로 필요한 샘플 사이즈를 구할 수 있다.

$$\text{샘플 사이즈} = \left(\frac{1.96 \times \sqrt{0.05 \times (1 - 0.05)}}{0.02}\right)^2$$
$$= 456.19$$

따라서 통조림 456개를 조사하면 된다는 사실을 알 수 있다.

〈필요한 샘플 사이즈의 계산식〉

$$\text{샘플 사이즈} = \left(\frac{1.96 \times \sqrt{P(1-P)}}{\text{표본오차}}\right)^2$$

이 식은 '신뢰도' 95%일 때의 계산식이다. 여기서 신뢰도란 표본조사를 통해 모집단의 상태가 정확하게 측정될 확률을 말한다.

조사 결과의 진위를 통계적으로 판단하는 방법

세상에는 '건강에 좋다'는 식품이나 운동법 등의 정보가 넘친다. 이 정보를 받아들이는 사람은 스스로에게 정말 의미가 있는 정보인지 꿰뚫어 보는 능력이 필요하다. 이러한 상황이야말로 통계학이 나설 차례다.

다음과 같은 조사 결과가 있다고 치자. '걷기를 생활화한 사람의 BMI※ 평균값은 24.1이었다. 이는 생활화하지 않은 사람의 평균값 26.1보다 2 포인트나 낮다. 따라서 평균값에 차이가 있기 때문에 걷기는 BMI를 낮추는 효과가 있다.' 그렇다면 이 주장은 정말 옳은 것일까?

그림을 자세히 살펴보면, 두 집단의 평균값에 차이가 있다고 해서 그것을 통계적으로 의미가 있는 차이(유의미한 차이)라고 말할 수는 없다. 이처럼 어떤 값이 통계적으로 의미가 있는지 판정하는 것을 '검정'이라고 한다. 검정한 결과, 정해진 기준을 만족했을 때 그 차이는 통계적으로 의미가 있다고 말할 수 있다. 두 집단의 평균값의 차이가 유의미한지 검정할 때는 't 검정(t-test)'이라는 방법이 자주 활용된다.

통계적으로 의미가 있는 차이인가

걷기를 생활화한 22명과 그렇지 않은 24명 각각의 BMI를 그림으로 나타냈다. t 검정은 두 집단에 나타난 평균값의 차이가 통계적으로 의미가 있는 차이인지 판정하는 방법이다. t 검정의 구체적인 계산 방법을 오른쪽 페이지에 나타냈다. 따라서 이 예시에서의 평균값의 차이를 통계적으로 의미가 있는 차이라고는 할 수 없다고 결론지을 수 있다.

〈집단 ①〉 걷기를 생활화한 사람
BMI 평균값 : 24.1
분산 : 15.00
인원 : 22명

20.7
27.1
32.5
25.7
21.6
22.7
24.8
18.3
21.3
20.6
31.1
23.2
20.9
19.8
22.1
27.1
28.3
24.7
18.7
26.6
30.4
21.9

※ BMI(체질량 지수)란 수치가 클수록 비만도가 높다는 것을 나타내는 지표. 몸무게(kg)를 신장(m)의 제곱으로 나누어 산출함

18.5 미만

18.5~25 미만

25.0~30 미만

30.0 이상

칼럼 COLUMN

기네스 맥주에서 생겨난 t 검정

t 검정은 과학 연구, 사회 조사 등에 가장 자주 활용되는 일반적인 검정 방법이다. t 검정을 가리켜 '스튜던트 t 검정'이라고도 부르는데, 여기서 '스튜던트'란 20세기 초 기네스 맥주 회사의 엔지니어였던 '윌리엄 고셋'이 t 검정에 관한 논문을 발표했을 때 사용한 필명이다.

당시 데이터 수가 50보다 적을 때, 그 데이터의 분포를 정규분포로 간주하기 어렵다는 사실이 밝혀졌고, 이는 문제로 여겨졌다. 고셋은 맥주의 원재료와 품질의 관계 등을 조사하다 t 검정 방법을 고안하게 되었는데, 이 t 검정은 이러한 소집단에도 활용할 수 있는 방법이었다. t 검정은 통계학이 실생활의 문제를 해결하는 것을 원동력으로 삼아 발전했음을 보여주는 좋은 사례다.

〈집단 ②〉 걷기를 생활화하지 않은 사람
BMI 평균값 : 26.1
분산 : 18.94
인원 : 24명

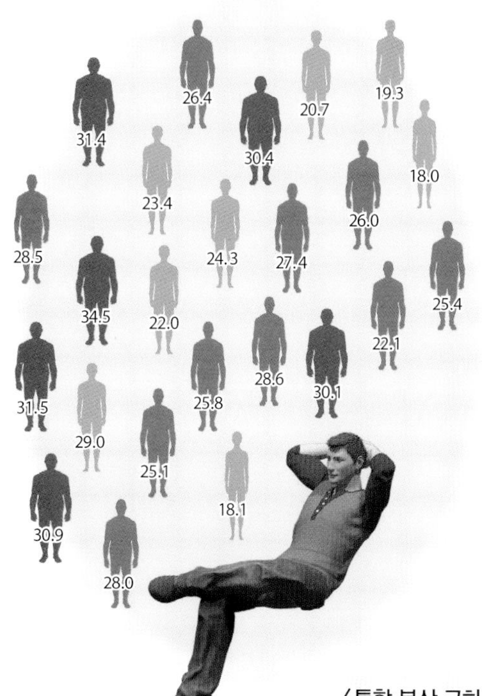

〈t 검정〉

$$t = \frac{\text{집단 ①의 평균값} - \text{집단 ②의 평균값}}{\sqrt{\left(\frac{1}{\text{집단 ①의 사람 수}} + \frac{1}{\text{집단 ②의 사람 수}}\right) \times \text{통합 분산}}}$$

t가 '-2보다 작다' 또는 '+2보다 크다'를 충족할 때, 그 평균값의 차이는 통계적으로 유의미하다.

t 검정 방법

먼저 두 집단을 합친 분산을 의미하는 '통합 분산'을 구한다. 통합 분산은 두 집단의 인원 수와 분산을 이용해 아래의 식으로 구할 수 있다. 통합 분산을 구했다면, t값을 구한다.

왼쪽 그림에 적혀진 데이터를 사용해 실제로 통합 분산을 구해보면,

$$\text{통합 분산} = \frac{(22-1)\times 15.00 + (24-1)\times 18.94}{22+24-2} \fallingdotseq 17.06$$

이 된다. 이 통합 분산 17.06을 이용해 t를 구하면,

$$t = \frac{24.1 - 26.1}{\sqrt{\left(\frac{1}{22}+\frac{1}{24}\right)\times 17.06}} \fallingdotseq -1.65$$

가 되는데, 이 t는 통계적으로 유의미하다고 간주되지 않는 -2에서 +2의 범위에 속한다. 따라서 t 검정 결과, 이 평균값의 차이는 통계적으로 의미가 있는 차이라고는 할 수 없다고 결론지을 수 있다.

〈통합 분산 구하는 법〉

$$\text{통합 분산} = \frac{(\text{집단 ①의 인원 수}-1)\times\text{집단 ①의 분산} + (\text{집단 ②의 인원 수}-1)\times\text{집단 ②의 분산}}{\text{집단 ①의 인원 수}+\text{집단 ②의 인원 수}-2}$$

SECTION 69

correlation

상관관계

주의해야 하는 상관의 '함정'

'상관'(상관관계)을 조사하는 것은 통계학에 있어 기본 중의 기본이다. 예를 들어 특정 학년의 학생들은 키가 클수록, 체중이 더 나가는 경향을 보였다고 치자. 이처럼 두 가지의 양에 주목했을 때, 한쪽이 증가함에 따라 다른 한쪽도 증가하는 경우, 둘 사이에는 '양의 상관관계가 있다'고 한다. 이와 반대로, 한쪽이 증가함에 따라 다른 한쪽이 줄어드는 경우에는 '음의 상관관계가 있다'고 한다. 어느 쪽도 관련이 없는 경우 '상관관계가 없다'고 한다.

두 양이 서로 관련이 있는지 알고 싶을 때는 '상관계수'라는 지표를 구한다. 상관계수는 1에서 -1까지의 범위로, 1에 가까울수록 강한 양의 상관관계가 있다고 판단하고, -1에 가까울수록 강한 음의 상관관계가 있다고 판단한다. 0에 가까울 때는 상관관계가 없다고 판단한다.

단, 상관관계가 있어도 둘 사이에 인과관계가 있다고 말하기는 어렵다. 예를 들어 2012년 발표되어 화제가 된 '국민의 초콜릿 소비량과 노벨상 수상자 수에는 양의 상관관계가 있다'는 연구는, 그 결과만 보면 초콜릿 덕분에 뇌의 움직임이 활발해졌다고 이해하게 된다. 그러나 부유한 나라일수록 초콜릿을 사 먹기 쉽고, 교육 수준 또한 높을 가능성이 있으므로 주의할 필요가 있다.

아래 그림은 초등학생의 신장($x$cm)과 체중($y$kg), 두 개의 양을 가지는 9개의 데이터를 분포도로 나타낸 것이다. 모든 데이터에서 x, y 각각의 편차(평균과의 차이)를 구한 다음, 상관계수를 구하면 그 값은 0.77로 산출된다. 오른쪽 그림은 각각 양의 상관관계, 음의 상관관계, 상관관계 없음을 나타낸 예시다.

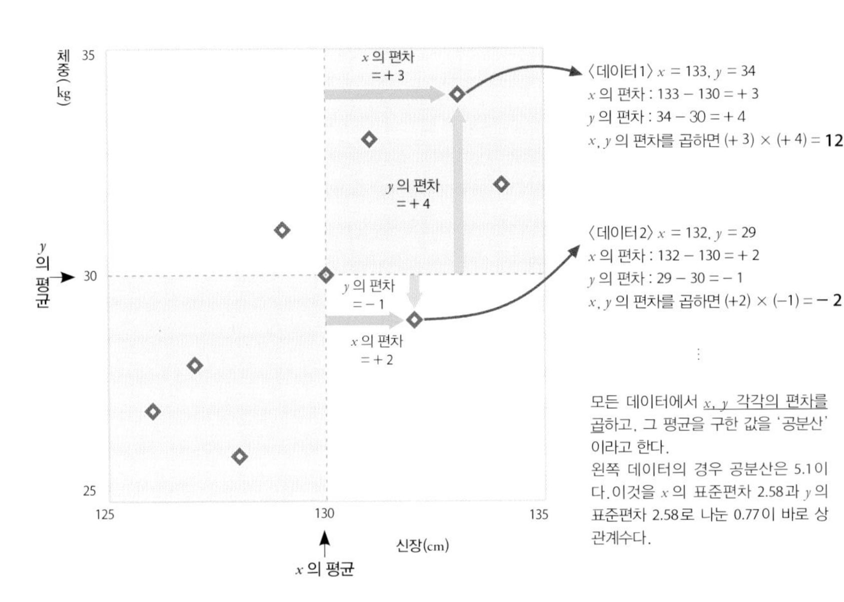

모든 데이터에서 x, y 각각의 편차를 곱하고, 그 평균을 구한 값을 '공분산'이라고 한다.
왼쪽 데이터의 경우 공분산은 5.1이다. 이것을 x의 표준편차 2.58과 y의 표준편차 2.58로 나눈 0.77이 바로 상관계수다.

양의 상관관계

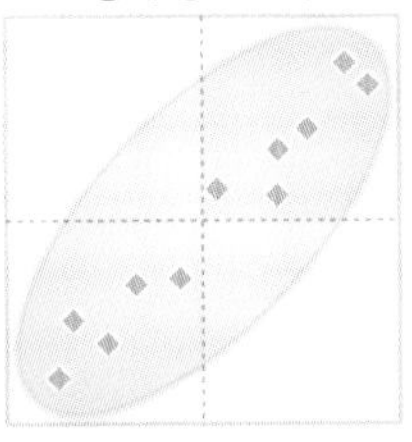

음의 상관관계

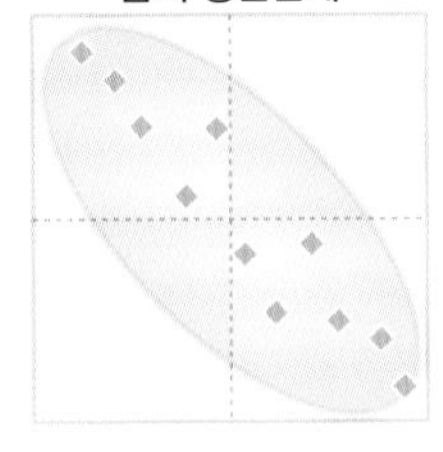

상관관계 없음

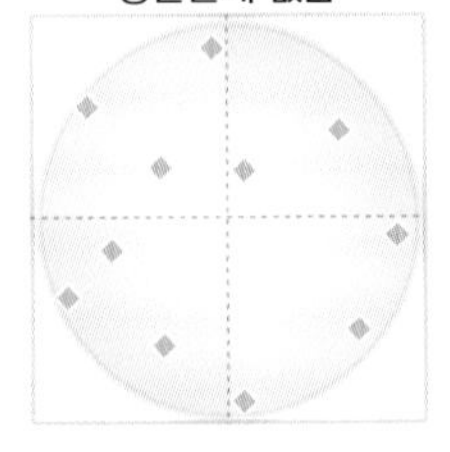

초콜릿 소비량과 노벨상의 관계

아래 그래프는 미국 컬럼비아대학교의 교수인 '프란츠 메설리'가 2012년에 분석한 나라별 초콜릿 소비량과 노벨상 수상자 수의 관계※이다. 그림을 보면 점점 수치가 오르는 경향이 나타나고, 상관계수 또한 0.791로 높으므로, 마치 둘 사이에 양의 상관관계가 있는 것처럼 보인다. 그러나 이 결과만으로 둘 사이에 인과관계가 있다고 판단하는 것은 옳지 않다. 예를 들어 '부유한 국가'라는 제3의 요인이 '초콜릿 등 기호품의 소비'와 '교육 · 연구의 예산이나 질'이라는 양쪽 측면 모두를 높이고 있을 가능성도 검토해야 한다.

※ Franz. H. Messerli, 「Chocolate Consumption, Cognitive Function, and Nobel Laureates」 (2012), The New England Journal of Medicine

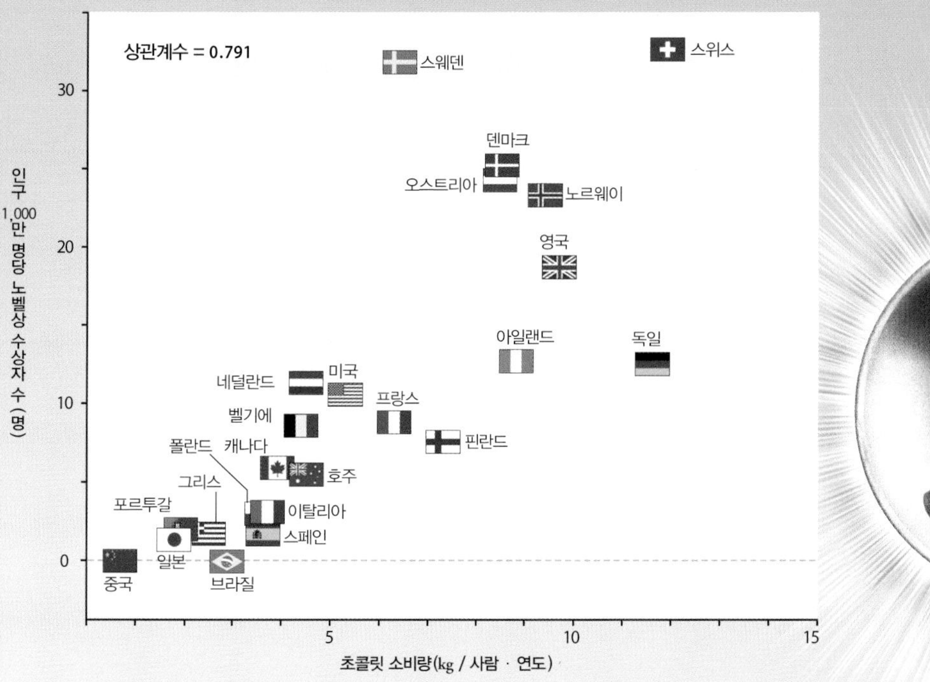

〈공분산 구하는 법〉

$$\text{공분산} = (\text{데이터}_1\text{의 } x \text{의 편차} \times \text{데이터}_1\text{의 } y \text{의 편차} + \text{데이터}_2\text{의 } x \text{의 편차} \times \text{데이터}_2\text{의 } y \text{의 편차} + \cdots + \text{데이터}_n\text{의 } x \text{의 편차} \times \text{데이터}_n\text{의 } y \text{의 편차}) \times \frac{1}{n}$$

〈상관계수 구하는 법〉

$$\text{상관계수} = \frac{\text{공분산}}{x \text{의 표준편차} \times y \text{의 표준편차}}$$

조건부 확률을 구하기 위한 통계학

조건부 확률로 확률 계산을 다시 함으로써 예측의 정확도를 올리는 시도를 '베이즈 통계'※라고 한다.

베이즈 통계는 빅데이터와 관련이 있어 최근 크게 화제가 되었다. 일상에서는 스팸 메일을 자동으로 분류할 때 응용되는데, 이를 이해하기 위해 또 다른 문제를 생각해보자.

'상자 A와 상자 B가 있다. A에는 빨간색 구슬 4개와 파란색 구슬 2개, B에는 빨간색 구슬 2개와 파란색 구슬 4개가 들어 있다. 어느 상자인지 모르게 한 뒤, 상자를 무작위로 골라($\frac{1}{2}$의 확률) 구슬을 꺼냈더니 빨간색 구슬이 나왔다. 이때 선택한 상자가 A일 확률은 얼마나 될까?'

답은 $\frac{2}{3}$이다. 구슬의 색을 모르던 시점에서는 어떤 상자에서 꺼냈는지와 관계없이 확률은 $\frac{1}{2}$이지만, 구슬이 빨간색이라는 정보가 더해져 확률이 $\frac{2}{3}$로 바뀌었다(왼쪽 페이지 아래

꺼낸 구슬이 빨간색일 때,
그 구슬을 꺼낸 상자가 A일 확률은 얼마나 될까

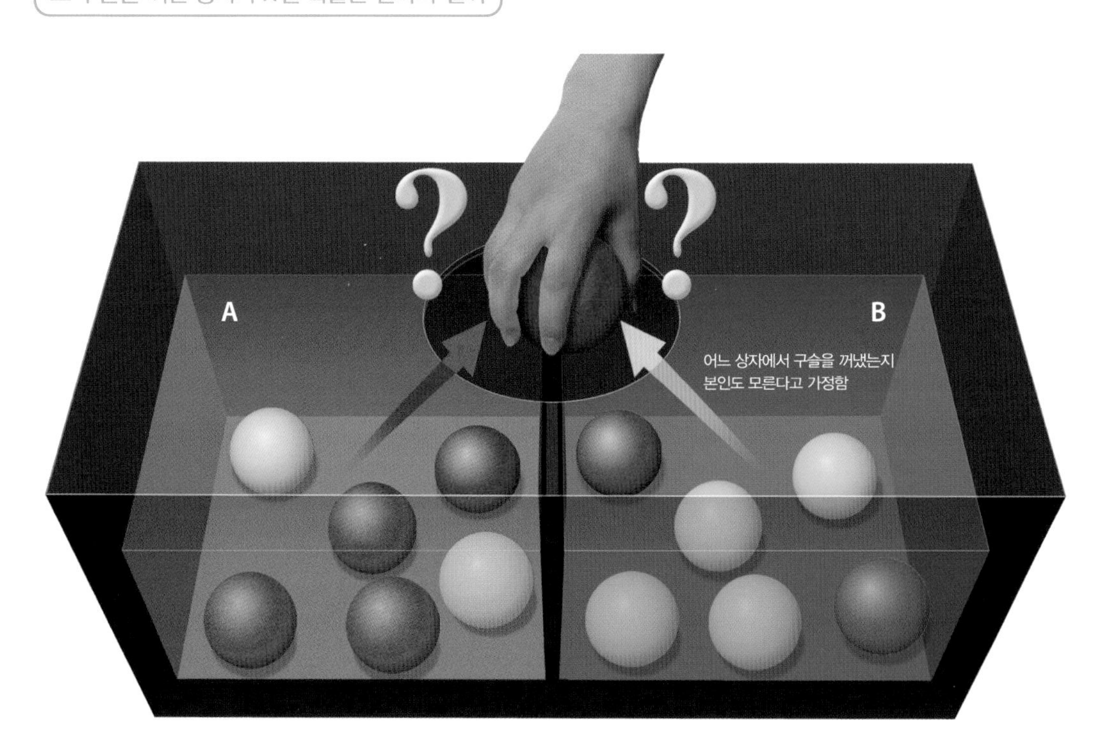

빨간색 구슬이 나왔다는 조건 아래 그것이 A 상자에서 나왔을 확률은 $\frac{2}{3}$다. 먼저 구하고자 하는 확률을 $P(A \mid 빨간색)$으로 정하자. 조건부 확률 공식에 따르면 '$P(A \mid 빨간색) = \frac{P(A \cap 빨간색)}{P(빨간색)}$'이다. 여기서 P(빨간색)은 A 상자를 고르고 빨간색 구슬을 꺼냈을 확률 '$\frac{1}{2} \times \frac{4}{6}$'와 B 상자를 고르고 빨간색 구슬을 꺼냈을 확률 '$\frac{1}{2} \times \frac{2}{6}$'를 더한 값이다. 이것을 계산하면, '$P(빨간색) = (\frac{1}{2} \times \frac{4}{6}) + (\frac{1}{2} \times \frac{2}{6}) = \frac{1}{2}$'이다. 한편 $P(A \cap 빨간색)$은 A 상자를 고르고 빨간색 구슬을 꺼낼 확률이다. 이것을 계산하면 '$P(A \mid 빨간색) = \frac{1}{2} \times \frac{4}{6} = \frac{1}{3}$'이다. 이제 이 값을 공식에 대입하면 '$P(A \mid 빨간색) = P(A \mid 빨간색) = \frac{P(A \cap 빨간색)}{P(빨간색)} = \frac{2}{3}$'가 산출된다.

참조). 빨간색 구슬의 비율이 높은 A 상자에서 구슬을 꺼냈을 확률이 $\frac{1}{2}$보다 높다는 사실은 직감적으로도 이해하기 쉽다.

스팸 메일의 분류도 베이즈 통계

이 개념을 스팸 메일의 자동 분류에 적용해 보자. 구슬 문제와 마찬가지로 A, B 상자가 있다고 가정할 때, A는 스팸 메일을 보내는 사람의 단어 상자, B는 일반 이메일을 보내는 사람의 단어 상자라고 치자. 이메일을 받으면 컴퓨터가 이메일 안에 사용된 단어를 검색하는데, 과거 데이터를 기반으로 각 단어가 스팸 메일에 사용될 확률인 '위험도'를 사전에 계산한다. 받은 이메일에 위험도가 높은 단어가 많이 포함돼 있다면, 그 이메일은 A 상자에서 보낸 이메일일 가능성이 높다.

이러한 계산을 모든 단어에 적용하고 그것들을 종합해서 그 이메일이 스팸 메일일 확률(A 상자에서 보냈을 확률)을 계산한다. 계산한 결과 스팸 메일일 확률이 기준값 이상이면, 자동으로 스팸 메일로 판정한다.

※ 또는 '베이즈 정리', '베이즈 추론'이라고도 부름

이메일에 '위험도'가 높은 단어가 많이 사용되었을 때, 그 이메일을 보낸 사람이 스팸 업자일 확률은 얼마나 될까

스팸 메일의 자동 분류를 빨간색 구슬 · 파란색 구슬의 문제와 관련지어 생각해 보자. A는 스팸 메일을 보내는 사람이 사용하는 단어 상자로, 상자 안에는 여러 단어가 들어 있다. 과거의 이메일 데이터를 기반으로 각 단어가 스팸 메일에 사용될 확률이 어느 정도인지 나타내는 위험도를 계산했다. 여기서는 편의상 위험도가 높은 단어를 빨간색 구슬로, 위험도가 낮은 단어를 파란색 구슬로 나타냈다. A 상자는 빨간색 구슬(위험도가 높은 단어)의 비율이 높다. 한편 B는 일반 이메일을 보내는 사람이 사용하는 단어 상자다. B 상자는 파란색 구슬(위험도가 낮은 단어)의 비율이 높다.

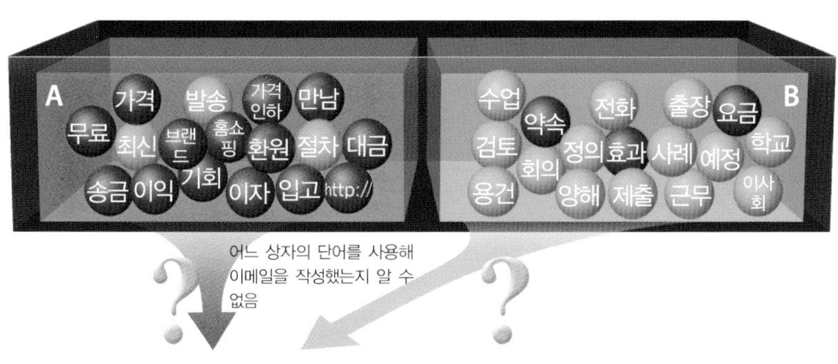

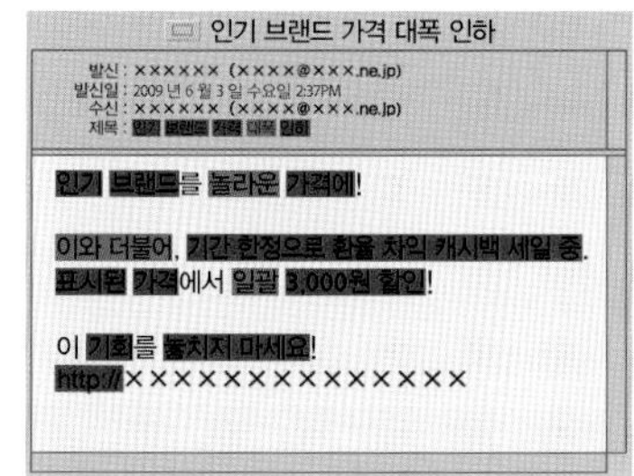

받은 이메일에 사용된 단어를 이메일을 열기 전 컴퓨터가 자동으로 검색함

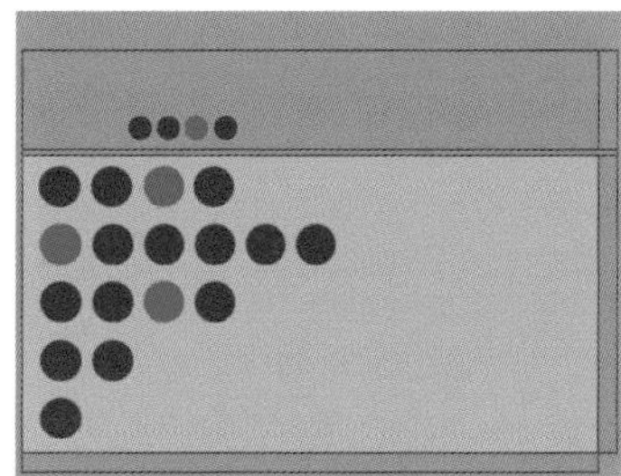

각 단어에 위험도라는 조건을 계속 붙여, 이메일의 단어 집단이 A 상자에서 나온 단어인지, B 상자에서 나온 단어인지 확률론적으로 계산한 다음, A 상자에서 나온 단어일 확률(스팸 메일일 확률)이 기준값 이상이면, 자동으로 스팸 메일로 판정함

COLUMN

인공지능 발전에 크게 기여한 베이즈 통계

확률과 통계, 그 예로 들어 '주사위를 던졌을 때 6이 나올 확률'이나 '도넛 크기의 불균형' 등은 어디까지나 객관적인 사실·데이터를 기반으로 도출된다. 거기에 인간의 경험이나 의견 따위는 포함되지 않는다.

반면 베이즈 통계에서는 데이터로 나타낼 수 없는 인간의 주관적인 예측까지 정보로 활용할 수 있는데, 바로 이 점이 지금까지의 통계학과 다른 큰 특징이며, 장점이다.

'임의의 확률'부터 시작해도 OK

주관적인 예측을 활용한다는 말이 무엇인지 예시를 통해 알아 보자. 당신이 일하는 회사에 신입사원이 입사했다. 그는 대도시 출신이다. 즉 출신 지역은 서울, 인천, 대전, 광주, 부산, 울산, 대구의 7개 도시 중 하나다. 먼저 그가 서울 출신일 확률을 $\frac{1}{7}$로 가정해 보자.

이어 신입사원에게 '좋아하는 프로 야구팀은 어딘가요?'라고 물었을 때, 그가 '어렸을 때부터 쭉 두산 베어스(서울 연고 팀) 팬입니다!'라고 대답한다면 서울 출신일 확률은 올라갈 것이다. 다시 '지하철은 몇 호선을 타시나요?' 등의 질문을 거듭하면, 신입사원의 출신 지역을 높은 확률로 추정할 수 있다.

베이즈 통계에는 그 밖에 근거가 되는 데이터가 없다면 소극적으로나마 주관적인 예측을 데이터로 인정하는 '이유 불충분의 원리'가 있다. 위의 예시에서 서울 출신일 확률을 우선 $\frac{1}{7}$로 가정한 것이 이에 해당한다. 서울이 대한민국에서 인구가 가장 많다는 사실에 입각해 확률을 더 높게 설정했어도 좋았을 것이다.

확률은 정보(조건)가 추가될수록 갱신되면서 점차 정확해지므로, 처음에는 약간 모호해도 상관없다. 이렇듯 유연한 사고방식을 가진 통계가 바로 베이즈 통계다.

통계와 확률로 움직이는 인공지능

잘 모르는 정보에 임의의 값을 설정해 두고 나중에 수정한다는 사고방식은 사람의 감각에 매우 가까운 것이다. 이런 베이즈 통계가 사람의 지능을 모방해 개발한 AI(인공지능)와 궁합이 좋은 것은 어쩌면 당연한 일이다.

칼럼 COLUMN

베이즈 통계의 시조, '토머스 베이즈'

베이즈 통계의 '베이즈'는 '베이즈 정리'를 이끌어낸 18세기 영국의 목사·수학자 '토머스 베이즈'의 이름에서 따왔다. 베이즈 통계가 주목받게 된 것은 최근의 일이지만 사실 베이즈 통계는 250년보다도 훨씬 전에 생겨난 학문이다.

토머스 베이즈의 직업은 기독교 목사였으나, 취미로 수학을 연구했던 것은 아니며, 영국 왕립 학회의 회원으로서 상당히 높은 수준의 수학을 연구해 온 사람이었다.

이러한 연구 성과는 사후 그의 친구가 에세이를 출판하면서 세상에 알려졌다. 이것에 주목한 프랑스의 수학자 '피에르시몽 드 라플라스'가, 결과로부터 원인의 확률을 생각하는 '역확률' 이론으로 정리하면서 지금의 '베이즈 정리'에 이르렀다.

베이즈 통계에서는 주관을 정보로 사용하는 것을 인정하는 등 애매한 부분이 있어 이른바 전통적인 통계학의 연구자들로부터 '엄밀함이 결여된 수학'이라며 강한 비난을 받았다. 이런 애매함이 넓은 응용범위에 적용될 수 있다는 장점으로 인식된 것은 20세기 이후부터였다. 이러한 역사적 배경이 있었기에 베이즈 통계는 새로운 통계학으로 불리게 되었다.

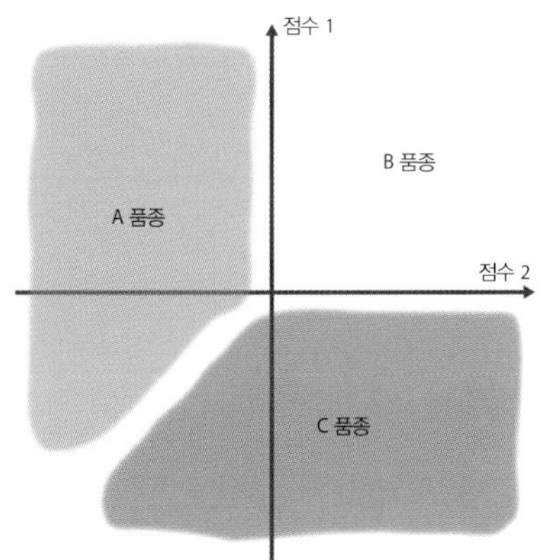

베이즈 통계를 활용해 꽃의 형태로 품종 특정하기

이미지 속 사람의 얼굴이나 문자를 판별하는 화상 인식 기술은 현재 AI가 가장 잘하는 분야 중 하나다. 베이즈 통계를 사용해 형태를 식별하는 예시로, 붓꽃(왼쪽 사진)의 품종을 특정하는 것을 들 수 있다.

먼저 특정하고자 하는 3개 품종에 관한 정보(꽃받침 · 꽃잎의 길이나 너비)를 모은다. 이를 토대로 '이 품종은 꽃잎이 이런 형태를 가질 확률이 높다'라는 정보를 얻을 수 있다. 이 정보를 사용하면 반대로 '이런 형태의 꽃잎을 가진 꽃은 이 품종일 확률이 높다'고 판별할 수 있게 된다.

왼쪽 그래프는 꽃잎의 형태로 도출할 수 있는 2종류의 점수(평점)를 축으로 품종 3개를 단순하게 배치한 것이다. 품종마다 영역이 나뉜다는 것은 이 점수를 이용하면 품종을 판별할 수 있다는 말과 같다.

증상으로 병을 특정하기

의사는 환자에게 '열이 있다', '두통이 있다' 등의 증상을 듣고, 원인이 되는 병을 특정한다. 단, 두통이 있다면 환자가 머리를 부딪힌 건지, 감기인 건지, 아니면 뇌종양인 건지 그 원인을 폭넓게 고려해야 한다.

감기에 걸려 목에 염증이 생길 확률 등 많은 양의 '인과관계'(원인 → 결과)를 모아 데이터로 정리하면 오른쪽과 같이 다양한 병(원인)과 증상(결과)을 연결한 네트워크를 만들 수 있다.

이 네트워크(베이즈 네트워크)를 사용하면 증상을 거슬러 올라가 예상되는 병(원인)일 확률을 구체적으로 계산할 수 있다. 이는 병의 진단을 보조하는 AI나 기계 고장의 원인을 진단하는 AI 등에 응용할 수 있다.

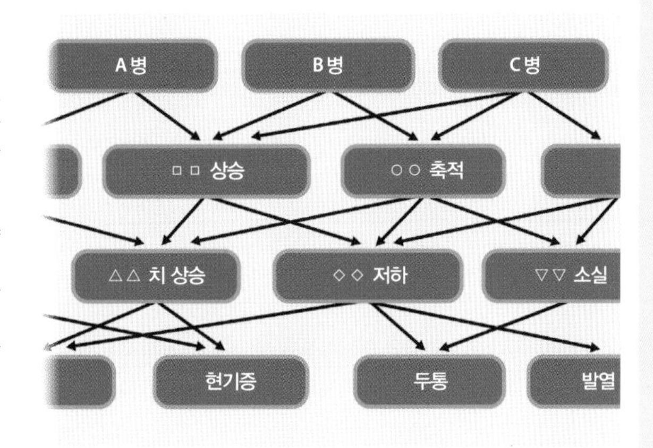

베이즈 통계는 형태를 식별하거나 병명을 진단하는 AI에 응용할 수 있다(위 내용 참조).

근래에 들어 AI는 바둑 · 장기에서 사람을 이기고, 병리 검사에서 정확하게 암세포를 발견하고, 사람과 자연스럽게 대화하는 등 눈부시게 발전하고 있다. 실로 AI는 다양한 일을 할 수 있지만, AI의 기본을 단순하게 말하면 통계학과 확률론에 근거해 '판정'과 '분류'를 수행하는 컴퓨터 프로그램이라고 할 수 있다.

또 AI는 대량의 데이터를 학습하면 판정과 분류의 정확도가 높아져 똑똑해지는 특징이 있다. 베이즈 통계는 데이터가 추가될수록 원인을 판정하는 확률이 더욱 정확해지기 때문에 AI에 응용하기 쉬운 통계학 기법이다.

끝없이 확산되는 베이즈 통계의 응용범위

베이즈 통계는 '베이즈 정리'라는 단 하나의 정리에서 출발해 확장된 학문으로, 18세기에 탄생했지만 20세기에 접어들고 나서야 겨우 중요성이 인식되기 시작했다(왼쪽 페이지 아래 참조). 21세기에 이르러서는 AI를 비롯해서 수학, 경제학, 의학, 심리학 등의 여러 분야로 응용 범위가 빠르게 확산되고 있다.

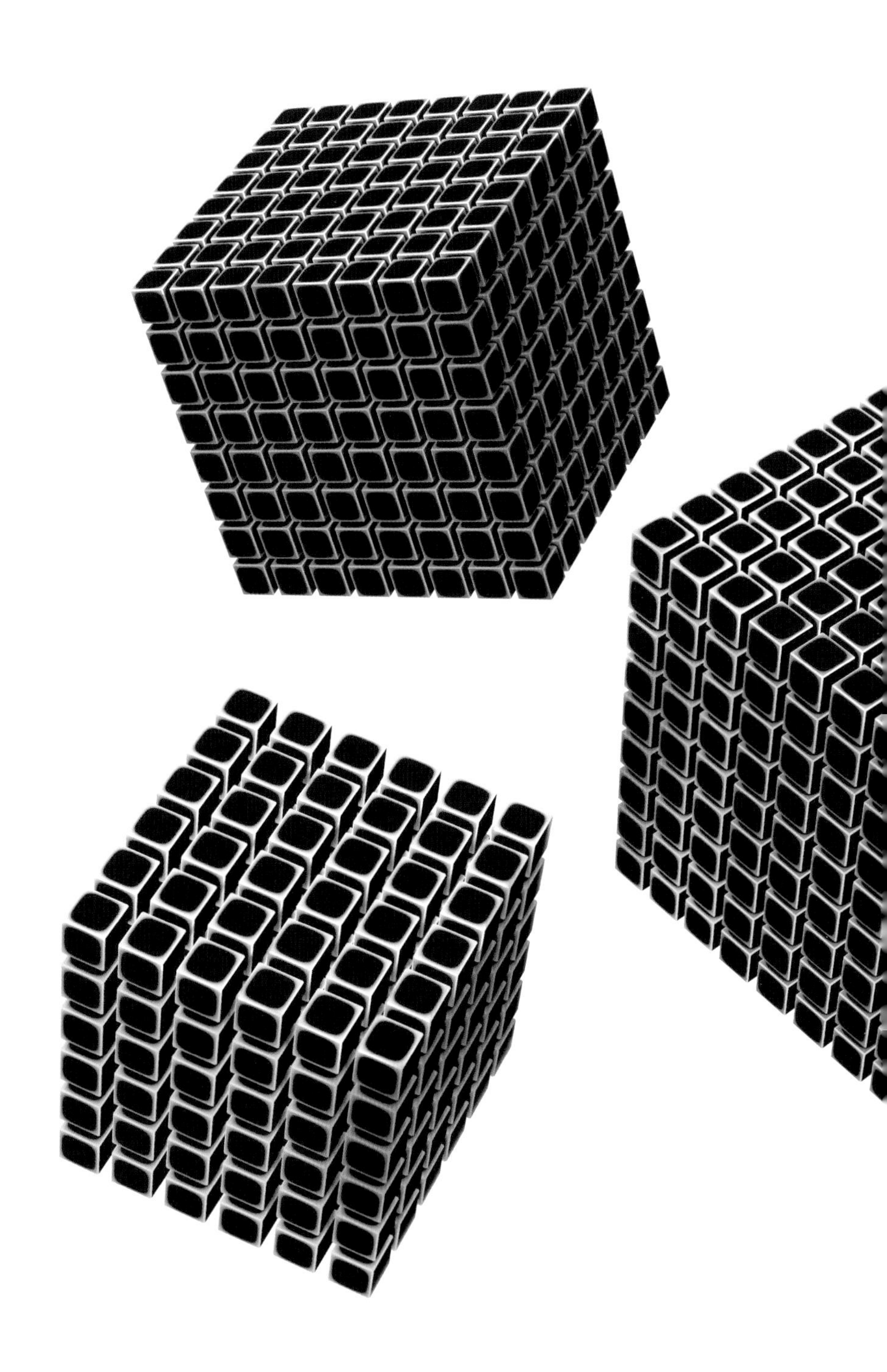

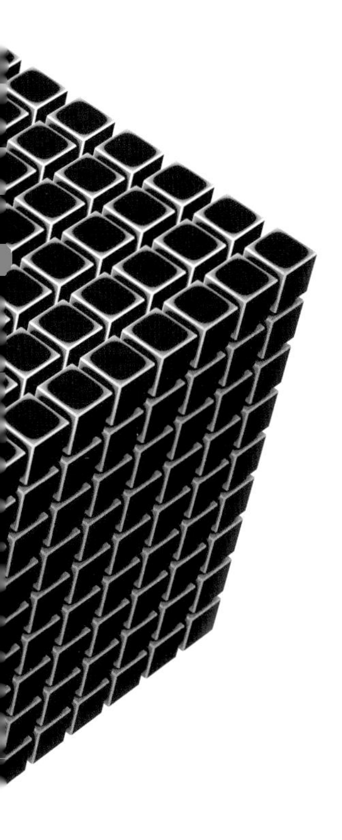

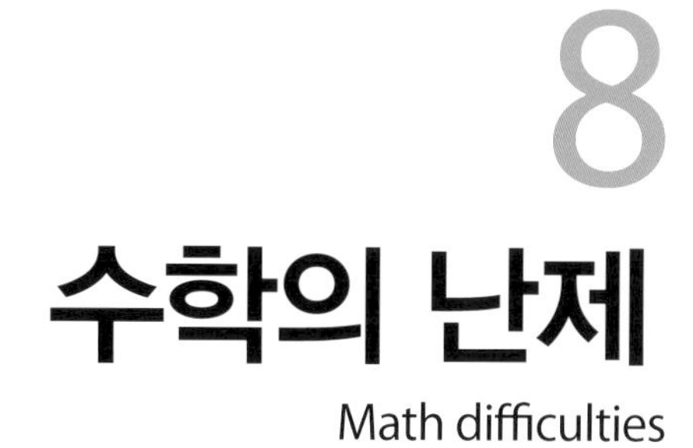

8
수학의 난제
Math difficulties

지도를 4가지 색상으로 칠할 수 있을까

'지도 색칠'이라고 부르는 유명한 문제를 소개한다. 1852년 영국의 수학자 '프랜시스 거스리'는 영국 지도를 주(州)별로 색칠하던 중, 이 문제를 떠올렸다고 한다.

이 문제는 '서로 국경이 맞닿아 있는 국가들을 다른 색으로 칠하려면 4가지 색상이 필요한데, 5가지 이상의 색상이 필요한 지도는 없는 걸까?'라는 의문에서 시작되었다. '4색 문제'라고도 부르는 이 문제를 수학적으로 증명하기란 매우 어려웠다.

한편 아래 그림처럼 한가운데 구멍이 뚫린 도넛 모양을 '토러스(torus)'라고 하는데, 이 토러스 위에 그린 지도의 경우 7가지 색상만으로도 칠할 수 있다. 이 사실은 평면 지도를 칠할 때 필요한 색상 수보다 먼저 증명되었다. 이후 모든 도형 위에 그린 지도를 칠할 때 필요한 색상의 수는 밝혀냈지만, 평면 지도만큼은 증명할 수 없었다.

마침내 1976년에 이르러 미국의 수학자 '케네스 아펠'과 독일의 수학자 '볼프강 하켄'이 컴퓨터를 이용해 4색 문제를 증명했다. 이는 거스리가 이 문제를 발견한 지 무려 124년 만의 일이었다.

토러스

도넛 모양의 토러스는 평면을 원형으로 말아 양 끝을 연결해 만들 수 있다. 평면 위에 그린 지도와 달리 토러스 표면에 그린 지도를 칠할 때는 아래 그림처럼 7가지 색상만으로도 칠할 수 있다.

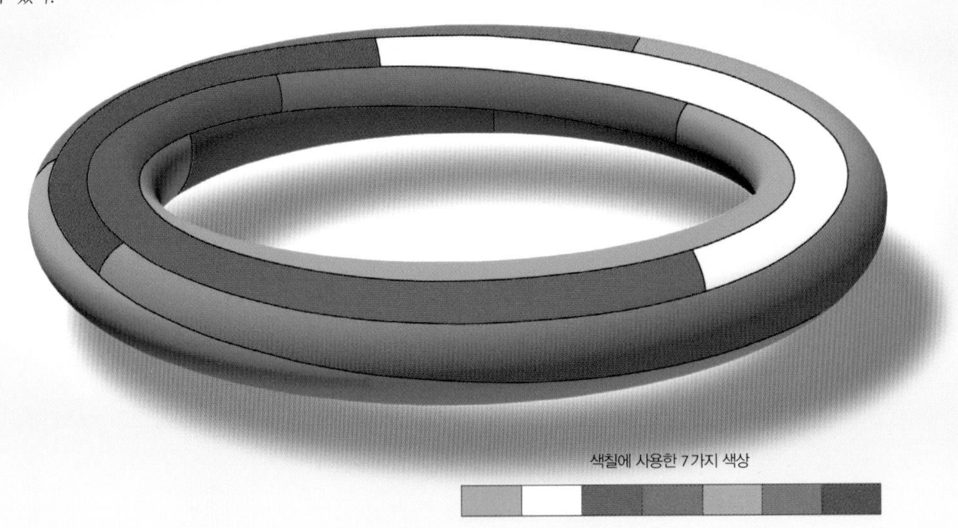

영국의 그레이트브리튼 섬

4가지 색상으로 칠한 영국의 그레이트브리튼 섬의 지도이다. 평면을 말아 구면으로 만들거나, 구면 어딘가에 작은 구멍을 뚫어 평면으로 펼칠 수 있다. 따라서 평면 위의 지도(왼쪽)를 4가지 색상으로 칠할 수 있다면 구면 위에 그린 지도(아래) 또한 4가지 색상으로 칠할 수 있다. 4색 문제는 직감적으로 파악하기는 쉽지만 증명하기는 매우 어렵다.

360년 동안 수학자들을 괴롭힌 세기의 난제

3세기경의 수학자 '디오판토스'는 저서 『산술(Arithmetica)』에 당시 알려진 수학 문제를 정리했다. 이 책은 1621년, 유럽에서 라틴어로 번역되어 출판되었는데, 프랑스의 수학자 피에르 드 페르마는 이 책을 열심히 읽었다고 전해진다.

특히 페르마는 '$X^2 + Y^2 = Z^2$'을 만족하는 자연수의 쌍, 즉 피타고라스 수에 관해 서술된 부분에 주목해, '$X^2 + Y^2 = Z^2$의 제곱을 3제곱이나 4제곱으로 늘리면 어떻게 될까?' 하는 의문을 가졌다. 책의 여백에 메모하는 습관이 있던 페르마는 이 페이지에 '3 이상의 정수 n에 대해서 $X^n + Y^n = Z^n$을 만족하는 자연수의 쌍은 존재하지 않는다. 나는 그 놀라운 사실을 증명했지만, 그것을 쓰기에는 여백이 너무 좁다'라는 메모를 남겼다.

페르마가 죽은 후, 1670년 그의 아들이 이러한 메모 내용을 추가해 『산술』을 재출간했고, 이 내용이 세상에 알려지며 후세의 수학자들을 괴롭혔는데, 이것이 바로 '페르마의 마지막 정리'이다.

피에르 드 페르마
(1607 ~ 1665)

'$X^3 + Y^3 = Z^3$'을 만족하는 자연수의 쌍 'X, Y, Z'는 존재할까

먼저 생각해 보자. 6의 3제곱은 216이고, 8의 3제곱은 512이다. 이 둘을 더한 728은 9의 3제곱인 729보다 1이 부족하다. 즉 '$X = 6$, $Y = 8$, $Z = 9$'는 식 '$X^3 + Y^3 = Z^3$'을 만족하지 않는다(오른쪽 그림). 그렇다면 이 식을 만족하는 자연수의 쌍은 존재할까? '페르마의 마지막 정리'에 따르면 그러한 자연수의 쌍은 하나도 존재하지 않는다. 또 이 식의 3제곱을 4제곱 이상으로 바꿔도 마찬가지로 자연수의 쌍은 하나도 존재하지 않는다.

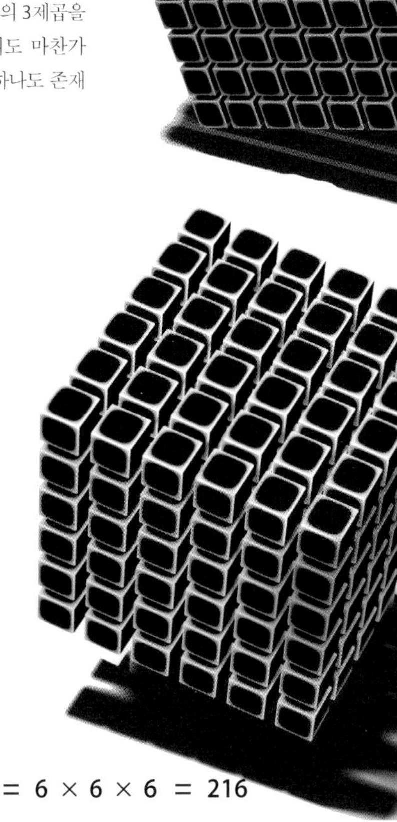

페르마가 남긴 메모

페르마는 『산술』의 여백에 오른쪽 그림처럼 메모를 남겼다. 이 메모를 현대의 수학 기호로 바꾸면, '$X^n + Y^n = Z^n$ (n은 3 이상의 정수)을 만족하는 자연수의 쌍 X, Y, Z는 존재하지 않는다'라고 표현할 수 있다. 이 정리가 바로 '페르마의 마지막 정리'이다. 참고로 페르마가 『산술』에 남긴 여러 개의 정리 중 이 정리만 마지막까지 증명되지 않았기 때문에 마지막 정리라고 부른다. 페르마가 이 메모를 남긴 것은 1637년경으로 추정된다.

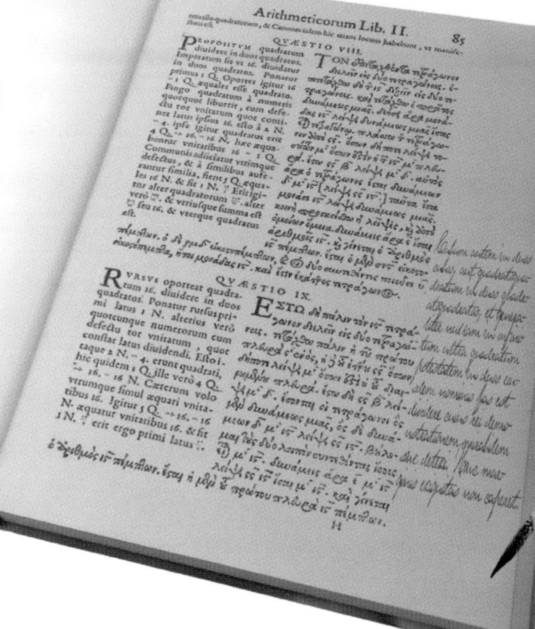

페르마가 「산술」에 남긴 메모를 상상해 그린 그림

'$6^3 + 8^3 = 9^3$'은 성립할까
(실제로 성립하지 않음)

페르마의 메모 원문(라틴어)

Cubum autem in duos cubos, aut quadratoquadratum in duos quadratoquadratos, et generaliter nullam in infinitum ultra quadratum potestatem in duos eiusdem nominis fas est dividere cuius rei demonstrationem mirabilem sane detexi. Hanc marginis exiguitas non caperet.

(번역)

3제곱수를 두 개의 3제곱수의 합으로 나눌 수 없다. 4제곱수를 두 개의 4제곱수의 합으로 나눌 수 없다. 일반적으로 2보다 큰 지수를 갖는 거듭제곱을 두 개의 거듭제곱의 합으로 나눌 수 없다. 나는 이 놀라운 정리를 증명했지만, 그것을 적기에는 여백이 너무 좁다.

페르마의 마지막 정리

3 이상의 정수 n에 대해서, '$X^n + Y^n = Z^n$'을 만족하는 자연수의 쌍 X, Y, Z는 존재하지 않음

$$X^n + Y^n = Z^n$$
$$(n \geqq 3)$$

360년의 세월이 흘러 마침내 증명된 마지막 정리

페르마의 마지막 정리에 많은 수학자가 도전했지만, 최초로 돌파구를 찾은 사람은 18세기의 수학자 '레온하르트 오일러'였다. 오일러는 'n = 3'인 페르마의 마지막 정리, 즉 '$X^3 + Y^3 = Z^3$'을 만족하는 자연수의 쌍은 존재하지 않는다는 사실을 증명했다.

19세기에 이르러서 프랑스 과학 아카데미는 페르마의 마지막 정리에 3,000프랑의 상금을 걸었다. 이윽고, 'n = 5'일 때와 'n = 7'일 때의 증명에 성공한 수학자가 나타나기는 했지만 증명해야 하는 n은 무한히 남아 있었다.

'n이 소수일 때'에 도전한 '에른스트 쿠머'

사실 'n = 6'일 때의 증명은 필요하지 않다. 자연수의 6제곱은 '(자연수의 제곱)의 3제곱'으로 나타낼 수 있어서 오일러가 증명한 'n = 3'의 형태로 고칠 수 있기 때문이다. 이는 다시 말해 n이 소수(素數)일 때를 증명해야 한다는 것을 의미한다.

1850년 독일의 수학자 '에른스트 쿠머'는 n이 특수한 소수(비정규 소수)일 때를 제외하면, n이 아무리 큰 소수라 하더라도 페르마의 마지막 정리가 성립됨을 증명했다. 특수한 소수는 소수 중에도 적은 편인데, 그 예로 100 이하로는 37, 59, 67뿐이다. 쿠머의 증명을 완전한 증명이라고 할 수는 없지만, 프랑스 과학 아카데미는 그 중요성을 인정해 쿠머에게 상금 3,000프랑을 주었다.

그 후 20세기가 될 때까지도 증명에는 아무런 진전이 없었다. 1908년에는 독일의 한 자산가가 100년 후인 2007년까지 페르마의 마지막 정리를 증명하는 조건으로 10만 마르크의 상금을 걸었다. 이후 전 세계의 아마추어 수학자들로부터 '증명했다'는 연락이 쇄도했으나 그것들은 모두 틀린 증명이었다.

페르마의 마지막 정리에 매료된 소년

1963년 미국의 수학자 '에릭 템플 벨'의 저서 『최후의 문제(The Last Problem)』을 읽던 열 살짜리 소년은 거기에 적힌 수학의 미해결 문제와 마주쳤다. 피타고라스 정리를 3제곱 이상으로 확장한 것에 불과한 '페르마의 마지막 정리'는 10살짜리 소년이라도 이해할 수 있었다. 이렇게 단순한 문제를 300년 이상이나 증명하지 못했다는 사실이 소년을 크게 매료

레온하르트 오일러 (1707 ~ 1783)	피에르 드 페르마 (1607 ~ 1665)	
$X^3 + Y^3 = Z^3$ 만족하는 자연수 X, Y, Z가 존재하지 않음을 증명	$X^4 + Y^4 = Z^4$ 만족하는 자연수 X, Y, Z가 존재하지 않음을 증명	
페터 디리클레 (1805 ~ 1859)	**가브리엘 라메** (1795 ~ 1870)	**가브리엘 라메** (1795 ~ 1870)
$X^5 + Y^5 = Z^5$ 만족하는 자연수 X, Y, Z가 존재하지 않음을 증명	$X^7 + Y^7 = Z^7$ 만족하는 자연수 X, Y, Z가 존재하지 않음을 증명	n이 '정규 소수'일 때의 페르마의 마지막 정리를 증명

시켰다. 이 소년이 바로 1995년 페르마의 마지막 정리를 완전히 증명해낸 '앤드루 와일즈'이다.

시간이 지나 대학을 졸업한 와일즈는 '타원곡선(오른쪽 그림)'이라 부르는 곡선을 연구하는 수학자가 되었다. 미국 프린스턴 대학의 교수가 된 와일즈는 1984년에 열린 타원곡선 연구 학회에서 어떤 중대한 아이디어를 얻는다. 독일의 수학자 '게르하르트 프라이'가 연구 학회에서 '다니야마-시무라 추측을 증명한다면 페르마의 마지막 정리도 증명될 것이다'라고 주장한 것이다.

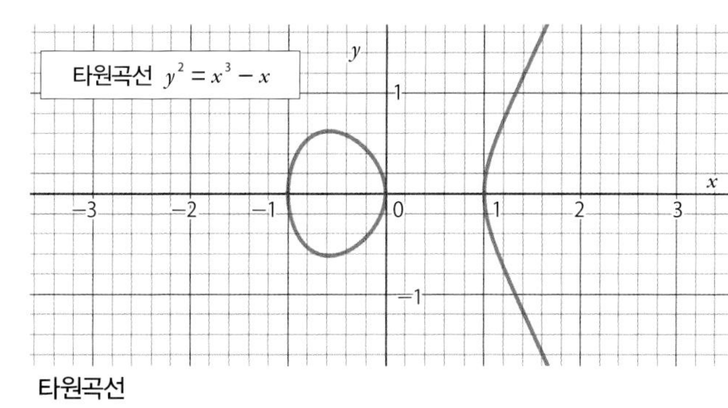

타원곡선

위 그래프는 타원곡선의 예시다. 일반적으로 '$y^2 = x^3 + ax + b$'로 정의되는 곡선의 우변이 중근을 갖지 않을 때(= 0), 타원곡선이라고 부른다. 타원의 명칭은 역사적 배경에서 유래하며, 일반적인 타원과는 관계가 없다.

꿈으로 향하는 다리가 되어 준 추측

'다니야마-시무라 추측'은 20세기 후반 수학계에서 활발히 연구되던 추측으로, 일본인 수학자 다니야마와 시무라가 연구했던 '제타함수'라는 특수한 함수의 문제를 말한다. 여기서 제타함수란 18세기에 오일러가 발견한 '오일러 곱'이라는 관계식을 기초로 독일의 수학자 '베른하르트 리만'이 정의한 함수를 말한다.

제타함수 중 곡선을 기반으로 정의되는 제타함수는 모두 어떤 바람직한 성질을 가진 것으로 추측된다. 다니야마와 시무라는 수많은 곡선 중 적어도 타원 곡선에 한해서는 이 추측이 성립할 것이라고 주장했다.

타원곡선을 연구해 온 와일즈에게 있어 프라이의 이 아이디어는 페르마의 마지막 정리를 증명할 수 있는 다리가 되어 주었다.

와일즈가 목표로 한 증명의 길

와일즈는 페르마의 마지막 정리를 증명하기로 마음먹었는데, 이때 증명의 순서는 다음과 같았다.

먼저 '페르마의 마지막 정리는 성립하지 않는다'고 가정하고, 그 결과 발생하는 모순을 제시함으로써 최초 가정이 잘못되었다는, 즉 '페르마의 마지막 정리가 성립한다'는 사실을 증명하는 '귀류법'을 사용한다.

그런데 페르마의 마지막 정리가 성립하지 않는다는 말은 곧, '$A^n + B^n = C^n (n \geq 3)$을 만족하는 자연수의 쌍이 존재한다'는 의미다. 프라이는 여기서 이 A^n이나 B^n을 사용한 '$y^2 = x(x - A^n)(x + B^n)$'이라는 식으로 이루어진 타원곡선(프라이의 타원곡선)에 주목했다. 만약 '타원곡선에서 정의되는 제타함수는 바람직한 성질을 가진다'라는 다이야마-시무라 추측이 옳다면 프라이의 타원곡선에서 정의되는 제타함수 또한 그 성질을 가질 것이다.

그런데 여기에서 모순이 생긴다. 프라이의 타원곡선으로 정의되는 제타함수는 바람직한 성질을 가지지 않는다는 사실이 이미 1986년 미국의 수학자 '켄 리벳'에 의해 증명됐기 때문이다. 이것은 곧 '페르마의 마지막 정리는 성립하지 않는다'라는 최초의 가정에서 모순이 도출되었다는 것을 의미한다. 따라서 최초의 가정은 잘못되었다. 즉 페르마의 마지막 정리는 성립한다.

드디어 증명된 페르마의 마지막 정리

이 논리가 성립하려면 먼저 '다니야마-시무라 추측이 옳다'는 사실을 증명해야 했다. 이를 위해 와일즈는 1986년경부터 다른 연구에는 손을 떼고 다니야마-시무라 추측의 증명에만 몰두하기 시작했다.

와일즈는 페르마의 마지막 정리를 연구한다는 사실을 비밀에 부쳤다. 고독한 연구 끝에, 마침내 와일즈는 다니야마-시무라 추측을 증명했다. 비록 부분적 증명이었으나, 프라이의 타원곡선을 논하기에는 충분했다. 그리고 1993년, 고향인 영국의 케임브리지에서 열린 세미나에서 페르마의 마지막 정리의 완전한 증명을 선언했다. 처음 발표한 증명에는 오류가 있었으나, 추후에 해결함으로써 1995년 증명이 옳다는 것을 인정받았다. 17세기 페르마가 남긴 마지막 정리가 약 360년의 세월이 흘러, 마침내 증명되는 순간이었다.

100년 만에 증명된 '포앵카레 정리'

2006년 미국의 클레이 수학 연구소에서 100만 달러의 상금이 걸린, 밀레니엄 문제 중 하나인 '포앵카레 정리'라는 희대의 난제가 마침내 증명되었다.

'포앵카레 정리'※란 1904년 프랑스의 수학자 '쥘 앙리 푸앵카레'가 제안한 위상수학에 관련된 문제를 말한다. 참고로 포앵카레 정리를 증명한 러시아의 수학자 '그리고리 페렐만'이 상금 100만 달러 수령을 거절해 화제가 되었다.

포앵카레 정리는 '단일연결인 3차원 다양체는 3차원 구면과 위상동형이다'라는 문장으로 표현할 수 있는데, 매우 난해하다. 이것을 단순화해 보자.

문장 말미에 사용된 '위상동형'이라는 단어로 보아 이 문제가 위상수학의 개념을 바탕으로 어떠한 두 개의 사물을 <u>같은 형태</u>라고 말하고 있다는 사실을 알 수 있다. 그렇다면, 여기서 비교된 '단일연결인 3차원 다양체'와 '3차원 구면'이란 무엇을 말하는 것일까?

우리는 흔히 눈에 보이는 세계를 가로 · 세로 · 높이로 이루어진 '3차원 세계'라고 말한다. 이 때문에 착각하기 쉽지만, 사실 '3차원 다양체'나 '3차원 구면'은 좀 더 고차원의 공간에 있는 물체를 가리킨다. 이른바 3차원 물체의 <u>표면</u>을 가리켜 <u>2차원 다양체</u>라고 하는데, 이는 3차원처럼 보이는 물체가 모두 2차원의 면(표면)으로 덮여 있다(닫혀 있다)고 판단하기 때문이다. 또 이러한 개념에 따라 구체의 <u>표면</u>을 <u>2차원 구면</u>이라고 한다.

포앵카레 정리에서 말하는 차원을 2차원으로 바꾸고, 그 물체를 간단히 표현하면 '구멍이 뚫려 있지 않은(단일연결인) 입체의 표면은 구면과 같은 형태(위상동형)라고 할 수 있다'는 지극히 당연해 보이는 내용으로 설명할 수 있다. 포앵카레 정리에서는 좀더 높은 차원에서도 이와 같은 주장이 성립될 것으로 추측했다.

※ 증명되기 전 명칭은 '푸앵카레 추측(Poincaré Conjecture)'

고차원의 정육면체는 어떤 형태일까

4차원 정육면체
(전개도)

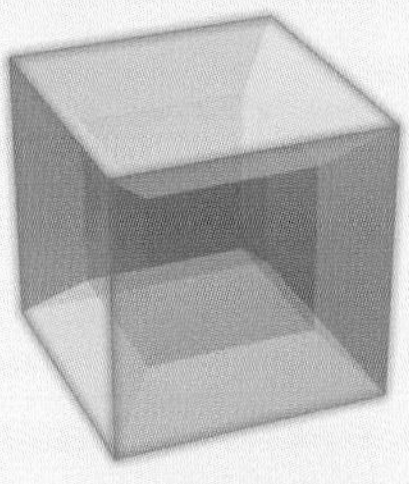

4차원 정육면체
(전개도를 접었을 때)

이 두 그림은 4차원 정육면체와 그 전개도를 3차원에 나타낸 것이다. 일반적인 3차원 정육면체의 전개도는 평면으로 그릴 수 있다. 그렇다면 4차원 정육면체 역시 그 전개도를 왼쪽 그림처럼 3차원 정육면체를 조합한 형태로 그릴 수 있다.

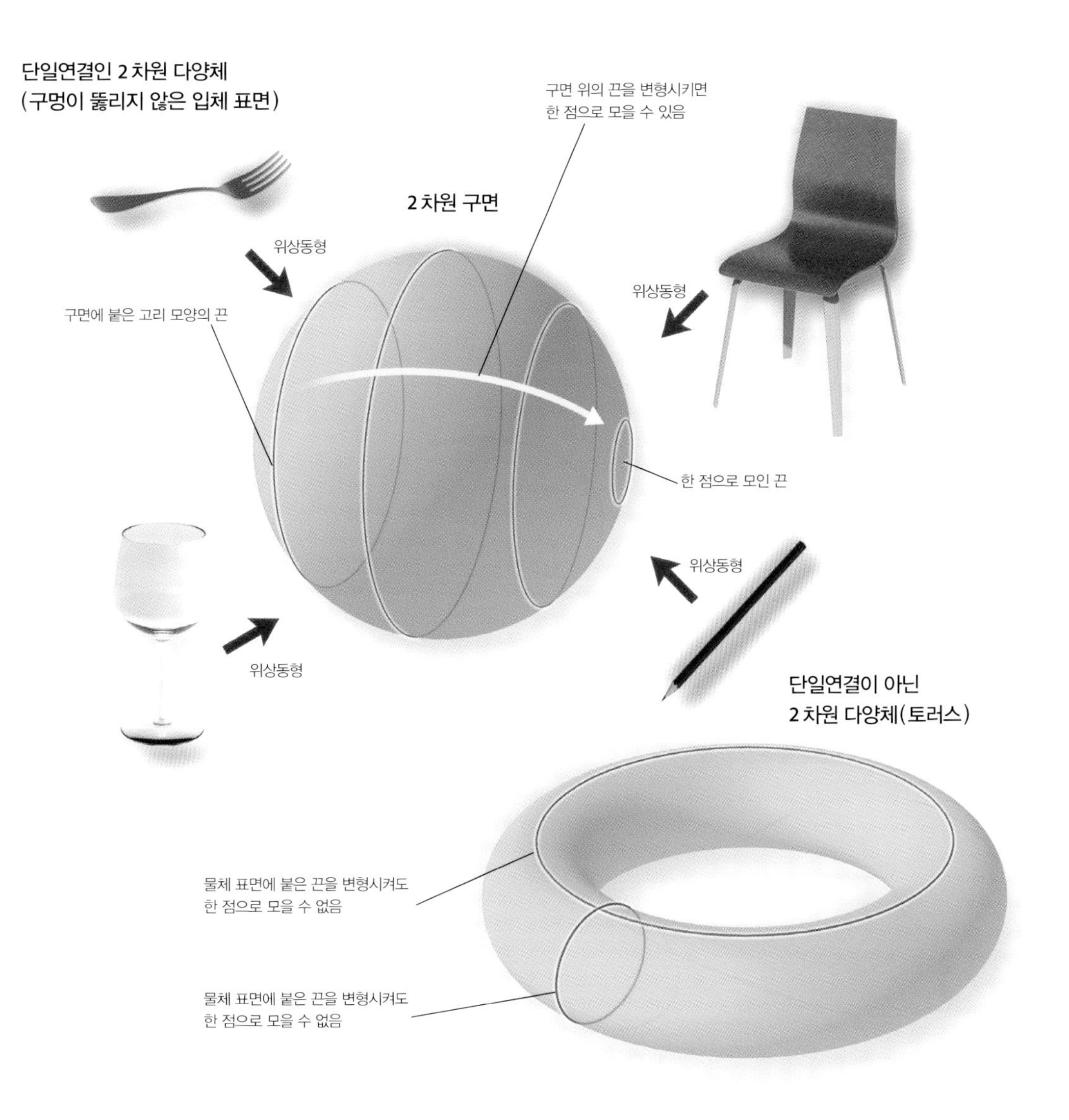

차원을 낮추면 당연해지는 푸앵카레 정리

푸앵카레 정리에 있어 '단일연결'이라는 단어는 중요한 포인트다. 여기서 단일연결이란 구멍이 뚫려 있지 않은 것을 말한다. 예를 들어 구의 표면은 단일연결이다. 구의 표면에 고리 모양의 끈을 붙였다고 치자. 이 끈을 자유롭게 늘이거나 줄일 수 있다면, 끈을 구의 표면에서 한 점으로 줄일 수 있다. 입체 표면의 모든 위치에서 한 점으로 모이는 게 가능하다면 그 입체의 표면은 단일연결이라고 할 수 있다.

그렇다면 도넛처럼 구멍이 뚫린 입체의 표면에 고리 모양의 끈을 붙였을 때는 어떨까? 도넛 표면에서는 붙이는 방법에 따라 끈을 아무리 늘이거나 줄여도 한 점으로 줄일 수 없는 경우가 생긴다. 즉 도넛의 표면은 단일연결이 아닌 것이다.

4 이상의 짝수는 모두 두 소수의 합으로 나타낼 수 있을까

다음은 미해결된 소수(素數)에 관한 난제로, '4 이상의 짝수는 모두 두 소수의 합으로 나타낼 수 있다'라는 추측이다. 이것은 독일의 수학자 '크리스티안 골드바흐'가 제시한 추측으로 '골드바흐의 추측'이라고 부른다.

비교적 수가 작은 짝수로 확인해 보자. 오른쪽 표에 두 소수를 더해 얻을 수 있는 수를 나타냈다. 맨 위의 가로 행과 맨 왼쪽의 세로 열에는 소수가 나열돼 있다. 표의 행과 열이 만나는 지점에는 각각의 소수를 더한 수가 적혀있다. 이때 표의 왼쪽 아래 절반은 오른쪽 위 절반과 같은 수로 산출되고, 표의 윗부분은 홀수가 되므로 공백으로 두었다.

예를 들어 열의 맨 왼쪽 두 번째 수 3과 행의 맨 위쪽 세 번째 수 5의 합은 8이다(3 + 5 = 8). 그 밖에 '2 + 2 = 4, 3 + 3 = 6, 3 + 7 = 5 + 5 = 10, 5 + 7 = 12, …'로 확실히 두 소수의 합으로 짝수를 나타낼 수 있음을 알 수 있다. 이 표에는 4 ~ 36 사이의 짝수를 모두 나타냈다.

최근에는 컴퓨터를 이용해 '4×10^{18}'까지의 모든 짝수에 이 추측이 성립한다는 것이 확인되었다. 그러나 그 뒤의 짝수에도 계속 성립하는지에 대해서는 아직 증명되지 않았다.

	2
2	4
3	
5	
7	
11	
13	
17	
⋮	

5	7	11	13	17	19	…
8	10	14	16	20	22	…
10	12	16	18	22	24	…
	14	18	20	24	26	…
		22	24	28	30	…
			26	30	32	…
				34	36	…
					…	…

100만 달러의 상금이 걸린 '리만 가설'

제타함수의 미해결 문제로 가장 유명한 것은 현대 수학의 최대 난제라 불리는 '리만 가설'이다. 1859년 '제타함수'라는 명칭을 붙인 독일의 수학자 '베른하르트 리만'이 가설을 주장한 이래로 약 160년이라는 시간이 지났지만 아직 누구도 증명하지 못했다.

리만 가설을 이해하려면 다소 높은 수준의 수학 지식이 필요하다. 제타함수에서는 보통 수인 실수에 허수를 조합한 '복소수'를 다룬다. 리만 가설은 쉽게 말해 '제타함수의 값이 0이 되는 복소수 s(단, 음의 짝수는 제외)는 실수 부분이 항상 $\frac{1}{2}$이 된다'고 설명할 수 있다. 현재까지 발견된 제타함수의 값이 0이 되는 복소수는 약 10조 개로, 리만 가설은 이 10조 개의 수로 이루어져 있다.

이 가설이 증명되면, 신출귀몰해 보이는 소수(素數)의 출현이 사실은 어떤 규칙에 근거하고 있음을 깨우칠 수 있게 될 것이다. 앞서 페르마의 마지막 정리를 증명한 '앤드류 와일즈'는 이에 대해 '리만 가설이 증명되고 나서야 비로소 안개 저편에 펼쳐진 수의 망망대해를 조사해 항해 지도를 만들 수 있을 것이다'라고 말했다.

덧붙여 리만 가설은 미국의 클레이 수학연구소가 2000년에 발표한 7개의 '밀레니엄 문제' 중 하나로 꼽히며, 문제를 증명하는 사람에게는 100만 달러의 상금이 지급된다. 2018년 9월에 '리만 가설을 증명했다'고 주장하는 연구자가 나타났지만 그 진위는 확인되지 않았다.

레온하르트 오일러
(1707 ~ 1783)
독일의 수학자 · 물리학자로, 오일러가 집필한 논문은 그 양이 방대해 현재 90권이 넘는 『전집(Opera Omnia)』이 간행되었으나 아직도 완결되지 않았다.

무한의 덧셈에 나타나는 소수

소수(素數) 연구의 진전에 큰 공헌을 한 수학자 중 한 사람은 '레온하르트 오일러'다. 오일러는 '모든 자연수를 제곱해, 그 역수를 무한히 더하면 그 값은 얼마일까?'라는, 당시 해결되지 않았던 문제를 연구했다.

여기서 '역수'란 '$\frac{1}{2}$, $\frac{1}{10}$'과 같이 어떤 수를 분모로 하고, 1을 분자로 한 수※이다. 오일러는 이 연구를 통해 무한의 덧셈식을 무한의 곱셈식으로 변형할 수 있다는 사실을 발견했다. 아래 식은 오일러가 발견한 자연수와 소수를 연결하는 식이다. 소수는 빨간색으로 표시했다.

또 오일러는 이 관계식을 더욱 발전시켜 훗날 '리만 제타함수'라 불리는 '제타함수'식을 연구했다.

※ '0이 아닌 수와 곱했을 때 1이 되는 수'를 말하며, 예를 들어 '5'의 역수는 '$\frac{1}{5}$'

$$1+\frac{1}{2^2}+\frac{1}{3^2}+\frac{1}{4^2}+\frac{1}{5^2}+\frac{1}{6^2}+\frac{1}{7^2}+\cdots$$

$$=\frac{1}{\left(1-\frac{1}{2^2}\right)}\times\frac{1}{\left(1-\frac{1}{3^2}\right)}\times\frac{1}{\left(1-\frac{1}{5^2}\right)}\times\frac{1}{\left(1-\frac{1}{7^2}\right)}\times\frac{1}{\left(1-\frac{1}{11^2}\right)}\times\cdots$$

제타함수

위 식의 제곱 부분, 즉 거듭제곱 부분에 '3제곱, 4제곱, 음의 제곱'처럼 다양한 수를 넣을 수 있도록 변형한 식을 제타함수라고 한다(아래의 식). 오일러는 이 식의 S에 다양한 값을 대입해 계산했을 때, 그 답이 어떤 수가 되는지 조사했다.

'리만 가설'은 이 제타함수의 성질에 관한 가설이다. 아래 식에서는 모든 자연수를 포함하는 분수의 합(디리클레 급수)과 모든 소수를 포함하는 분수의 곱(오일러 곱)이 등호로 연결돼 있다(S는 실수 부분이 1보다 큰 복소수). 이것을 모든 복소수로 확장한 $\zeta(s)$가 제타함수이다. 여기서 'ζ'는 '제타'라고 읽는다.

$$\zeta(s)=\frac{1}{1^S}+\frac{1}{2^S}+\frac{1}{3^S}+\frac{1}{4^S}+\cdots=\frac{1}{1-\frac{1}{2^S}}\times\frac{1}{1-\frac{1}{3^S}}\times\frac{1}{1-\frac{1}{5^S}}\times\frac{1}{1-\frac{1}{7^S}}\times\cdots$$

모든 자연수를 포함하는 분수의 합
(디리클레 급수)

모든 소수를 포함하는
분수의 곱(오일러 곱)

증명될지도 모르는 'ABC 추측'

현대 수학에 있어 'ABC 추측'은 리만 가설과 어깨를 나란히 하는 중요한 미해결 문제로 여겨진다. 이 추측은 자연수 A, B, C가 '$A + B = C$' 관계에 있을 때, 그것들의 곱(ABC)이 만족하는 조건을 추측한 것이다(아래 칼럼).

1985년에 제기된 ABC 추측은 만일 증명된다면 수학 분야, 특히 정수론에서 매우 획기적인 성과를 이루게 될 것으로 예측된다. 또 다른 측면에서는 리만 가설을 해결할 수 있는 돌파구가 될지도 모른다.

2012년 일본의 교토대 수리 해석 연구소의 '모치즈키 신이치' 교수가 'ABC 추측을 증명했다'는 논문을 발표하자 세기의 난제가 해결된 것으로 여겨져 큰 화제가 되었다. 그러나 모치즈키 교수는 독자적으로 구축한 완전히 새로운 수학 이론을 토대로 증명했기 때문에, 다른 수학 전문가들이 논문을 검증하는 데 어려움을 겪고 있다.※

※ 2021년 기준, 사실상 증명으로 인정되지 않음

칼럼 COLUMN

ABC 추측

'$A + B = C$'를 만족하는 자연수 A, B, C를 나눌 수 있는 공통된 자연수는 1 밖에 없다(서로소).

이 자연수들의 곱 ABC를 소수(素數)의 곱(소인수분해)으로 나타내고, 산출된 소수를 1개씩 곱한 수를 D라고 가정하자.

[예]

'$A = 8(= 2^3)$, $B = 12(= 2^2 \times 3)$, $C = 20(= 2^2 \times 5)$'일 때, '$ABC = 2^3 \times 2^2 \times 5 = 2^7 \times 3 \times 5$'이다. 이때 나온 소수는 2와 3과 5로, 이것들을 1개씩 곱하면 '$D = 2 \times 3 \times 5 = 30$'이 된다.

이때 '부등식 $C > D^{1+\varepsilon}$를 만족하는 A, B, C의 쌍은 고작 유한개밖에 없다'라는 추측이 ABC 추측이다. 단, 여기서 ε(엡실론)은 임의의 양의 수이다.

'ABC 추측'은 간단하게 설명하면, 양의 정수의 덧셈과 곱셈에 관한 문제로, 2012년 모치즈키 신이치 교수가 이 ABC 추측을 증명하는 논문을 발표했다. 이 논문은 500페이지를 넘는 분량으로, 그 제목은 「Inter-Universal Teichmüller theory(IUT 이론)」이다. IUT 이론이란 '타이히뮐러 공간론을 우주 간으로 생각하는 이론'을 말한다. '우주 간'에서 우주는 일반적인 우주와는 달리 수학에서 다루는 영역을 가리키며, 간은 '걸치다'라는 의미이다.

COLUMN

계산 시간이 우주의 나이를 뛰어넘는 번거로운 난제들

이 세상에는 문제 자체는 이해하기 쉽고 간단하게 풀 수 있을 것 같지만, 막상 풀어 보면 계산하는 데 시간이 오래 걸리고, 조건에 따라서는 세계 최고 속도의 컴퓨터를 사용해도 현실적인 시간 안에 계산이 끝나지 않는, 풀릴 듯 풀리지 않는 위험한 문제가 많다.

그 대표적인 문제가 '순회 세일즈맨 문제'다. 순회 세일즈맨 문제란, '어떤 세일즈맨이 회사를 출발해 거래처를 몇 군데 순회한 뒤, 회사로 돌아온다고 했을 때 가장 시간이 짧게 걸리는 루트는 어떻게 결정하면 될까?' 하는 문제다.

왼쪽 아래 예시는 거래처가 3곳뿐이라 직감적으로 문제를 풀 수 있을 것이다. 그러나 순회 세일즈맨 문제는 문제의 범위가 커질수록 필요한 계산량이 폭발적으로 늘어난다.

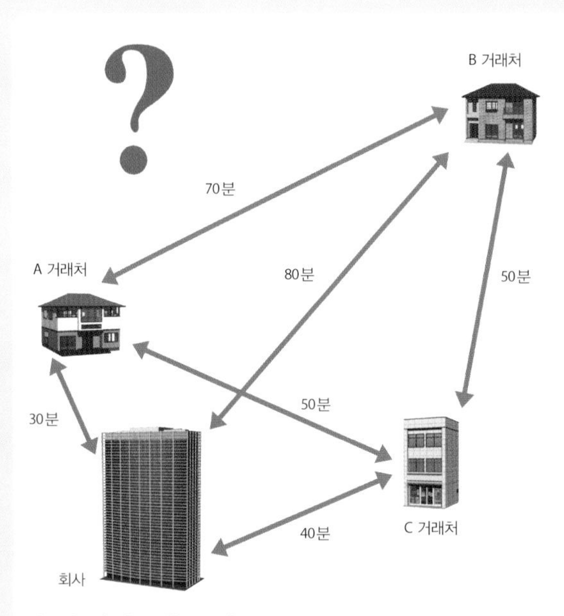

순회 세일즈맨 문제

어떤 세일즈맨이 회사를 출발점으로, 거래처 3곳을 방문한다고 가정해 보자. 회사에서 각각의 거래처나 거래처에서 거래처로 이동할 때는 그림에 나타낸 것만큼의 시간이 걸린다. 회사에서 출발해 거래처를 1곳씩 방문하고 회사로 돌아올 때, 시간이 가장 짧게 소요되는 루트는 어떤 루트일까?

먼저 아래 예시처럼 거래처가 3곳인 경우, 최초로 방문할 수 있는 거래처의 후보지는 당연히 3곳이다. 첫 번째 방문을 끝내고 두 번째 거래처를 방문할 때는 후보지 1곳이 줄어 2곳이 남는다. 그리고 세 번째 거래처를 방문하면 남은 후보는 1곳뿐이다. 마지막에는 세 번째 거래처에서 곧바로 회사로 돌아온다.

이렇게 생각하면 3곳을 방문할 때의 루트는 '3 × 2 × 1'로 6가지가 된다. 다만 여기에 6가지 루트의 역방향도 포함되므로, 가장 시간이 짧게 걸리는 루트를 찾기 위해서는 6가지 중 절반인 3가지를 조사하면 된다.

거래처가 4곳일 때의 루트는 '4 × 3 × 2 × 1'을 2로 나눈 12가지다. 오른쪽 그림처럼 거래처가 5곳인 경우, '5 × 4 × 3 × 2 × 1'을 2로 나눈 60가지 루트가 산출된다.

'n 제곱' 보다 많은 '팩토리얼'

만약 거래처의 수를 n개로 가정하면, 그 루트는 '$n \times (n-1) \times (n-2) \times \cdots \times 2 \times 1 \div 2$'가지가 된다. 이때 '$n \times (n-1) \times (n-2) \times \cdots \times 2 \times 1$' 부분을 '$n!$'이라는 기호로 나타내는데, 이를 '$n$의 팩토리얼'이라고 한다.

'팩토리얼'은 2^n, 3^n과 같은 '지수함수'보다 더 많은, 계산량의 대폭발을 초래한다. 예를 들어 n이 10일 때, 10!은 362만 8,800이다. 꼭 세일즈맨을 예시로 삼지 않더라도 마을 회비를 걷기 위해 동네의 집 10곳을 방문하는 일은 현실에 충분히 있을 수 있다. 이때 가장 효율이 높은 루트를 선택하기 위해서는 362만 8,800가지의 절반, 즉 181만 4,400가지 루트 중 하나의 루트를 선택해야 한다. 만약 수금해야 할 집이 20곳이라면, 그 팩토리얼인 20!은 약 243경이 된다. 1경은 1조의 1만 배다.

그렇다면 업무차 서울의 25개 구청을 모두 돌아다녀야 한다면 어떨까? 25!은 10의 약 25

제곱이다. 이것은 1000억에 1000억을 곱하고 다시 1000을 곱한 수이다. 이제는 상상하기도 힘들다.

계산량의 대폭발이 주는 무시무시함이 느껴졌을 것이다.

최적의 루트는 무엇일까

순회 세일즈맨 문제를 왼쪽 페이지의 문제보다 좀 더 복잡한 조건에서 생각해 보자. 여기서는 순회하는 거래처를 5곳으로 가정한다. 그림에 회사와 각각의 거래처, 거래처 사이를 이동할 때 걸리는 시간을 나타냈다. 회사에서 출발해 모든 거래처를 1번씩 방문하고 회사로 돌아온다면, 시간이 가장 짧게 소요되는 루트는 어떤 루트일까?

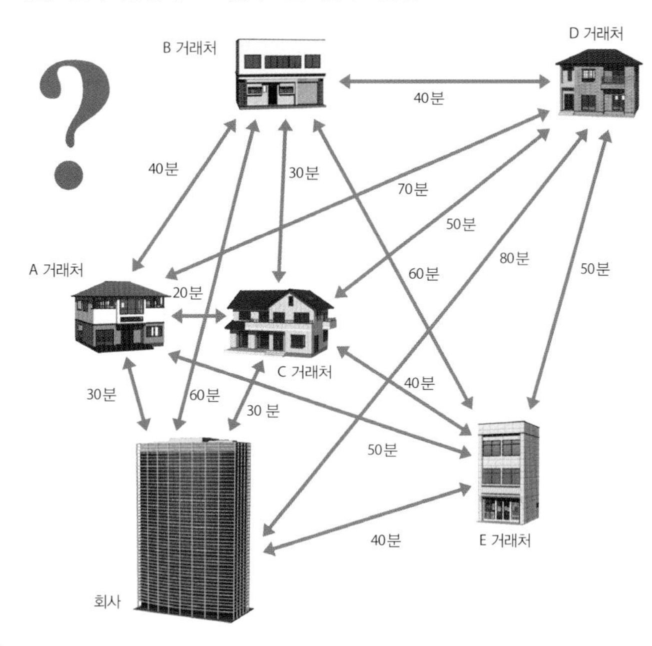

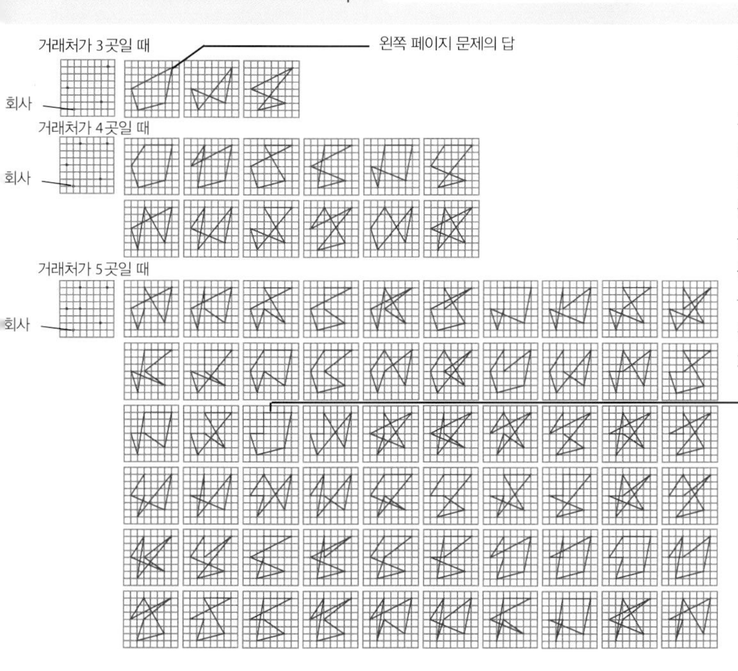

계산량 '대폭발'

그림은 거래처가 3곳일 때, 4곳일 때, 5곳일 때 생각할 수 있는 루트를 모두 나타낸 것이다. 여기서도 거래처가 3곳, 4곳, 5곳으로 늘어나면 루트도 3가지, 12가지, 60가지로 급격히 증가하는 것을 알 수 있다. 참고로 위 문제의 답은 '회사 → A → C → B → D → E → 회사' 루트(또는 그 반대방향)의 소요 시간이 가장 짧으며, 이때 걸리는 시간은 3시간 30분이다.

인류사에 기록된 수학자들의 위대한 업적

고대

탈레스
그리스
(기원전 624? ~ 기원전 546?)
탈레스 정리

피타고라스
그리스
(기원전 582? ~ 기원전 497?)
피타고라스 정리, 피타고라스 음률, 정다면체

에우클레이데스(유클리드)
그리스
(기원전 300? ~ ?)
『원론(Stoicheia)』 출판, 기하학의 아버지

아르키메데스
시칠리아
(기원전 287? ~ 기원전 212?)
포물선의 구적법, 아르키메데스의 원리, 원주율의 근삿값, 지렛대의 원리

아리아바타
인도
(476 ~ 550?)
대수학, 미분방정식의 해법, 선형방정식의 해법

중세

브라마 굽타
인도
(598 ~ 665?)
브라마 굽타 정리, 브라마 굽타 공식

알 콰리즈미
이라크
(780? ~ 850?)
가장 오래된 대수학서인 『약분 · 소거 계산론(Liber algebrae et almucabala)』 출판

레오나르도 피보나치
이탈리아
(1170? ~ 1250?)
『계산책(Liber abbaci)』 출판, 피보나치 수열로 유명

근세

니콜로 타르탈리아
이탈리아
(1499 ~ 1557)
3차 방정식의 해법 발명

지롤라모 카르다노
이탈리아
(1501 ~ 1576)
허수 개념 도입, 3차 방정식의 해법 소개

존 네이피어
스코틀랜드
(1550 ~ 1617)
로그 발견

마랭 메르센
프랑스
(1588 ~ 1648)
메르센 소수, 음향학의 아버지

르네 데카르트
프랑스
(1596 ~ 1650)
데카르트 좌표계, 원의 방정식, 해석 기하학 창시

피에르 드 페르마
프랑스
(1601 ~ 1665)
페르마의 마지막 정리, 수론의 아버지

블레즈 파스칼
프랑스
(1623 ~ 1662)
파스칼의 원리, 확률론 창시

세키 다카카즈
일본
(1640? ~ 1708)
행렬식 발견, 베르누이 수 발견, 『괄요산법(括要算法)』 출판

아이작 뉴턴
영국
(1642 ~ 1727)
이항 정리 발견, 미적분 발견

고트프리트 라이프니츠
독일
(1646 ~ 1716)
미적분 기호 고안, 2진법 고안

야코프 베르누이
스위스
(1654 ~ 1705)
베르누이 수 발견

레온하르트 오일러
스위스
(1707 ~ 1783)
오일러 공식, 오일러 등식, 오일러의 다면체 정리

조제프루이 라그랑주
이탈리아
(1736 ~ 1813)
해석 역학(라그랑주 역학) 창시, 삼체 문제

조제프 푸리에
프랑스
(1768 ~ 1830)
푸리에 급수, 푸리에 해석

카를 프리드리히 가우스
독일
(1777 ~ 1855)
대수학의 기본정리 증명, 정수론, 가우스 평면

오귀스탱 루이 코시
프랑스
(1789 ~ 1857)
코시 정리

니콜라이 로바쳅스키
러시아
(1792 ~ 1856)
비유클리드 기하학

닐스 헨리크 아벨
노르웨이
(1802 ~ 1829)
타원 함수, 아벨 함수

피타고라스

에우클레이데스(유클리드)

카르다노

데카르트

페르마

[범례]
인물명
출신지
(생몰년)
주요 업적

근대

보여이 야노시
헝가리
(1802 ~ 1860)
쌍곡선 기하학(보여이-로바쳅스키 기하학) 주장

칼 구스타프 야코프 야코비
독일
(1804 ~ 1851)
타원함수,
야코비 행렬(야코비안) 고안

에른스트 쿠머
독일
(1810 ~ 1893)
이상수(아이디얼) 개념 도입

에바리스트 갈루아
프랑스
(1811 ~ 1832)
갈루아 이론,
군(group) 발견

카를 바이어슈트라스
독일
(1815 ~ 1897)
타원 함수론, 복소 해석

베른하르트 리만
독일
(1826 ~ 1866)
리만 적분, 리만 기하학,
리만 가설

율리우스 빌헬름 리하르트 데데킨트
독일
(1831 ~ 1916)
데데킨트 정역,
데데킨트 절단

게오르크 칸토어
독일
(1845 ~ 1918)
집합론 확립

앙리 푸앵카레
프랑스
(1854 ~ 1912)
위상기하학,
푸앵카레 정리

다비트 힐베르트
독일
(1862 ~ 1943)
힐베르트 문제

고드프리 해럴드 하디
영국
(1877 ~ 1947)
해석적 정수론,
수학자 '라마누잔' 지원,
하디-바인베르크 법칙

스리니바사 라마누잔
인도
(1887 ~ 1920)
란다우-라마누잔 상수,
가짜 모듈러 형식 발견

오카 기요시
일본
(1901 ~ 1978)
다변수 복소함수론

존 폰 노이만
헝가리
(1903 ~ 1957)
게임 이론,
폰 노이만 구조

쿠르트 괴델
체코
(1906 ~ 1978)
완전성 정리,
불완전성 정리

앨런 튜링
영국
(1912 ~ 1954)
튜링 머신,
에니그마 암호 해독

로랑 슈바르츠
프랑스
(1915 ~ 2002)
(슈바르츠의) 초함수

이토 기요시
일본
(1915 ~ 2008)
확률 미분방정식의 확립
(이토의 보조정리),
금융공학에 공헌

고다이라 구니히코
일본
(1915 ~ 1997)
복소 다양체의 창출,
고다이라 매장 정리

아틀레 셀베르그
노르웨이
(1917 ~ 2007)
소수정리의 초등적 증명,
셀베르그의 체

장 피에르 세르
프랑스
(1926 ~)
베유 추측에 공헌,
유체론에 공헌

다니야마 유타카
일본
(1927 ~ 1958)
다니야마-시무라 추측

알렉산더 그로텐디크
독일
(1928 ~ 2014)
대수기하학 대폭 재검토,
'산술기하'라는 용어의 제안

존 내시
미국
(1928 ~ 2015)
내시 균형, 미분기하학,
편미분 방정식

시무라 고로
일본
(1930 ~ 2019)
다니야마-시무라 추측

히로나카 헤이스케
일본
(1931 ~)
대수다양체의 특이점 해소

모리 시게후미
일본
(1951 ~)
하츠혼 추측 해결,
3차원 대수다양체의 극소 모델 추측 해결

앤드류 와일즈
영국
(1953 ~)
페르마의 마지막 정리 증명

그리고리 페렐만
러시아
(1966 ~)
푸앵카레 추측 증명

마리암 미르자카니
이란
(1977 ~ 2017)
리만 곡면의 모듈라이 공간에 대한 이론

파스칼

오일러

가우스

칸토어

난수표

0부터 9까지의 숫자를 무작위로 배치한 표로, 물리 난수 발생 장치를 이용해 작성했다. 한 칸에 숫자 2개씩 한 쌍 구성으로, 1줄에 20쌍씩 배치해 보기 쉽게 만들었다. 일본산업규격(JIS)의 『乱数生成及びランダム化の手順』, 「付属書 A」에 250행으로 이루어진 난수표의 일부를 인용했다.

93	90	60	02	17	25	89	42	27	41	64	45	08	02	70	42	49	41	55	98
34	19	39	65	54	32	14	02	06	84	43	65	97	97	65	05	40	55	65	06
27	88	28	07	16	05	18	96	81	69	53	34	79	84	83	44	07	12	00	38
95	16	61	89	77	47	14	14	40	87	12	40	15	18	54	89	72	88	59	67
50	45	95	10	48	25	29	74	63	48	44	06	18	67	19	90	52	44	05	85
11	72	79	70	41	08	85	77	03	32	46	28	83	22	48	61	93	19	98	60
19	31	85	29	48	89	59	53	99	46	72	29	49	06	58	65	69	06	87	09
14	58	90	27	73	67	17	08	43	78	71	32	21	97	02	25	27	22	81	74
28	04	62	77	82	73	00	73	83	17	27	79	37	13	76	29	90	70	36	47
37	43	04	36	86	72	63	43	21	06	10	35	13	61	01	98	23	67	45	21
74	47	22	71	36	15	67	41	77	67	40	00	67	24	00	08	98	27	98	56
48	85	81	89	45	27	98	41	77	78	24	26	98	03	14	25	73	84	48	28
55	81	09	70	17	78	18	54	62	06	50	64	90	30	15	78	60	63	54	56
22	18	73	19	32	54	05	18	36	45	87	23	42	43	91	63	50	95	69	09
78	29	64	22	97	95	94	54	64	28	34	34	88	98	14	21	38	45	37	87
97	51	38	62	95	83	45	12	72	28	70	23	67	04	28	55	20	20	96	57
42	91	81	16	52	44	71	99	68	55	16	32	83	27	03	44	93	81	69	58
07	84	27	76	18	24	95	78	67	33	45	68	38	56	64	51	10	79	15	46
60	31	55	42	68	53	27	82	67	68	73	09	98	45	72	02	87	79	32	84
47	10	36	20	10	48	09	72	35	94	12	94	78	29	14	80	77	27	05	67
73	63	78	70	96	12	40	36	80	49	23	29	26	69	01	13	39	71	33	17
70	65	19	86	11	30	16	23	21	55	04	72	30	01	22	53	24	13	40	63
86	37	79	75	97	29	19	00	30	01	22	89	11	84	55	08	40	91	26	61
28	00	93	29	59	54	71	77	75	24	10	65	69	15	66	90	47	90	48	80
40	74	69	14	01	78	36	13	06	30	79	04	03	28	87	59	85	93	25	73

정규분포표

이 표는 정규분포 'z = 0.00 ~ 3.99'를 나타낸 오른쪽 그래프에서 핑크색 영역의 확률을 나타낸 것이다. 예를 들어 'z = 1.96'의 정규분포를 볼 때는 '1.9'의 행과 '.06'의 열이 교차한 칸의 숫자(0.47500)를 보면 된다.

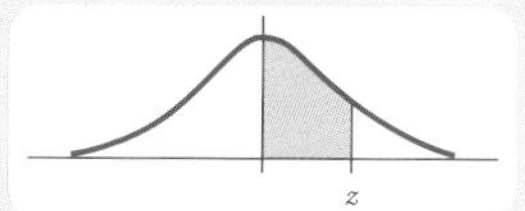

Z	.00	.01	.02	.03	.04	.05	.06	.07	.08	.09
0.0	0	0.00399	0.00798	0.01197	0.01595	0.01994	0.02392	0.02790	0.03188	0.03586
0.1	0.03983	0.04380	0.04776	0.05172	0.05567	0.05962	0.06356	0.06749	0.07142	0.07535
0.2	0.07926	0.08317	0.08706	0.09095	0.09483	0.09871	0.10257	0.10642	0.11026	0.11409
0.3	0.11791	0.12172	0.12552	0.12930	0.13307	0.13683	0.14058	0.14431	0.14803	0.15173
0.4	0.15542	0.15910	0.16276	0.16640	0.17003	0.17364	0.17724	0.18082	0.18439	0.18793
0.5	0.19146	0.19497	0.19847	0.20194	0.20540	0.20884	0.21226	0.21566	0.21904	0.22240
0.6	0.22575	0.22907	0.23237	0.23565	0.23891	0.24215	0.24537	0.24857	0.25175	0.25490
0.7	0.25804	0.26115	0.26424	0.26730	0.27035	0.27337	0.27637	0.27935	0.28230	0.28524
0.8	0.28814	0.29103	0.29389	0.29673	0.29955	0.30234	0.30511	0.30785	0.31057	0.31327
0.9	0.31594	0.31859	0.32121	0.32381	0.32639	0.32894	0.33147	0.33398	0.33646	0.33891
1.0	0.34134	0.34375	0.34614	0.34849	0.35083	0.35314	0.35543	0.35769	0.35993	0.36214
1.1	0.36433	0.36650	0.36864	0.37076	0.37286	0.37493	0.37698	0.37900	0.38100	0.38298
1.2	0.38493	0.38686	0.38877	0.39065	0.39251	0.39435	0.39617	0.39796	0.39973	0.40147
1.3	0.40320	0.40490	0.40658	0.40824	0.40988	0.41149	0.41309	0.41466	0.41621	0.41774
1.4	0.41924	0.42073	0.42220	0.42364	0.42507	0.42647	0.42785	0.42922	0.43056	0.43189
1.5	0.43319	0.43448	0.43574	0.43699	0.43822	0.43943	0.44062	0.44179	0.44295	0.44408
1.6	0.44520	0.44630	0.44738	0.44845	0.44950	0.45053	0.45154	0.45254	0.45352	0.45449
1.7	0.45543	0.45637	0.45728	0.45818	0.45907	0.45994	0.46080	0.46164	0.46246	0.46327
1.8	0.46407	0.46485	0.46562	0.46638	0.46712	0.46784	0.46856	0.46926	0.46995	0.47062
1.9	0.47128	0.47193	0.47257	0.47320	0.47381	0.47441	0.47500	0.47558	0.47615	0.47670
2.0	0.47725	0.47778	0.47831	0.47882	0.47932	0.47982	0.48030	0.48077	0.48124	0.48169
2.1	0.48214	0.48257	0.48300	0.48341	0.48382	0.48422	0.48461	0.48500	0.48537	0.48574
2.2	0.48610	0.48645	0.48679	0.48713	0.48745	0.48778	0.48809	0.48840	0.48870	0.48899
2.3	0.48928	0.48956	0.48983	0.49010	0.49036	0.49061	0.49086	0.49111	0.49134	0.49158
2.4	0.49180	0.49202	0.49224	0.49245	0.49266	0.49286	0.49305	0.49324	0.49343	0.49361
2.5	0.49379	0.49396	0.49413	0.49430	0.49446	0.49461	0.49477	0.49492	0.49506	0.49520
2.6	0.49534	0.49547	0.49560	0.49573	0.49585	0.49598	0.49609	0.49621	0.49632	0.49643
2.7	0.49653	0.49664	0.49674	0.49683	0.49693	0.49702	0.49711	0.49720	0.49728	0.49736
2.8	0.49744	0.49752	0.49760	0.49767	0.49774	0.49781	0.49788	0.49795	0.49801	0.49807
2.9	0.49813	0.49819	0.49825	0.49831	0.49836	0.49841	0.49846	0.49851	0.49856	0.49861
3.0	0.49865	0.49869	0.49874	0.49878	0.49882	0.49886	0.49889	0.49893	0.49896	0.49900
3.1	0.49903	0.49906	0.49910	0.49913	0.49916	0.49918	0.49921	0.49924	0.49926	0.49929
3.2	0.49931	0.49934	0.49936	0.49938	0.49940	0.49942	0.49944	0.49946	0.49948	0.49950
3.3	0.49952	0.49953	0.49955	0.49957	0.49958	0.49960	0.49961	0.49962	0.49964	0.49965
3.4	0.49966	0.49968	0.49969	0.49970	0.49971	0.49972	0.49973	0.49974	0.49975	0.49976
3.5	0.49977	0.49978	0.49978	0.49979	0.49980	0.49981	0.49981	0.49982	0.49983	0.49983
3.6	0.49984	0.49985	0.49985	0.49986	0.49986	0.49987	0.49987	0.49988	0.49988	0.49989
3.7	0.49989	0.49990	0.49990	0.49990	0.49991	0.49991	0.49992	0.49992	0.49992	0.49992
3.8	0.49993	0.49993	0.49993	0.49994	0.49994	0.49994	0.49994	0.49995	0.49995	0.49995
3.9	0.49995	0.49995	0.49996	0.49996	0.49996	0.49996	0.49996	0.49996	0.49997	0.49997

기본 용어 해설

ㄱ

각
한 점에서 그은 두 개의 반직선이 만드는 도형으로, 그 크기는 도(°)로 나타냄

각기둥
밑면과 윗면이 서로 평행하면서, 합동인 직사각형(평행사변형)을 측면으로 갖는 입체

각뿔
밑면은 다각형이고, 그 변에 있는 각 점과 그 평면 위에 없는 한 점을 연결해 만든 입체

공배수
2개 이상의 정수에 공통된 배수. 가장 작은 공배수는 '최소공배수'

공약수
2개 이상의 정수에 공통된 약수. 가장 큰 공약수는 '최대공약수'

구
공간에서 어떤 한 점(중심)으로부터 같은 거리에 있는 점의 집합. 또는 그 내부

기울기
수평과 높이 비의 값

기하학
도형이나 공간의 성질을 연구하는 수학의 한 분야

끼인각
다각형으로 이웃하는 두 변에 끼어 있는 각

ㄴ

넓이(면적)
선으로 둘러싸인 평면이나 곡면의 넓이. 제곱미터(m^2)나 아르(a) 등의 단위로 나타냄

내각
다각형의 변이 만드는 내부의 각

ㄷ

다각형
세 개 이상의 선분으로 둘러싸인 평면도형(삼각형, 사각형 등). 다변형이라고도 부름

다면체
네 개 이상의 다각형으로 둘러싸인 입체

단위
길이 · 질량 · 시간 등 어떤 양을 수치로 나타낼 때 비교 기준이 되도록 정한 양

닮음
두 도형의 형태가 같고, 확대 또는 축소한 관계에 있는 것

대각선
다각형에서 서로 이웃하고 있지 않은 두 꼭짓점을 이은 선분. 또 다면체에서는 같은 면에 없는 두 꼭짓점을 이은 선분

대수
수 대신 문자나 기호를 사용해 수의 성질이나 관계를 일반화하는 것

대입
식에 있는 문자를 다른 문자 · 수치 · 식으로 바꿔 넣는 것

동위각
두 직선이 다른 한 직선과 교차해 생긴 각 중, 하나의 직선에서 봤을 때 같은 위치 관계에 있는 2개의 각

둔각
90°보다 크고 180°보다 작은 각

등식
수나 식이 등호(=)로 연결돼 있는 것

ㅁ

무한
끝없이 계속되는 것을 의미하며, 기호는 '∞'

반비례
변화하는 두 양이 있을 때, 한쪽 양이 2배, 3배가 되면, 다른쪽 양은 $\frac{1}{2}$, $\frac{1}{3}$이 되는 관계. 역비례라고도 부름

반지름
원이나 공의 중심에서 원주 또는 구면까지의 거리

방정식
아직 알 수 없는 수(미지수)를 포함해 그 미지수에 특정한 값을 넣었을 때만 양변이 같아지는 등식

변수
시간이나 조건에 따라 변화하는, 정해져 있지 않은 수. 변수에는 'x, y, z' 등의 문자를 기호로 사용하는 경우가 많음

벡터
속도나 힘 등의 크기뿐만 아니라, 방향을 가지는 양

부등호
두 수나 식의 대소관계를 나타내는 '>, <, ≥, ≤' 등의 기호

분수
0이 아닌 정수 a에서 정수 b를 나눈 결과를 '$\frac{b}{a}$'의 형태로 나타낸 것. 가로줄 밑을 '분모', 위를 '분자'라고 함

비
두 수 a, b가 있을 때, a가 b의 몇 배인지를 나타내는 관계. '$a : b$'로 나타냄

비례
변화하는 두 양이 있을 때, 한쪽이 2배, 3배가 되면, 다른 쪽도 2배, 3배가 되는 관계

비율
전체에서 어떤 것이 차지하는 분량. 분수나 소수, 백분율 등으로 나타냄

빗변
직각삼각형의 세 변 중에서 가장 긴 대각선 변

ㅅ

삼각비
직각삼각형 변의 비. 사인 · 코사인 · 탄젠트 등이 있음

상수
시간과 조건에 의해 달라지지 않는, 어떤 정해진 수

선
점이 움직인 흔적을 따라 만들어짐. 길이는 있으나 두께와 폭이 없는 도형

세제곱
어떤 수를 3제곱하는 것. 2의 3제곱은 '2 × 2 × 2 = 8'

소수(小數)
소수점으로 나타낸, 1보다 작은 자리를 포함한 실수

소수(素數)
1보다 크고, 1과 자기 자신 이외의 수로는 나눌 수 없는 수

수열
어떤 일정한 규칙에 따라 수를 하나의 열로 나열하는 것

약수
어떤 정수를 나누어 떨어지게 하는 수

양수
0보다 큰 실수. 0보다 작은 실수는 '음수'

엇각
하나의 직선이 두 직선과 교차해 생기는 각 중에서 두 직선의 안쪽에 있으며, 또한 서로 어긋난 위치에 있는 2개의 각

연산
식에 따라 계산하는 것을 의미하며, '+, −, ×, ÷' 등을 연산 기호라고 함

예각
90°보다 작은 각

외각
다각형의 한 변과 그 이웃한 변의 연장선에 끼어 있는 각

원
평면에서 어떤 한 점(중심)으로부터 같은 거리에 있는 점의 집합. 또는 그 내부

원주율
원주의 지름에 대한 비율로, 기호는 'π(파이)'. 소수점 이하가 무한히 계속돼 '약 3.14'로 반올림해 나타냄

원뿔
원을 밑면으로 하고, 그 평면 위에 없는 한 점을 연결해 만든, 송곳 모양의 뾰족한 입체

원기둥
밑면과 윗면이 서로 평행하고 합동인 원으로 이루어진 원통 모양의 입체

인수분해
다항식을 몇 개의 인수의 곱으로 나타낸 것. 예를 들어 '$x^2 + 6x + 8$'은 '$(x + 2)(x + 4)$'로 인수분해할 수 있음

입방체
크기와 모양이 같은 정사각형 6개로 둘러싸인 입체. '정육면체'라고도 부름

입체
몇 개의 평면, 곡면으로 둘러싸여 공간적인 넓이를 가지는 도형

자연수
양의 정수. 1부터 순서대로 1씩 더해 얻은 수

정다각형
변의 길이와 내각의 크기가 모두 같은 다각형

접선
곡선(또는 곡면)과 한 점만을 공유하는 직선

정수(整數)
0 및 0에서 1씩 더해 얻을 수 있는 자연수, 1씩 빼 얻을 수 있는 음수의 총칭

제곱
두 개의 같은 수를 곱하는 것. 2승이나 자승(自乘)이라고도 함

제곱근
제곱하면 어떤 수가 되는 수. 예를 들어 9의 제곱근은 3과 −3

좌표
평면 위의 지점을 원점으로부터 가로세로 거리로 나타낸 것. 원점으로부터 가로 방향을 x축, 세로 방향을 y축으로 하고, '(x, y)'와 같이 x, y 값을 쌍으로 표기함

지름
원이나 구의 중심을 지나고, 양끝이 원주 또는 구면 위에 있는 선분. 또는 그 길이

직각
두 직선의 교차 각도가 90°인 것. 두 직각의 합은 180°

직육면체
모든 면이 직사각형(정사각형 포함)으로 구성되어 있는 육면체

ㅊ

차원
공간의 확장 정도를 나타낸 것. 선은 1차원, 평면은 2차원, 공간은 3차원으로 판단함. 수학에서는 4차원 이상도 고려함

ㅌ

통계
어느 집단 구성요소의 데이터를 수집 · 정리 · 처리하고, 성질 · 경향 등을 수량적으로 나타낸 것

ㅍ

평균값
데이터의 합계값을 데이터 개수로 나눈 값. 대푯값 중 하나

평행
같은 평면 위의 두 직선이나 직선과 평면, 또는 두 평면을 아무리 연장시켜도 만나지 않는 상태

ㅎ

함수
두 변수가 있을 때, 한쪽 값을 정하면 다른 한쪽 값도 정해지는 대응관계

합동
두 도형의 형태와 크기가 똑같은 것

합성수
2개 이상의 소수의 곱으로 나타낼 수 있는 자연수

항
수열이나 비, 다항식을 구성하는 곱셈으로 연결된 각 요소. 예를 들어, '$x + 2 - 3y$'의 항은 'x, 2, $-3y$'

확률
어떤 우연한 사건이 일어나는 비율을 숫자로 나타낸 것. 확실하게 일어나지 않을 경우인 0부터 확실하게 일어날 경우인 1까지의 수치로 나타냄

색인

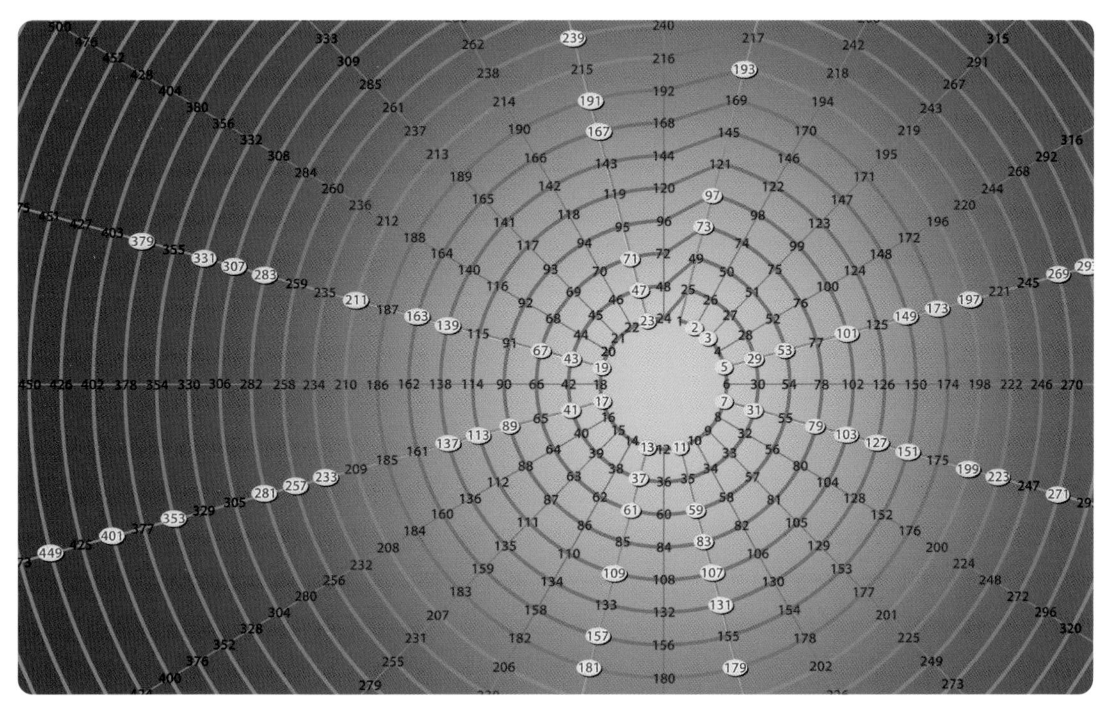

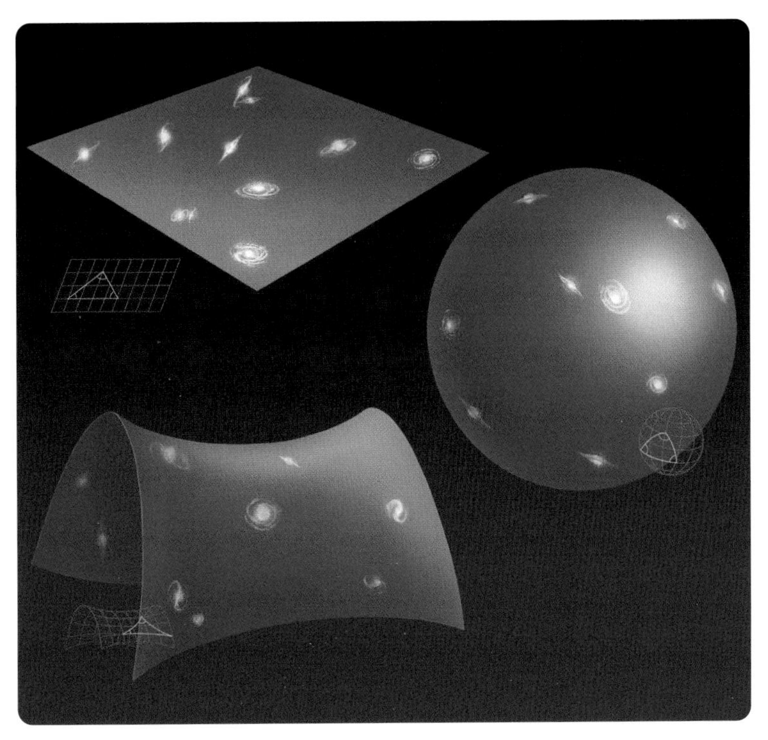

마치며

'수학이 대체 무슨 도움이 될까?'

그렇게 생각하는 사람이 있을 수 있습니다.

미적분이나 삼각함수 등을 어려워하는 사람도 있겠죠.

또 이러한 것들을 학교에서 배운 탓에 수학이 싫어진 사람도 있을지 모릅니다.

하지만 우리의 일상 주변에는 수학이 넘쳐 납니다.

자연계는 오히려 수학이 지배하고 있다고 해도 과언이 아니죠.

또 현대 사회를 지탱하는 과학 기술에도 수학은 없어서는 안 되는 존재입니다.

여러분은 이 책을 통해 그 중요성과 고마움을 재확인하셨으리라 생각됩니다.